U0094331

深度强化学习
算法原理与金融实践入门

◎ 谢文杰　周炜星 ◎ 编著 ◎

清華大學出版社
北京

内 容 简 介

深度强化学习是人工智能和机器学习的重要分支领域，有着广泛应用，如 AlphaGo 和 ChatGPT。本书作为该领域的入门教材，在内容上尽可能覆盖深度强化学习的基础知识和经典算法。全书共 10 章，大致分为 4 部分：第 1 部分（第 1、2 章）介绍深度强化学习背景（智能决策、人工智能与机器学习）；第 2 部分（第 3、4 章）介绍深度强化学习基础知识（深度学习和强化学习）；第 3 部分（第 5～9 章）介绍深度强化学习经典算法（DQN、AC、DDPG 等）；第 4 部分（第 10 章）为总结和展望。每章都附有习题并介绍了相关阅读材料，以便有兴趣的读者进一步深入探索。

本书可作为高等院校计算机、智能金融及相关专业的本科生或研究生教材，也可供对深度强化学习感兴趣的研究人员和工程技术人员阅读参考。

图书在版编目（CIP）数据

深度强化学习：算法原理与金融实践入门 / 谢文杰，周炜星编著. —北京：清华大学出版社，2023.9
ISBN 978-7-302-64106-3

Ⅰ．①深⋯　Ⅱ．①谢⋯　②周⋯　Ⅲ．①人工智能-研究②机器学习-研究　Ⅳ．①TP18

中国国家版本馆 CIP 数据核字（2023）第 131067 号

责任编辑：杜　杨
封面设计：杨玉兰
责任校对：徐俊伟
责任印制：宋　林

出版发行：清华大学出版社
　　　网　　　址：http://www.tup.com.cn，http://www.wqbook.com
　　　地　　　址：北京清华大学学研大厦 A 座　　　邮　　编：100084
　　　社　总　机：010-83470000　　　邮　　购：010-62786544
　　　投稿与读者服务：010-62776969，c-service@tup.tsinghua.edu.cn
　　　质　量　反　馈：010-62772015，zhiliang@tup.tsinghua.edu.cn
　　　课　件　下　载：http://www.tup.com.cn，010-83470236
印　装　者：三河市东方印刷有限公司
经　　销：全国新华书店
开　　本：185mm×260mm　　　印　　张：16.25　　　字　　数：377 千字
版　　次：2023 年 9 月第 1 版　　　印　　次：2023 年 9 月第 1 次印刷
定　　价：69.00 元

产品编号：101310-01

前　言

2016 年，谷歌的 DeepMind 团队研究人员在顶级期刊 *Nature* 推出 AlphaGo，震撼了全世界。AlphaGo 是第一个击败人类职业围棋选手、第一个战胜围棋世界冠军（2016 年李世石）的人工智能程序，AlphaGo 使强化学习重新焕发出蓬勃生机。结合深度学习，深度强化学习在各大计算机科学顶级会议和科技公司的研究成果频频给人们带来激动人心的应用，让人们对通用人工智能的未来极为憧憬。深度强化学习融合深度学习的感知智能和强化学习的决策智能，在复杂环境决策模型中具有显著优势。同时，也有很多人对深度强化学习的未来提出质疑。伴随着质疑和赞美，深度强化学习领域持续改进和迭代，将走得更远，走得更长，为人类社会带来更多有益的成果。

人类不满足于深度强化学习在棋类游戏或者特定领域的进步，希望深度强化学习在人类社会中也能为社会经济体系统风险（如金融危机、经济危机、社会冲突等）的识别、度量、预警、防控和处置提供新的思路和方案。围棋策略空间的复杂度已经超出了一般人的决策能力范围，但相较于社会经济系统，围棋博弈的状态空间毕竟还是可数的且有限的，而社会系统、金融系统等都是无穷维数的复杂巨系统，能够在人类社会经济系统中训练智能体完成一些任务，具有巨大的挑战性，其难度远远大于 AlphaGo 的设计和工程实践。

2008 年，肇始于美国次贷危机的全球金融海啸促使科学家重新审视主流经济学和金融学理论。2008 年 10 月，Bouchaud 在 *Nature* 杂志上撰文指出，传统理论无法预见金融风暴的发生，需要在理论和方法上进行根本性的科学革命，新的理论需要从实际数据出发来探寻市场规律。金融风险的度量、表示、传染、防控、预警、预测等问题，可以通过合适的建模转换成深度强化学习能够解决的问题。危机发生后的应急处置和风险处置，也能够融合深度强化学习算法进行深度分析和讨论。同时，粮食和能源是当今世界金融经济系统中极为重要的交易对象，是各个国家的重要战略资源，是经济发展的重要基础，还是极为重要的军事、外交资源。全球粮食市场一直处于波动状态，经历了数次巨变，粮食价格大涨大落已成为常态。我们应该如何防御和应对这些难题？这些极具挑战的难题都可以建模成深度强化学习能够探索的问题，也需要深入地学习和探究。

深度强化学习领域的算法，浩如烟海，令人眼花缭乱。对于初学者而言，如何在有限的时间内掌握这一门复杂的学科及其问题分析方法，如何将自己遇到的科学问题和现实问题转换成深度强化学习能够解决的问题，是一个非常值得讨论和尝试的课题。

本书旨在提供深度强化学习原理和算法入门。不同于侧重代码实现和应用的书籍，本书期望能够让非计算机和数理相关专业的学生也可以从算法原理入门，将开源社区中优秀的深度强化学习算法代码库，结合自身领域内的特殊问题，构建自己的深度强化学习模型，解决一些棘手的经典或领域内传统算法不能解决的问题。在原理学习和编程实践的过程中，

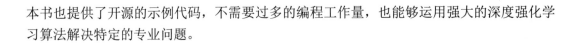

本书也提供了开源的示例代码，不需要过多的编程工作量，也能够运用强大的深度强化学习算法解决特定的专业问题。

本书内容安排

第 1 章介绍深度强化学习应用的潜在领域背景和需要解决的问题，包括复杂性科学和复杂系统的相关知识以及人工智能应用的背景。从复杂金融系统开始，讨论复杂金融环境下的新金融、互联网金融、计算金融、科技金融等。

第 2 章将从人工智能的历史讲起，简要介绍机器学习、深度学习、强化学习以及深度强化学习的基本发展情况，使读者在整体上对深度强化学习、机器学习、人工智能有大致的了解，为后续的深入分析和研究提供基础。另外，本章还简要介绍了基本的机器学习范畴知识，包括监督学习、无监督学习和强化学习，以及优化算法、激活函数、损失函数等基本概念和原理。深度强化学习是一项复杂的数据分析方法，扎实的人工智能和机器学习基础能使学习者更快地入门这一蓬勃发展的领域。

第 3 章简要介绍深度学习的基础模型，包括深度神经网络（Deep Neural Networks）、深度卷积神经网络（Convolutional Neural Networks）、深度循环神经网络（Recurrent Neural Networks）、深度图神经网络（Graph Neural Networks）。深度学习模型是深度强化学习模型框架中一个关键的模块，也是强化学习再次蓬勃发展的核心模块。深入理解深度学习模型，能够为深度强化学习模型的改进和策略优化提供强大的技术支持。该模块犹如汽车的发动机，通过更换发动机模块，能够得到汽车的不同性能。

第 4 章介绍经典的强化学习算法。强化学习是深度强化学习的算法基础，是入门深度强化学习的基础，介绍的算法包括时序差分算法、SARSA 算法和 Q-learning 算法。理解了经典的强化学习算法，才能理解复杂的深度强化学习算法模型，深度强化学习算法在经典的强化学习模型基础上进行了大量的改进和性能提升。对强化学习理论和算法的深入理解，能够为智能交易系统的构建提供理论和技术支持。深度强化学习已经发展了非常多的高效算法，在不同领域取得了非常多的有效落地应用，但是基本都没有脱离强化学习理论中的在线学习、离线学习、基于模型的学习、模型无关学习、值学习和策略学习等框架。

第 5 章介绍 Deep Q Network（DQN）。DQN 基于 Q-learning 演化而来，Q-learning 作为强化学习的核心算法，有着悠久的历史，在强化学习发展过程中发挥了重要的作用。Q-learning 算法的核心是学习状态-动作值函数，基于状态-动作值函数在给定的状态下选择最优动作，做出最优决策，最大化累积奖励值。

第 6 章介绍随机性策略梯度算法，如置信阈策略优化 (Trust Region Policy Optimization，TRPO) 和近端策略优化 (Proximal Policy Optimization，PPO) 等。在连续高维空间中动作数量是无穷的，对于连续函数找最大值是一个需要耗费额外资源的问题，因此 DQN 对于连续型动作空间问题表现出了一定的限制，在动作空间为离散情况时 DQN 比较有效，拓展的 DQN 也能够对连续问题进行求解。随机性策略梯度算法直接学习策略函数，输出动作的概率值，保证了动作的随机性和多样性，在一些复杂环境中具有较好表现。

第 7 章介绍确定性策略梯度算法，如深度确定性策略梯度（Deep Deterministic Policy Gradient, DDPG）方法和双延迟 DDPG（Twin Delayed DDPG, TD3）等。为了能够更好地处理连续动作空间的最优化策略问题，确定性策略梯度算法的策略函数直接输出动作值，通过确定性策略梯度定理更新和学习策略函数。

第 8 章介绍 Actor-Critic 算法，也就是"行动者-评论家算法"。行动者对应能够产生动作的策略函数，评论家对应能够评估动作好坏的值函数。深度强化学习的终极目标是通过学习获得一个策略函数，在与环境交互过程中做出最优化动作，获得最大的累计收益。本章将结合值函数和策略梯度，学习最优化策略函数。Actor-Critic 算法提供了一个优秀的算法框架，DDPG 等算法也同样包含了 Actor-Critic 算法框架。

第 9 章介绍深度强化学习与规划，主要涉及基于模型的深度强化学习算法。规划是指智能体并不实际与环境进行交互，而是通过构建一个环境模型，产生模拟数据，基于模拟数据完成对值函数和策略函数的更新和优化。在规划过程中，智能体必须对环境模型拥有完全的信息，能够完成虚拟的交互。例如围棋博弈中，对弈者不需要真正的落子也能够在脑海中模拟落子后对方的行动以及自己可采取的下一步行动。

第 10 章介绍深度强化学习算法的背景、历史、分类、挑战、前沿和其他应用实践，比如如何玩 Atari 视频游戏以及如何构建深度强化学习模型进行投资决策。

本书实践内容安排

本书对案例中所涉及的代码都提供了源代码和注释，希望读者能够在学习深度强化学习原理和算法过程中，通过一些简单的入门级的应用，提升对深度强化学习算法的理解。

第 1 章实践内容为熟悉复杂金融系统和金融科技背景知识，为后续智能交易系统构建提供基础知识；熟悉金融市场数据获取和数据预处理，能够获得金融市场决策变量。第 2 章实践内容为经典机器学习算法应用于时间序列和复杂网络分析之中，挖掘对应复杂系统演化规律。第 3 章实践内容为熟悉深度学习计算实验平台，了解深度学习相关经典模型的构建和训练过程，构建基础的深度学习模型，包括深度神经网络、深度卷积神经网络和深度循环神经网络，为深度强化学习打基础。第 4 章实践内容为构建金融市场马尔可夫决策环境，分析金融市场状态转换、状态特征提取、动作设定、回报函数等模块。第 5~8 章实践内容为基于前几章中的深度神经网络模型和金融市场环境模型，运用 DQN（第 5 章）、PPO（第 6 章）、DDPG（第 7 章）以及 A2C（第 8 章）训练智能体进行智能投资决策。第 9 章实践内容为了解一些深度强化学习开源程序库。

本书适合人群

* 金融学系本科生
* 金融专业研究生
* 计算机系本科生

*"计算机 + 金融学"双学位本科生

关于作者

谢文杰，男，湖南浏阳人，应用数学博士，上海市晨光学者。现任职华东理工大学商学院金融学系副教授、硕士研究生导师、金融物理研究中心成员，主要研究复杂金融网络、机器学习、深度强化学习、金融风险管理等。获 2016 年度上海市自然科学奖二等奖（4/5），主持完成 4 项国家或省部级科研项目。

周炜星，男，浙江诸暨人。教育部青年长江学者、上海领军人才、教育部新世纪优秀人才、上海市曙光学者、上海市青年科技启明星。现任职华东理工大学商学院、数学学院，二级教授，博士生导师，金融物理研究中心主任。现兼任中国优选法统筹法与经济数学研究会理事、风险管理分会副理事长、中国系统工程学会理事、金融系统工程专业委员会副主任，管理科学与工程学会理事、金融计量与风险管理分会副理事长，中国工业统计教学研究会金融科技与大数据技术分会副理事长，中国数量经济学会经济复杂性专业委员会副理事长，中国复杂性科学学会副理事长。现担任《计量经济学报》、*Journal of International Financial Markets, Institutions & Money*、*Financial Innovation*、*Fractals*、*Frontiers in Physics*、*Fluctuation and Noise Letters*、*Entropy*、*Journal of Network Theory in Finance*、*Reports in Advances of Physical Sciences* 等国内外期刊的编委。主要从事金融物理学、经济物理学和社会经济系统复杂性研究，以及相关领域大数据分析。先后主持包括 4 项国家自然科学基金在内的 10 余项国家级和省部级项目。出版学术专著《金融物理学导论》1 部，发表 SCI/SSCI 收录论文 200 余篇，他引 7000 余次，11 篇论文入选 ESI 高被引论文，H指数 46，连续 8 年进入爱思唯尔发布的中国高被引学者（数学）榜单。论文主要发表在JIFMIM、JEBO 和 QF 等主流金融经济期刊及 PNAS、Rep. Prog. Phys. 等重要交叉学科期刊上。获 2016 年度上海市自然科学奖二等奖（1/5）。

致谢

本书模板来源于 ElegantBook，感谢制作者的辛苦付出！感谢 Open AI Baselines 社区，感谢 Stable-Baselines 社区。感谢清华大学出版社编辑申美莹老师和相关工作人员。

本书参考文献与参考资料可扫描下方二维码获取。

参考文献　　　　　　　　　参考资料

谢文杰　周炜星

2023 年 8 月

目　　录

第1章
智能决策与复杂系统

内容提要

- ❑ 智能决策
- ❑ 人工智能
- ❑ 智能体
- ❑ 决策系统
- ❑ 金融复杂性
- ❑ 复杂系统
- ❑ 复杂科学
- ❑ 计算金融
- ❑ 大数据金融
- ❑ 社交金融
- ❑ 互联网金融
- ❑ 交易金融
- ❑ 科技金融
- ❑ 金融科技
- ❑ 新金融

1.1 智能决策

智能决策一直是人类关心的问题。运筹帷幄之中,决胜千里之外,智能决策是人类以及生物在演化过程中一直在学习和应用的技能。何为智能?为什么需要智能?在一个极其简单的环境下,个体能否展现出智能?因为环境的复杂性和不确定性,个体需要学习不同的智能策略来应对环境变化,从而获得生存机会。智能决策与复杂环境是分不开的,复杂环境会影响个体智能决策能力,而个体智能决策行为同样会影响环境复杂性,两者之间相互关联耦合并协同演化,共同构成了更加复杂和动态演化的复杂系统。如何在复杂环境中进行智能策略的学习,特别是在模拟的复杂环境下,如何训练智能体获得智能决策能力,是深度强化学习主要面对和需要解决的问题 [1-4]。

1.1.1 智能决策简介

2020 年 3 月新型冠状病毒感染在全球暴发,改变了世界运转模式以及人类日常生活,复杂社会经济系统受到了巨大冲击。在新型冠状病毒感染等外生冲击影响下,各行各业复工复产问题、供应链问题等直接影响了各经济体在全球产业链、价值链中的地位,应该如何防御和应对风险?这一问题已引起专家学者的较大关注,如汪寿阳教授团队研究了新型冠状病毒感染对全球生产体系的冲击和中国产业链加速外移的风险[5]。在疫情防控中，如何有效权衡经济效益和防疫效果，可以抽象为优化问题，即通过智能决策算法对经济运行和人类生活行为进行合理优化和决策。

智能决策的主体包括居民、社区、政府、经济体以及联合国，在不同的时间和空间尺度上都面对着大量的决策问题。对学生个体而言，选择食堂是一个决策问题；对旅行者而言，规划旅游路线是一个决策问题；对政府而言，疫情防控措施是一个决策问题；对经济体而言，选择贸易合作伙伴是一个决策问题；对国际组织而言，协调国际关系、化解国际冲突是决策问题。作为人类命运共同体的组成部分，不同尺度上、不同空间上、不同时间上的每一次决策，都会影响人类命运共同体的未来发展。

1.1.2 复杂金融系统中的智能决策

在复杂金融系统中，个人投资者、机构投资者和监管部门共同构成了一个动态演化的复杂巨系统。2008 年后，美国次贷危机引发的全球金融海啸促使科学家重新审视主流经济金融理论，提出了当前金融理论所面对的挑战。在极端金融事件的预警和预测方面，由于金融系统的非线性、动态性、随机性等复杂因素，如何有效地防范和预警风险，会直接影响全球金融经济系统的稳定和健康发展。基于智能算法进行风险预警和防控，具有重要意义和研究价值，也能给世界各个经济体的金融经济系统平稳运行提供一定保障。如何对动态演化市场环境进行动态监控，对市场环境状态进行建模分析，对系统性风险及其传染进行度量、识别、防控和预警，是深度强化学习能够有所作为的领域。

2008 年，Nature 杂志文章指出[6]，传统理论无法预见当时的金融风险，需要在理论和方法上进行根本性的科学革命，新理论需要从实际数据出发来探寻市场规律，挖掘市场信息，从复杂市场结构中解构市场行为信息和个体行为规律。基于大数据的金融分析中，我们从海量高质量数据中挖掘市场的运行规律和多尺度特征，刻画和监控不同层次市场参与者的行为规律和演化特征。我们从微观到宏观、从个体到系统、从关联关系到因果关系、从理论到方法，进行多尺度、多层次、多角度的深度探索和挖掘，为金融经济系统的安全和稳定提供具有可操作性和实用性的研究方法和分析工具。深度强化学习方法融合了深度学习和强化学习，在智能识别和智能决策方面具有显著优势。深度学习模型适用于复杂经济金融系统中海量、多源、异构数据，强化学习模型适用于动态演化的复杂市场环境决策。

新的经济理论需要考虑异质经济人之间的相互作用[7]，在此部分 ABM 模型和金融计算实验具有重要的应用价值。异质性个体之间的异质非线性相互作用构成了复杂性的来源，也使得复杂系统能够涌现更高层次的特征规律和功能表现，如市场对噪声的容错能力、对外在冲击的恢复能力等。如何构建异质性智能体之间的交互规则，使得系统能够更加鲁棒和稳定？我们可以将此问题建模成组合优化问题，融合深度强化学习进行智能决策和智能规划。在金融经济理论中存在着大量的序贯决策问题，深度强化学习是专门求解此类决策问题的智能学习方法。通过深入理解和学习深度强化学习，可以将一些看上去不是序贯决策问题且具有复杂实际应用背景的难题，建模成马尔可夫决策过程或者部分可观测的马尔可夫决策过程，随后运用深度强化学习算法进行训练和求解。

Schweitzer 等人指出经济学研究应该着眼于子系统之间的相互作用，以及由此而形成的复杂金融经济网络 [8]。复杂金融经济网络是复杂金融经济系统的有效表示，能够比较高效地抽取和模型化复杂系统中个体之间的交互关系和结构特征 [9,10]，其研究得到了大量科研人员关注 [11,12]。深度强化学习系统需要对复杂巨系统和复杂系统中个体进行细致的表征，然后基于智能算法学习和度量特定问题的高层次特征，为智能决策提供更加有效的决策变量支持。复杂网络分析除了研究网络拓扑结构信息，也能够分析网络节点信息和网络连边信息以及全局网络特征信息。在深度图神经网络中，通过深度学习技术挖掘节点和连边信息以及网络拓扑结构特征，可为运用复杂网络分析相关问题提供额外的信息和研究思路。

金融市场是典型的复杂系统，复杂金融系统是一个由庞大数量、相互关联、互相影响的个体共同组成的系统，投资者行为能够决定宏观市场行为，从微观行为到宏观行为的跨越，是复杂系统研究人员希望理解和分析的关键问题。根据中国证券登记结算有限责任公司数据，截至 2020 年 1 月末，中国股市的投资者数量已经突破 1.6 亿人，其中包括了个人投资者和机构投资者。金融系统每天产生海量信息，包括投资者情绪、市场行情、交易行为和其他另类数据（Alternative Data）。复杂金融系统中海量、异构、多源的数据都是投资者的决策信息，但金融系统的复杂关联也导致了系统的脆弱性，在不可预知的风险和冲击面前，整个金融系统面临着巨大的崩塌风险。很多学者从微观层次上构建投资者交易网络 [13]，通过对微观交易网络进行结构和动力学分析，为建立金融观察平台提供了丰富模型基础。

图1.1 是某只股票一年中交易者的股票买卖关系示意图，图中每个节点代表一个投资者，两个节点之间的连边对应两个投资者之间的股票买卖关系。通过 k-shell 算法进行分析和可视化 [14]，可以得到图中的层次结构，为了显示清晰度，图中只显示了交易网络中最里层的投资者网络关系结构。层次结构表明投资者之间关系错综复杂，如何从如此复杂的拓扑结构中解构出市场交易行为以及解构出能够表征市场系统性风险的特征信息，是研究人员面对的较大挑战，经典理论和方法的局限性显而易见 [15]，学者可以采取基于网络的建模方法 [16-24]，基于系统论的视角来分析和研究复杂金融问题。网络模型能够对复杂系统进行较为真实的刻画和系统分析，将个体信息不仅是当作独立的特征变量分析，而是充分考虑个体之间的关联结构，从复杂网络结构和功能的视角讨论系统稳定性和脆弱性。近年来，复杂网络科学家们贡献了大量的复杂网络分析方法和理论思想，使得复杂网络方法成为了理解、描述、量化、预测并控制经济金融系统的强大工具 [8]。复杂网络分析将更多因素引入了系统分析之中，使得模型的维度变得异常之高，一般方法很难能够同时考虑这么多的因素，结合复杂网络和机器学习以及深度学习、深度强化学习来处理超高维数据，能够使分析结果更加具有合理性、可行性和实用性。

复杂金融经济系统的稳定性和脆弱性问题，都对世界居民的日常生活和经济发展产生直接影响，如何在如此复杂多变的环境下应对突发事件是人们亟需解决的问题。如今，社会经济系统是一个高度耦合、深度关联、多尺度、多层次的复杂巨系统，传统方法已经很难处理具有庞大系统、动态环境以及海量数据的问题，人们需要结合最先进的智能算法和最优秀的计算平台来构建最有效的工具以生成应对策略，用复杂性对抗复杂性，用复杂智能决策系统对抗复杂环境决策问题。自 AlphaGo 之后，深度强化学习一跃成为了热门的研究领域和极具前景的智能算法。在金融经济系统中，基于深度强化学习的智能投顾、智能资产管理、智能客服等都得到了大量的研究和应用。本书中大量的编程实践也采用了金融领域的智能交易和智能资产管理等应用实例，提供了入门深度强化学习理论和实践的基础案例，将理论和实践进行充分的融合和应用。

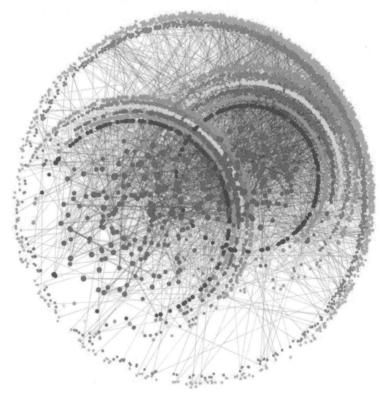

图 1.1　股票买卖关系图

1.2　复杂系统

复杂系统是由大量异质性个体组成的，且个体之间存在交互作用。复杂系统广泛存在于现实世界和虚拟世界之中。

1.2.1　复杂性科学

1984 年，在诺贝尔物理学奖得主、夸克之父盖尔曼（Murray Gell-mann），考温（George Cowan），安德逊（Philip Anderson），诺贝尔经济学奖获得者阿罗（Kenneth J. Arrow）等人倡导下，一批来自世界各地的政府机构、研究团体和私营企业的物理、生物、经济、计算机科学家，在美国新墨西哥州圣塔菲市西北郊外的一座小山丘上建立了享誉世界的圣塔菲研究所。圣塔菲研究所是非营利性研究机构，研究的大方向是跨学科的复杂性和复杂系统，并将研究复杂系统的交叉学科称为复杂性科学[25-28]。

> **定义 1.1 复杂性科学**
>
> 复杂性科学是指以复杂系统为研究对象，以超越还原论为方法论特征，以揭示和解释复杂系统运行规律为主要任务，以提高人们认识世界、探究世界和改造世界的能力为主要目的的一门"交叉学科"（interdiscipline）。复杂性科学主要包括早期研究阶段的一般系统论、控制论、信息论、人工智能，以及后期研究阶段的耗散结构理论、协同学、突变论、超循环理论、混沌、分形、自组织临界理论和元胞自动机等。♣

圣塔菲研究所的科学家们致力于构建"没有围墙的研究所"。圣塔菲研究所的研究范围广泛，融合了社会科学、经济金融学、计算机科学、生物学、生态学、信息学等学科，大力倡导不同学科之间的交叉融合。复杂性科学的关键不在于学科本身，而在于不同学科之间的交叉融合，在于学科之间的协同创新，共同解决科学问题和应用难题。经过了几十年的发展，复杂性科学经历了不同学科的兴起和衰落，如大家所熟知的老三论和新三论，从一般系统论、控制论、信息论，到耗散结构理论、协同学、突变论，以及超循环理论、混沌、分形、自组织临界理论和元胞自动机等，复杂性科学得到了不同领域学者的关注和研究。复杂性科学为不同学科提供了崭新的研究视角和创新性的研究成果，激发了新的研究思想，成就了新的研究方向，为人类揭示和解释复杂系统运行规律提供了强有力的工具，极大地提高了人们认识世界、探究世界和改造世界的能力。

21 世纪初，网络科学迎来了蓬勃的发展。针对蛋白质作用网络、细胞网络、神经网络、社会网络、经济金融网络等，科学家们在不同尺度、不同领域、不同层次进行了深入分析和研究，各领域相互借鉴、相互学习、共同发展、交叉融通，极大地促进了各个学科自身的发展。各个学科的发展都为复杂性科学做出了贡献，提供了思想的源泉和创新的火花，使得人类能够对身边的复杂系统、复杂模型进行深入的理解和探究，为人类认识世界、理解世界、预测世界提供了丰富的思想工具和技术方法，使得人类能够更好地可持续发展，为防控社会、经济、金融系统性风险提供了很多实用的工具和发展方向[29]。

著名理论物理学家斯蒂芬·霍金称"21 世纪将是复杂性科学的世纪"。中国著名科学家钱学森在系统论和控制论领域做出了卓越贡献，丰富了复杂性科学方法，提出了复杂巨系统的概念。钱学森的《工程控制论》系统性给出了控制领域的经典方法和实例[30]。在深入学习深度强化学习过程中，可以发现控制论中很多概念和思想都直接影响了强化学习理论的发展和算法演进。社会系统和物理系统的复杂性不在一个层次，物理学研究已经建立了许多精确的数学模型，可以进行论证、推演、理论分析、定量计算物理系统中个体动力学规律和系统演化规律[31-33]，但社会经济系统的定量分析、预测、控制却异常困难和复杂。

成思危教授的《复杂性科学探索》指出了研究复杂系统的系统科学方法，包括定性判断与定量计算结合、微观分析与宏观分析结合、还原论与整体论结合、科学推理与哲学思辨相结合[34]。复杂性科学是涉及多个学科的一门科学，汲取了不同学科的优秀方法和思想，是从不同学科和不同视角用不同方法和工具进行交叉研究的一门学科。除了部分物理系统，复杂系统中社会安全突发事件[35-38]、神经网络的思维过程、动物种群的发展过程、胚胎的形成过程，都没有定量的数学模型，也没有大一统的理论，因为一些系统不易观测或者无法模型化，不容易进行定量研究。但是通过分析系统作用机制，设计系统模型规则，可以在计算机上建立一定法则进行模拟，并进行定量分析。因此复杂性科学的研究需要定量与定性相结合[25,39]，博观而约取，交叉而融通，以揭示和解释复杂系统运行规律。

1.2.2 复杂系统定义

2021 年 10 月，真锅淑郎（Syukuro Manabe）、哈塞尔曼（Klaus Hasselmann）和帕里西（Giorgio Parisi）三位科学家因为"发现了从原子到行星尺度的物理系统中无序和波动的相互作用"和"对地球气候进行物理建模、量化变化和可靠地预测全球变暖"而获得了诺贝尔物理学奖，为人们理解复杂物理系统做出了突破性贡献。帕里西在无序的复杂材料中发现了隐藏的模式，这是对复杂系统理论最重要的贡献之一，使理解和描述许多不同的、随机的材料和现象成为可能，在物理、数学、生物、神经科学和机器学习等领域都有着重要作用。

帕里西于 1999 年在论文《复杂系统：一个物理学家的观点》里写道[40]："复杂系统有许多可能的定义。我将复杂系统定义为：如果一个系统的行为在很大程度上取决于系统的细节，那么该系统就是复杂的，且这种依赖性往往是非常难以理解的。"复杂系统的定义非常之多，也各不相同。例如，复杂系统的另一个定义为"复杂系统是具有涌现和自组织行为的系统"。因此，对复杂系统进行定义，其本身也是很复杂的问题。下面将给出一个较为通俗的定义，以便理解和深入研究复杂系统。

> **定义 1.2 复杂系统的通俗定义**
>
> 复杂系统由大量相互作用的成分组成，不存在中央控制，通过简单运作的规则产生出复杂的集体行为和复杂的信息处理，并通过学习和进化产生适应性。复杂系统存在的三个共性[41]：
> - 复杂的集体行为：个体简单，规则也简单，不存在中央控制或领导者，但集体却产生出了复杂的行为模式。
> - 信号和信息处理：信息、信号的传递和利用。
> - 适应性：所有的系统都通过学习和进化进行适应，即改变自身的行为以增加生存或成功的机会。

1.2.3 复杂系统类型

适应性造就复杂性[42]。复杂系统中异质性个体具有自适应性，个体之间的相互作用在宏观层面涌现出复杂现象和有趣规律。异质个体行为影响周围环境，反过来环境变化也影响个体的行为。反馈是控制理论中的核心概念。个体与环境的交互过程，是个体基于环境反馈信息的学习、适应和应对的过程。基于经典还原论观点，通过研究复杂系统局部子系统性质而得到全局系统规律的思路和方法，已经很难准确地把握问题和解决问题，因为大部分子系统之间都不具有可加性，个体之间的关联使得子系统之间具有超线性或亚线性关系，整体大于局部之和是复杂系统的重要特征 [37,39]。复杂性科学中，学者们通过非还原论方法来研究复杂系统，通过复杂模型和方法来发现和探索复杂系统的普遍规律，通过对复杂系统状态变量进行观察、量化、度量、建模、预测以及控制，深入探究复杂系统的动力学过程和演化规律，为理解和控制复杂系统提供有效工具 [36,43]。复杂系统包含了适应系统和非适应系统两大类。

1. 适应性复杂系统

个体具有适应性，复杂系统也具有适应性。个体之间通过物质、能量和信息的交换而产生相互作用，并通过与环境交互以适应环境变化，改变自身特征属性与交互行为，如此形成的系统称作适应系统，如生物网络 [44-48]、社会网络 [49-57]、金融经济网络 [58-60]、信息网络 [38,61] 中存在的大量适应性复杂系统。特别是有人参与的系统中，个体的行为决策过程受到环境因素影响，环境因素包括群体情绪、个体所处环境、地位等信息。个体感知环境信息，将其作为行为决策变量，进行信息处理和决策，表现出复杂行为模式。随着深入理解和分析深度强化学习系统，我们将发现深度强化学习系统本身也是一个适应性复杂系统。

信息社会中个体之间有着多重关联关系。社会系统中人与人之间息息相关，人类决策行为受到关联个体的影响，如同事、朋友、亲人等。社会系统受到了人类行为因素和环境因素影响，具有复杂的动力学特征和规律。除了动力学规律的复杂性，复杂系统同样包括了系统结构的复杂性，如社会网络系统的层次性、同配性和高聚类性，以及信息网络系统的无标度性和结构自相似性等。复杂系统结构的自相似性非常普遍，一些子系统和全局系统之间存在着关联，同时也具有相似的结构，如树状网络中每一棵子树也具有严格的树状结构。

一般而言，超大复杂系统由大量复杂子系统构成。大量个体构成复杂子系统，而大量复杂子系统进一步构成一个更大的复杂系统。复杂巨系统的组成部分也是系统，即为系统的子系统。在商业社会系统中，集团公司包括了大量子公司，子公司之间有着错综复杂的关联关系，子公司的员工之间也同样有着多重复杂关系。科研人员为了更好地理解和刻画如此复杂的超大系统，提出了很多有趣的理论和方法。波士顿大学 Stanley 教授等人提出的相依网络（Interdependent Network）是一套有效的理论分析框架，可研究社会和金融系统中"网络的网络"中"节点"相依关系对网络稳定性（Stability）和稳健性（Robustness）的影响 [62,63]，也为"系统的系统"和耦合系统研究提供了思路和方法。

2. 非适应性复杂系统

非适应性复杂系统是人类生活的重要组成部分。现实世界中大多数物理系统，如恒星、星系、行星、沙堆模型等，都属于非适应性复杂系统 [29,64]。在物理系统中，个体之间也会存在关联关系和相互作用，一些作用关系可以通过较为严格的函数或方程来表示和刻画，如行星之间的引力关系等。复杂物理系统的复杂性表现在维度高、空间大、非线性等特征，其中大多数问题没有解析解和高效求解方法，如行星轨迹预测问题、卫星发射问题等，都涉及大量的数值计算和数值优化，计算复杂度较高。不同于适应性复杂系统的个体，行星没有自我意识，不能根据物理环境变化而改变自身的行为策略，只遵循已知或未知的物理规律。因此，在一般情况下，复杂物理系统和复杂社会系统的复杂性不在一个层次。

一般而言，非适应性复杂系统中的物理模型或化学模型与现实世界具有较高的相似性或一致性，如星系模拟系统和分子模拟系统等。适应性复杂系统中的虚拟模型与现实系统的相似性较低，如社会模拟系统中个体情感因素、属性等特征都很难准确量化和表征，个体之间的复杂交互模式也很难精确模拟，因而基于模拟仿真的社会系统或金融系统的动力学特征规律很难直接应用到现实世界之中。用深度强化学习对复杂系统和复杂环境进行准确建模，是智能体学习智能策略的基础。深度强化学习智能体的目标是期望在与复杂环境交互过程中获得较高的累积回报。因此，对复杂系统环境的建模和环境状态感知直接决定了智能体策略函数的优劣。

复杂系统模型可以是方程、方程组、动态演化的网络模型等。复杂系统模型与现实系统相似度越高，复杂系统模型的数值模拟结果应用在现实系统中就越有效、越可靠。复杂系统环境的状态直接影响智能体行为和智能体回报，智能体在好模型（与现实系统相似度高）中学习的行为策略在现实世界具有较好的泛化能力以及能够进行有效应用。因此，在深度强化学习的应用和实践中，环境模型的构建非常重要，深入研究和建模实际复杂系统是解决实际复杂问题的基础和关键。

1.2.4 复杂系统研究

复杂系统建模是智能体学习和优化智能策略的基础和关键。如何高效、高质量地建模复杂系统呢？复杂网络方法和思想是研究复杂系统与复杂社会现象的重要工具。我们需要研究复杂网络结构的统计规律和属性特征，同时需要更多地关注和理解复杂网络动力学特征规律。复杂系统中存在着大量亟需解决的重要问题。复杂网络科学家 Barabási 等人在理解 [65]、量化 [66]、预测 [67,68] 和控制 [69,70] 复杂社会现象和复杂自然现象方面做了大量创新性工作，相关研究成果得到了广泛应用。人类移动行为动力学的相关研究 [65,66] 为交通网络拥堵、流行病传播等复杂现实问题提供了新思路和新方法。如何有效地避免交通堵塞，如何有效地预防传染病传播，如何阻断病毒传播路径等，都可以建模成复杂网络问题。深度强化学习方法训练智能体在基于复杂网络的环境模型中探索和学习，优化决策函数，探索智能化的解决方案。

复杂网络科学家 Barabási 等人综合分析了复杂网络可控性和可观察性 [69,70]，从复杂网络的视角理解和分析复杂系统的可控性，将控制的思想引入复杂网络研究中并进行了推广。复杂网络结构可控性问题的相关研究成果也被应用于一些复杂系统分析之中，如生物体神经网络和行为控制等。使用网络可控性研究方法分析网络是否可控，即如果人类想要控制网络中个体状态特征到达指定的状态特征，那么是否存在一定的控制操作可以满足人类的需求。但是，如何找到控制策略则需要更多的辅助工具和数值计算方法，这也限制了复杂网络控制的方法和思想在现实世界网络中的广泛应用。通过追溯深度强化学习的历史可以发现，强化学习发展初期融合了大量的控制论思想和方法，如最优化控制理论等。总而言之，复杂网络是研究和分析复杂系统的重要工具和方法。

1. 复杂社会系统研究

复杂社会系统是人们生活、工作和学习的环境。人们常说社会太复杂，因为人类社会是由大量异质且动态多变的个体组成的复杂自适应巨系统。近年来，社会系统和金融经济系统中的"黑天鹅"事件[67]（如突发社会安全事件、金融危机）等都给社会、经济、金融系统造成了一定程度的伤害，也给人们的生活、工作和学习造成了较大冲击。复杂系统之间存在一定程度的耦合，研究和分析耦合系统具有挑战性。金融经济系统的复杂性一部分来源于与社会系统的耦合关系，金融经济系统中个体之间存在着错综复杂的社会网络关系，个体的金融经济决策过程会受到社会关系的影响，因此，个体的决策环境具有复杂性，个体的决策行为具有复杂性，社会经济系统的整体行为也具有复杂性。

2011 年初，美国自然科学基金会基于哈佛大学学者对全球著名社会学家的调查分析，发布了社会科学研究的十大科学问题，其中第九大科学问题为"我们怎样才能坚强地应对罕见的、会造成极端后果的黑天鹅事件？"虽然自然灾害、事故灾难、公共卫生事件和社会安全事件等"黑天鹅"事件极其稀少，但是对社会、经济和金融系统的危害却十分严重。识别具有破坏性的稀有事件发生的时间和空间极具挑战。在社会科学研究领域中构建抵御突发事件冲击的观察和检测系统，是智能社会治理的重要研究方向。传统的社会科学研究方法包括定性分析、定量分析和实验研究。随着信息技术和计算机科学的发展，社会科学研究领域引入了大量的定量化分析和研究工具，如 SPSS、Maple、MATLAB、MathCAD 和 Mathematica 等。

Vespignani 等人分析了人类行为的可预测性[67,68]，挖掘了人类行为的特征规律，颠覆了人们多年来关于个体行为不可预测的观念。在传染病模型的构建和实际疫情防控中，人类行为可预测性的相关研究成果具有重要意义和作用。如何更好地预测人类行为？如何在大规模数据集上进行人类行为规律的探索？机器学习模型和深度强化学习算法能够有效地学习蕴含于人类行为日志数据中的信息，提高智能模型对人类行为的预测精度。

2019 年底的新型冠状病毒感染肆虐全球，流行病的突然暴发，人们的生活方式、学习方式、工作方式都发生了巨大变化。如何有效地预防和管控传染病的暴发和传播，一直都是人类潜心钻研的课题。人们用"黑天鹅"来表示复杂社会行为的不可预测性以及对人类认知和观念产生的巨大冲击。瑞士工程院院士和欧洲科学院院士 Didier Sornette 教授提出的"龙王"理论提出了不同于"黑天鹅"的方法和思想，用来理解和预测金融市场和人类社会中的群体行为[71-74]。Didier Sornette 教授是南方科技大学风险分析预测与管控研究院院长和讲席教授、瑞士苏黎世联邦理工学院（ETH Zurich）创业风险中心讲席教授、ETH 风险中心联合创始人、瑞士金融研究所金融学教授，在自然和社会极端事件预测中进行了大量的创新研究[73-81]。

复杂社会、经济、金融和自然系统中的很多重要问题可以用深度强化学习方法进行分析和研究，如地震预测、金融市场系统性风险预警等。科学研究中真正重要的问题很少，难度也很大，研究方法却很多。随着科学技术的进步，我们要勇于尝试新方法和新思路，为求解重要问题提出新见解和新思路。深度强化学习方法为复杂社会网络分析提供了强大的技术和算法支持，使得社会科学领域的智能决策更加具有可行性和可靠性。在国内外学者的努力下，机器学习和复杂网络领域都得到了快速发展，已经有了大量非常成熟的算法和应用，许多研究成果发表在 Nature、Science 等国际顶级学术期刊上，引起了世界范围内学者的重视。深度强化学习在复杂系统决策领域已经取得了一些重大科学发现和理论突破，很多研究成果得到了广泛应用，且取得了较好的实际应用效果，如疫情防控、疫苗研发、蛋白质折叠等。

2. 虚拟社会系统研究

海内外学者对虚拟世界的潜在研究价值有很高的期许[54,82]。特别是近年来虚拟现实（Virtual Reality，VR）、元宇宙（Metaverse）、数字孪生（Digital Twin，DT）等技术引发了社会各界的极大关注。大数据和高性能计算时代，人们对复杂社会系统演化行为的定量认知并不深刻，需要更加定量化的、高效的分析方法和研究思路。人们通过对海量数据的分析和高性能计算资源的调度，深化对虚拟社会个人行为和组织演化规律的定量认识，具有重要的现实意义和科学价值。

传统定量分析和实验研究的小样本数据集与虚拟社会系统中人类行为的海量日志数据集存在显著的规模差异，因此研究方法和工具也发生了变化。不同领域的科学家为了更科学和更高效地定量分析大规模高质量社会领域数据集，开拓了全新领域——计算社会科学[83]。计算社会科学所用数据集具有大数据的基本特征，比如通信运营商记录的手机用户通话时间和位置数据集，科学家可以用此数据集研究人类的移动行为规律，并在传染病模型中引入社会个体移动规律，更加真实地仿真模拟传染病传播过程，为疫情防控提供更加可信和科学的政策建议[65,66,68,84]。同样，深度强化学习方法也将大有可为。

在虚拟社会系统研究领域中，科学家通过虚拟世界日志数据研究现实世界人类行为规律，存在一个虚实映射的问题。在虚拟世界中所发现的角色或个体行为的特征规律不一定适用于现实世界人类行为，因为所发现的规律可能只是特定虚拟世界模型设定的微观规则在宏观层面的系统行为。在深度强化学习应用中，虚拟与现实映射问题同样需要重视，即复杂环境建模中环境模型与现实世界的差异问题。智能体在仿真模拟的环境模型中表现良好，却可能在现实世界中不能工作，这与机器学习领域中模型泛化和迁移问题相关。

3. 复杂经济系统研究

面对近年来的经济危机、欧债危机、粮食危机、金融危机、全球新型冠状病毒感染、俄乌冲突等极端事件，人类亟需反思，突发事件和复杂现象背后的形成机制和原因是什么？如何找到极端事件的起因？如何测度和监控极端事件的演化和发展？如何在下一次危机前进行有效的预警和防控？人类身处复杂系统之中，深知复杂系统的稳健性和脆弱性共存。例如，在网络科学中，复杂网络面对随机性的节点失效时呈现稳健性，面对蓄意的具有针对性的节点攻击时却表现出脆弱性。面对复杂社会经济系统中的极端事件，人类希望实现像对待自然现象一样，进行有效的观察、理解、描述、量化[85-87]、预测和管控。

人类如何才能做到有效地观察、理解、描述、量化、预测并管控复杂社会经济系统呢？南京大学盛昭瀚教授团队在社会经济系统的建模和计算实验研究领域取得了大量创新成果。在经济学领域，传统定量分析和实验研究的数据样本一般较少。随着信息技术的突飞猛进，经济系统中个体对于信息技术的依赖，使得个体在信息系统中留下了详尽的数字痕迹，如个体上网、电话、位置信息、支付信息、购票信息、行程信息等，都反映了个体的行为特征和偏好。同样，很多平台或公司也收集了个体的性别、学历、偏好等属性信息，并通过整合个体和系统信息来进行智能商业决策，提高平台收益并扩张市场规模。商业数据的采集和分析会涉及到非常之多的隐私数据，信息社会中数据安全和隐私保护也是人们需要关注的重要问题。

除了现实世界个体的经济行为数据，大型多人在线角色扮演游戏（Massive Multiplayer Online Role-Playing Game，MMORPG）中也产生了大量完备和丰富的角色经济行为日志数据。虚拟世界中虚拟经济系统发挥了举足轻重的作用。我们通过研究虚拟世界中社会和经济系统，刻画虚拟社会经济系统的动力学演化规律，进而分析虚拟在线社会的相关经济问题，因此虚拟世界中的社会和经济系统也同样具有较大发展潜力和研究价值 [29]。

4. 复杂金融系统研究

金融经济系统中产品、供给、需求、价格等基本要素都有自身的特征属性，且加上异质金融个体之间错综复杂的关联关系和交互作用，造就了金融系统的复杂性。金融系统复杂性包括金融本质的特殊性与复杂性、金融产品与金融机构的特殊性与复杂性、金融市场与金融资产价格的特殊性与复杂性、金融风险的特殊性与复杂性、金融技术的特殊性与复杂性以及金融管理与调控的特殊性与复杂性 [88]。人们通过对金融系统复杂性的认识，深入了解现阶段金融市场形态演化规律的内在机制和驱动力，为理解复杂金融现象提供分析工具和分析思路。人们需要多角度、多尺度、多层次地理解和刻画复杂金融市场，深入探究金融市场系统性风险的度量、预警、传染和防控策略。

金融系统复杂性包括客观复杂性和主观复杂性两个方面 [88]。复杂金融系统的客观复杂性是指系统本身的状态、结构和演化动力学的复杂性，以及刻画金融系统的模型具有复杂性，与传统复杂性研究一致，包含如计算复杂性、算法复杂性和语法复杂性等。复杂金融系统的主观复杂性是指复杂金融系统中个体具有适应性和能动性。人类感知、意识、反应和行为的复杂性以及个体之间交互行动、信息反馈、信息级联和迭代等因素的复杂性，都将金融系统复杂性提升到了更高层次。有人参与的系统和无人参与的系统的复杂性是有本质区别的，与适应性复杂系统和非适应性复杂系统的区别类似。

面对复杂金融系统，人们如何能够在维持金融系统稳定性、稳健性同时，有效地配置资源，为社会经济系统高效运行提供动力，是一个亟需解决的问题。新的金融工具和金融方法关注和研究复杂金融系统风险的预警和防控问题。研究金融系统的主观复杂性需要结合心理学和金融学，包括行为金融领域研究预期判断、风险态度、决策方式、信息条件等，针对这些领域已经开展了大量的研究工作，取得了非常丰硕的研究成果。针对客观复杂性，我们需要结合数理知识与计算机科学，如计算机仿真、人工神经网络、随机过程、统计分析、混沌动力学、随机复杂性、数理金融与量化金融等 [88]。下面将简单介绍一些在大数据时代、人工智能时代发展和兴起的新金融。

5. 计算实验金融

天津大学张维教授课题组在金融系统的计算实验研究领域处于国际前沿。张维教授是国内极早从事金融工程与金融风险管理领域教育和研究的学者之一。张维教授等人在著作《计算实验金融研究》中阐明了计算实验金融的研究方法论，详细介绍了计算实验金融学的起源、发展历程和研究现状，利用计算实验金融方法对金融市场的各种异象做出合理解释，并对投资者生存、适应性市场假说、时间序列可预测性等金融学界广为关注的问题做出尝试性回答。计算实验金融融合了金融学、计算机科学、概率论、统计学等学科，是一门交叉学科。张维教授等人尝试在中国市场条件下，利用计算实验金融方法解决一些常规金融经济学方法难以解决的金融研究问题，倡导和推动了计算实验金融学在中国的发展。

6. 互联网金融

2015 年，中国人民银行等十部门发布《关于促进互联网金融健康发展的指导意见》，对互联网金融做了定义。互联网金融是传统金融机构与互联网企业利用互联网技术和信息通信技术实现资金融通、支付、投资和信息中介服务的新型金融业务模式。互联网与金融深度融合是大势所趋，已对并将继续对金融产品、业务、组织和服务等方面产生深远影响。

互联网金融作为"互联网＋"的重要产业之一，对社会经济系统产生了举足轻重的作用，也对人们日常生活和经济活动产生了深远影响。在大量金融创新的环境下，互联网金融改变了传统的金融行业和金融生态，深刻影响了商业银行的传统业务，也引发了新的金融系统风险源。金融从业人员和学者们需要深入研究互联网金融风险管理和互联网金融监管等问题，共同维护社会经济系统和金融系统的稳定和健康发展。

科学技术的创新和突破带来金融行业的变革和产业调整。互联网、人工智能、区块链、云计算、大数据、物联网等新技术不断涌现，加速了经济体和金融机构的发展和转型升级。通过新技术、新资源和新工具，复杂金融市场主体可以提升金融资源配置效率，为实体经济发展注入新活力。互联网金融的快速发展给社会带来巨大的经济利益，同时也要注意利弊的权衡，互联网金融中一些金融创新规避监管，盲目扩张，容易引发新的金融风险。面对国家防范化解重大系统性金融风险的首要任务，预警、防控和化解互联网金融带来的系统性金融风险显得尤为重要。

7. 科技金融

2019 年，科技部发布《国家"十二五"科学和技术发展规划》，指出科技金融是指通过创新财政科技投入方式，引导和促进银行业、证券业、保险业金融机构及创业投资等各类资本，创新金融产品，改进服务模式，搭建服务平台，实现科技创新链条与金融资本链条的有机结合，为初创期到成熟期各发展阶段的科技企业提供融资支持和金融服务的一系列政策和制度的系统安排。加强科技与金融的结合，不仅有利于发挥科技对经济社会发展的支撑作用，也有利于金融创新和金融的持续发展。

8. 金融科技

金融科技英译为 FinTech，是 Financial Technology 的缩写，可以简单理解为 Finance（金融）＋ Technology（科技），指通过利用各类科技手段创新传统金融行业所提供的产品和服务，提升效率并有效降低运营成本。金融稳定理事会（FSB）给出了金融科技的定义，金融科技主要是指由人工智能、区块链、云计算、大数据分析等新兴前沿技术带动，对金融市场以及金融服务业务产生重大影响的新兴业务模式、新技术应用、新产品服务等。

金融科技涉及的技术具有更新迭代快、跨界、混合行业等特点，是人工智能、区块链、云计算、大数据分析等前沿颠覆性科技与传统金融业务、场景的叠加融合。金融科技主要包括大数据金融、人工智能金融、区块链金融和量化金融四个核心部分，包含如智能投顾和智能客服等产品。智能投顾是指投资人依靠专业智能机器人来进行投资决策，智能投资机器人结合投资者的财务状况、风险偏好等，运用已搭建的投资模型和计算平台为投资者提供投资和理财建议。证券行业的智能客服主要充当客服的身份，但随着金融科技的发展，也能够进行诊股、选股等智能操作。

1.3　复杂环境特征

复杂环境中智能体决策基于复杂环境特征，可以理解为智能体所处的复杂系统状态特征。面对不同环境特征，我们需要构建不同类型的智能体进行策略学习。拉塞尔（Stuart J. Russell）和诺维格（Peter Norvig）的经典人工智能教材《人工智能——一种现代方法》对智能体任务环境进行了非常深刻的分析 [89]。任务环境特征直接影响深度强化学习中智能体策略学习和算法分类，也是设计不同环境模型前必须确定的关键建模因素。

基于拉塞尔和诺维格对环境性质的分类，可以更好地理解和分析复杂环境特征，从而设计和训练对应的智能体模型。通过了解深度强化学习方法的分类情况，我们可以发现算法的特征和性质与复杂环境的特征和性质相互关联，可以在一个统一的框架下分析算法、分析问题、建模环境和智能体。我们将从不同角度刻画和分析复杂环境特征。

1.3.1　完全可观察的和部分可观察的环境

在智能体与环境的交互过程中，如果智能体能够感知到与智能体决策相关的全部环境状态信息，则认为复杂环境是完全可观察的；如果智能体无法完全感知与决策相关的环境状态，则环境是部分可观察的。复杂环境状态不能完全被观察的原因有很多，比如噪声干扰、感知器灵敏度差、数据丢失等情况，都使得智能体无法完全获得决策所需信息。

在部分可观察情况下，为了使智能体进行智能决策，可在智能体内部构建一个隐空间，将部分可观察的环境状态变量映射到隐空间，智能体基于隐空间的隐变量进行决策，如部分可观察马尔可夫决策过程（Partially Observable Markov Decision Process，POMDP）。

举几个例子。在围棋对弈中，对弈者基于棋盘落子信息进行决策，并完全由棋盘信息决定策略行为。对于对弈双方而言，棋盘落子信息是完全可观察的。自动驾驶中，自动驾驶系统如果遇到大雾天气，路面情况会出现遮挡，不是完全可观察的。当智能体无地图时，智能体仅能感知所处位置周边小范围内的道路交通情况；当智能体拥有详细的地图信息时，智能体对所处环境是完全可观察的。在完全可观察环境中，智能体能够进行高效规划和学习；而在部分可观察环境中，智能体需要基于部分可观察信息进行假设和推理，如大雾天气中行车的驾驶员需要基于经验对部分可观察的路面进行判断，再进行决策。

1.3.2　单智能体和多智能体

复杂环境中智能体与环境交互，且环境中只有一个智能体，那么这种环境是单智能体任务环境；如果有多个智能体与环境交互，且智能体之间也互相作用、互相通信，那么这种环境是多智能体任务环境。毫无疑问，多智能体环境较单智能体环境更加复杂，因为多智能体环境中智能体不仅要与环境交互以获得环境信息，还需要考虑其他智能体的信息来进行决策。多智能体深度强化学习是一个非常有潜力和活力的研究方向。

智能体玩单机游戏时，复杂环境中只有一个智能体与环境进行交互，属于单智能体任务环境。围棋程序 AlphaGo 在训练过程中基于棋局进行落子决策，环境就是围棋棋盘落子情况，包括了对手方落子信息，属于多智能体任务环境。很多策略类游戏是需要多人合作完成的，在构建此类游戏智能体时需要同时构建多个智能体进行决策，训练智能体之间的合作、竞争和交互行为以及与环境交互，如 OpenAI Five 和 DeepMind 的 AlphaStar 都是多智能体强化学习的经典应用。

从单智能体到多智能体的延伸和拓展，也是一个非常有前景的方向。在很多实际应用场景中，多智能体决策更能贴合实际，如智能投顾和智能客服中的智能投资机器人。金融市场是一个多人博弈环境，个体行为和收益不仅与自身策略行为相关，也与其他参与者的策略行为相关，如果智能投资机器人能够考虑其他智能体的行为和策略信息，将可能更好地做出投资决策。

1.3.3　确定的和随机的环境

如果复杂环境的下一个状态完全由当前状态和智能体动作决定，那么环境是确定的；否则，环境是随机的。围棋游戏中的棋局是确定的环境，完全由当前棋局和下棋动作决定，不存在随机因素。军棋游戏中，暗棋和翻棋的棋局是不确定的，不确定性来源于部分可观察性。下暗棋时，棋子立起来不让对方看见，棋子的大小信息需要裁判给出，对弈者需要根据部分可观察的信息进行推理和判断，做出决策行为。

在金融市场中，投资者对市场状态信息的感知极其有限，能够获得的金融市场信息非常少，特别是散户投资者，只能获得部分公开信息，同时，投资者受限于信息处理能力等因素，获得有效决策信息较难。金融市场信息具有多源、异构、高频等特性，同时随机性因素较多，投资者通常需要在不确定的环境中做出投资决策。对于此类投资者而言，金融市场环境就是一个随机环境，而且市场随机性随着时间也会演化，增加了投资者做出正确决策的难度，也为智能投资机器人的建模和训练提出了极大挑战。

在自动驾驶场景中，自动驾驶汽车的感知系统所能收集到的信息是有限的，如摄像头观察距离是有限的，清晰度是有限的，路面的能见度也是有限的，这些不可观察的信息使得环境具有了不确定性，因此自动驾驶智能体面对的环境具有随机性。除此之外，一些突发的状况使得自动驾驶汽车所面对的随机性更大，如前方路面的车祸、车辆爆胎等。自动驾驶是当前人工智能领域最活跃的研究方向之一，也是资本投入最大的领域之一。

1.3.4　片段式和延续式环境

在片段式环境中，智能体的交互过程被分成了一个一个独立的片段，相邻片段之间的决策行为互不影响。例如，现实中随处可见的车牌识别（Vehicle License Plate Recognition，VLPR）系统对相邻两辆车的识别行为互不影响。

在延续式环境中，智能体行为之间具有关联性。棋类游戏中前后落子具有关联性，胜负是由一盘棋所有的决策行为（多步的落子）共同决定的。在金融市场中，智能体最后的收益也是由投资期内所有行为所共同决定，智能体当前买入行为的价值也受到后续投资决策行为的影响。强化学习算法就是专门针对此类序贯决策问题而设计的学习框架，现实世界中的很多复杂问题是可以建模成序贯决策问题的。

在实际应用过程中，我们可以将片段式决策过程和延续式决策过程进行转换。在金融投资过程中，投资者投资过程可以看成延续式，前后投资行为互相关联，而在实际程序设计过程中，智能体在片段式环境中训练和学习投资策略函数更加容易，因此我们可以对智能体投资行为进行设定或限制，比如一定时期内只能有一次行为动作，最后强制平仓，计算投资收益，再重新开始新一轮投资周期。

在智能算法运用过程中，我们也要避免"手里拿着锤子，看什么都像钉子"的心理，需要从实际问题出发，找合适的解决方法，并非所有的问题都可以应用深度强化学习来解决。奥卡姆剃刀原理告诉我们"如无必要，勿增实体"，即"简单有效原理"，尤其在工程应用或实际场景中，简单模型能够解决的问题，无须使用复杂模型求解。

1.3.5　静态和动态环境

智能体在进行决策的过程中，如果环境发生了变化，那么环境是动态的；否则，环境就是静态的。相对而言静态环境比较简单，智能体不需要时刻关注环境变化。在围棋游戏中，棋盘局面在智能体的决策过程中不会发生变化，当然此时不考虑决策时间限制。在现实世界中，绝大部分智能体的决策环境都是动态演化的。

金融市场是一个极其复杂的动态环境，在投资者决策过程中，市场信息瞬息万变。投资者决策需要时间，决策信息的采集完成时间点和决策行为的执行时间点存在一定间隔，当策略执行时，智能体先前考虑的市场变量已经发生了改变，这会影响智能体决策行为的准确性，要做到精准决策就会更加困难。投资者选择执行限价订单，在交易系统输入股票价格数字的几秒钟之内股票价格也可能发生变化，导致限价订单不能完成交易。在金融市场中广泛使用的自动化交易等高科技交易算法，也不能保证信息能被完全并及时地获取、处理和决策。在复杂金融市场环境中训练有效的自动投资智能体具有极大的挑战。

在自动驾驶系统的决策过程中，车辆自身在运动，周边的车辆也在运动，路面情况和物理环境都发生了变化。自动驾驶场景的环境时刻发生着变化，因此构建安全可靠的自动驾驶智能系统极具挑战，需要投入大量的时间和资源进行研究和开发，也是未来人工智能系统落地应用的突破之一。

1.3.6 离散和连续环境

环境状态信息和智能体决策信息都需要用变量来表示，而变量可以分为离散型变量和连续型变量。离散型变量可以表示类别、等级等，连续型变量能够表示时间、温度、体积、位置坐标等。特定环境状态信息需要选用合适的变量来表征，环境状态变量是智能体与环境进行有效交互的基础，也是智能体决策的基础。

一般来说，复杂环境变量融合了离散型变量和连续型变量。在围棋游戏中，棋盘位置可以用离散型整数表示，其他的价值变量可以用连续型实数表示。在自动驾驶智能系统中，红绿灯信息可以用分类离散型变量表示，车辆速度和位置坐标可以用连续型变量表示。在金融市场中，订单类型、股票类别可以用离散型变量表示，价格、交易量和换手率等可以用连续型变量表示。

1.3.7 已知和未知环境

已知的环境和未知的环境分类主要基于智能体对环境模型的了解程度。如果环境中不同状态之间的转移函数或动力学演化规律都是可获得的，那么对于智能体而言，环境模型是已知的。在围棋游戏中，智能体在清楚地预测下棋行为（落子）之后，环境的下一个状态信息就确定了。在物理系统中，物理环境模型蕴含了基本的物理规则，环境模型系统的演化严格按照物理规则进行，因此，在智能体决策过程中物理规则是智能体已有知识的一部分，能够为智能体决策所用。

强化学习算法可以分成基于模型（Model-based）的算法和无模型（Model-free）的算法，其智能体交互的环境模型分别对应已知环境和未知环境。基于模型的强化学习算法能够充分利用模型的动力学规律，智能体与环境交互更为高效，能以较小的代价获得更多高质量的经验数据或者模拟数据样本，因此，基于模型的强化学习算法能够充分利用复杂环境模型进行规划和学习，加速学习过程，提高学习效率，节约计算资源。

在无模型的强化学习方法中，智能体通过与环境的交互获得经验数据样本，感知环境的动力学过程，通过经验数据训练智能体。一般来说，智能体和环境的交互过程需要耗费很多计算资源和存储资源。在机器人训练中，机器人与真实环境交互非常缓慢，如训练机器人的行走，受限于真实环境和机械设备，机器人的动作和移动速度有限，影响了机器人训练效率。虚拟的物理环境模拟系统（环境模型）能够加快智能体训练过程，虚拟的物理环境和现实环境差异较小，智能体能够高效地获得较好的模拟数据完成训练。要使智能体能够高效获取环境信息，条件是要能够模型化复杂系统环境。如果模型化的虚拟环境与现实环境差异较小,那么智能体在虚拟环境中的智能策略就能够较好地泛化和迁移到真实环境。

1.4　复杂环境建模

复杂环境建模是智能体学习和优化智能策略的基础,环境模型的好坏决定了智能体决策行为的优劣,因此需要深入分析复杂系统的特征规律和环境状态表示以建立环境模型。图1.2中给出了一个简单的智能体与复杂环境进行交互的框架,智能体在复杂环境中学习和优化智能策略。

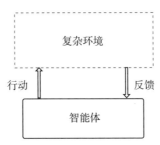

图 1.2　智能体与复杂环境的交互框架图

在图1.2 中,智能体和复杂环境是复杂系统的两个主要组成部分,智能体和复杂环境之间存在两个作用关系:行动和反馈。智能体输出动作,作用于复杂环境;复杂环境输出反馈信息,智能体接收反馈信息,反馈是复杂智能系统的关键,也是复杂系统控制的关键。反馈是经典控制论的一个核心概念,也是强化学习与自动化控制等经典学科之间联系的纽带。

智能体感知复杂环境状态信息,并基于自身策略输出行为动作,作用于复杂环境,复杂环境转移至新的状态并做出反馈,智能体感知到反馈信息后重新输出自己的行为动作,如此反复迭代。智能体收集反馈信息和环境信息并训练、优化自身策略。环境反馈信息包含了有关智能体"好"的行为的奖励信息以及"坏"的行为的惩罚信息,智能体通过反复试错,并学习优化,直到获得最优策略。在智能体和复杂环境进行交互的过程中,动作和反馈都需要通过变量进行表示,合适的智能体行为表示和环境反馈信息表示是计算机进行数值模拟和高效求解复杂问题的关键。

复杂系统环境建模需要收集大量的环境数据,对复杂系统环境进行刻画和表示,而大规模的数据集又给问题分析和求解带来了困难,因为在现实世界的复杂系统中,一些数据是不可获得的。在复杂系统中,智能体与环境交互,进行信息通信,并对复杂环境状态进行表征,感知环境特征,优化智能策略。因此,环境建模是智能体优化策略的数据来源,直接影响了智能体策略的智能水平。

复杂环境的状态特征、智能体行为动作以及反馈信息等都需要进行变量表示。图1.3给出了四种常用的数据类型结构示意图。

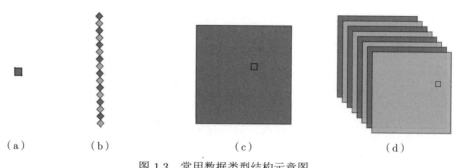

图 1.3　常用数据类型结构示意图

1. 标量型环境状态变量

图1.3（a）为标量（Scalar）x，是表征环境特征最常用的数据形式。环境的大小尺寸，可以用标量表示；智能体的速度大小可以用标量表示等。标量 x 按其测量尺度可以再进行细分，可简单分成 3 种：

（1）标量 x 为连续的实值变量，可表示间隔尺度，如身高、体重、时间等。间隔尺度是使用最广泛的数据形式，日常生活中随处可见。间隔尺度的标量能够进行加减乘除等运算，也能够比较大小关系。

（2）标量 x 为整数型分类变量，可表示有序尺度，如产品质量等级、学历等级等。有序尺度标量 x 只表示次序，例如小学、初中、高中和大学可分别用数字 1、2、3 和 4 表示，不等式 $2 > 1$ 表示初中学历高于小学学历，具有实际含义。有序尺度的指标不能够像间隔尺度指标一样进行加减法，如 $1 + 2 = 3$ 不能表示小学学历加初中学历等于高中学历，因此，有序尺度变量在模型构建过程中需要加以特别注意。

（3）标量 x 表示某些分类或属性时，称作名义尺度，如性别、季节等。与间隔尺度和有序尺度指标相比，名义尺度指标既不能进行加减运算也不能比较大小，例如，个体性别属性可以用 0 和 1 分别表示男性和女性，$0 < 1$ 并不能说明女性大于男性，名义尺度变量的数值大小关系没有实际含义。

在对环境和智能体属性进行表示的过程中，我们要细致分析特征的属性和可用变量的属性，运用合适的特征表示是对智能体进行有效训练和高效学习的基础。

2. 向量型环境状态变量

在图1.3（b）中，多个标量可以构成向量（Vector），向量可以表示环境和个体的多维特征属性，如三维空间中个体位置坐标可以用向量 (x_1, x_2, x_3) 表示。在数据分析中，时间序列数据也可以用向量表示，如股票价格时间序列、经济体历史数据等。

3. 矩阵型环境状态变量

图1.3（c）为矩阵（Matrix）示意图，将向量拼在一起可以构成矩阵。矩阵是线性代数的重要概念，也是机器学习常用的数据类型。很多数据分析软件将矩阵作为基本分析对象，如 MATLAB，就是矩阵实验室（Matrix Laboratory）的简称，MATLAB 将矩阵作为其主

要数据结构。一般矩阵可以表示如下：

$$
\begin{array}{c}
\begin{array}{cccccc}
 & c_1 & c_2 & c_3 & \cdots & c_{n-1} & c_n
\end{array}\\
\begin{array}{c}
r_1\\ r_2\\ r_3\\ \vdots\\ r_{n-1}\\ r_n
\end{array}
\left(
\begin{array}{cccccc}
x_{1,1} & x_{1,2} & x_{1,3} & \cdots & x_{1,n-1} & x_{1,n}\\
x_{2,1} & x_{2,2} & x_{2,3} & \cdots & x_{2,n-1} & x_{2,n}\\
x_{3,1} & x_{3,2} & x_{3,3} & \cdots & x_{3,n-1} & x_{3,n}\\
\vdots & \vdots & \vdots & \ddots & \vdots & \vdots\\
x_{n-1,1} & x_{n-1,2} & x_{n-1,3} & \cdots & x_{n-1,n-1} & x_{n-1,n}\\
x_{n,1} & x_{n,2} & x_{n,3} & \cdots & x_{n,n-1} & x_{n,n}
\end{array}
\right)
\end{array}
$$

其中，矩阵元素 x_{ij} 的下标分别表示元素处于矩阵的第 i 行和第 j 列。

矩阵可以表示大部分数据类型。例如，最常见的图片数据可以用矩阵表示，图片大小就是矩阵大小，矩阵中每个元素对应图形中的像素点；研究国民经济各部门间关系时可采用投入产出方法，其主要研究对象是投入产出矩阵；博弈论中收益矩阵可以用于研究竞争或者合作之间的冲突问题；图数据（网络数据）的邻接矩阵、拉普拉斯矩阵都能够表示复杂网络或复杂图结构信息。现实世界中的很多研究对象都可以用矩阵表示。在强化学习中，智能体在不同状态之间的转化规律可以表示为状态之间的转移概率矩阵；在 AlphaGo 和 AlphaGo Zero 中，用 19×19 矩阵表示围棋棋盘信息。

4. 张量型环境状态变量

图1.3（d）为张量（Tensor）示意图，为张量最简单的表现形式，可以看成矩阵堆叠在一起构成的高维数据，严格定义可以参考数学或物理教材。深度学习领域流行的机器学习框架 TensorFlow 和 PyTorch 都将张量作为主要操作对象，类似于 MATLAB 将矩阵作为其主要操作对象。我们可以从另一个角度重新理解各个类型的数据，零阶张量为标量，一阶张量为向量，二阶张量为矩阵，随着数据维度增加，数据越来越复杂，分析方法和工具也越来越复杂。AlphaGo 不仅仅考虑了单步落子的信息，还考虑了历史落子信息，因此构造了大小为 $19 \times 19 \times 17$ 的张量表示棋局状态信息。

5. 网络型环境状态变量

矩阵型数据可以表示复杂网络的结构特征。在实际数据分析中，我们经常遇到关系型数据，可以采用复杂网络方法进行分析。一般来说，融合网络分析能有效提高智能决策系统的实用性和准确度。图1.4给出了 73 个村庄社会网络示意图，数据来源于一次大规模调查问卷[90]。图中每一个网络节点对应村庄中一位村民，网络连边代表了"如果你必须做出一个艰难的个人决定，你会向谁寻求建议？"的关系。

在图1.4中，社会网络关系存在明显的社团结构，每一个社团对应一个村落。同村落中村民之间的关系较紧密，即村民在做艰难的个人决定时会向同村村民寻求建议，包括家庭成员等；不同村落间村民联系较少，或者根本就没有联系，只有少量异村村民之间互相寻求建议和帮助。我们能够挖掘图中丰富的社会结构信息，如识别村落中的意见领袖，判断家族成员之间是否存在等级结构等。复杂网络方法提供了一个新的分析视角和强大的分析工具来处理关系型数据，能洞察更深刻的网络结构信息和语义信息。社会网络分析是社会科学领域常用的方法和工具，得到了大量社会学家认可和广泛使用，用于挖掘蕴含于网络拓扑结构中的社会信息。

图1.4　73个村庄社会网络示意图

　　图1.4中的网络拓扑结构也很好地展示了"网络的网络"这一概念。社会网络中每一个小团体对应一个村庄中成员之间的联系网络，位于图1.4上部的不同村庄（社团）之间也存在着较为紧密的联系，中间位置处存在一个较为明显的中心节点，或称为意见领袖。社会网

络中个体之间相互作用关系也依赖于其他网络，可称之为相依网络或网络的网络。斯坦利（H. Eugene Stanley）教授等人为"网络的网络"提供了一个创新性的理论分析框架[62,63]。学者们研究网络中社会舆论、个体偏好等行为的传播过程，发现个体的相似性、互补性、同质性、流行性等因素都直接影响了个体的决策和社会系统的宏观演化规律。复杂社会网络的形成和演化同样受到环境因素的影响，如何捕捉到更加细致且更加有效的影响因素，如何更好地重现网络演化特征和规律，并融合网络的网络等方法模拟网络动力学特征，仍然是一个具有挑战的问题。

在现实世界中，网络形成和演化过程更加复杂，个体决策变量更加繁杂。复杂环境下个体决策行为受到诸多因素影响，如流行性和相似性等[91]。在金融交易系统中，如何表示投资者属性和环境因素仍然是一个重要的问题。在复杂决策环境中，影响主体决策的属性因素各不相同，很多因素因为隐私和采集难度问题而不可量化。近年来，一些基于机器学习的优化算法直接从复杂金融网络拓扑结构中解构市场行为信息和个体行为信息[92]。机器学习模型也能够学习复杂环境下个体之间网络关系的形成和演化模型[93]，将网络连边的建立过程表示成异质主体之间的博弈过程，网络主体考虑大量影响博弈均衡的因素，融合机器学习优化算法直接学习网络演化过程。很多学者运用智能算法研究网络演化过程中网络连边预测问题，取得了大量的研究成果[94-96]。

1.5　智能体建模

智能体作为智能决策的主体，如何处理复杂环境的不可观察性、随机性、连续性、不可知等特征性质，是智能系统建模的关键。

1.5.1　典型决策系统模型框架

智能体模型的主要功能是信息处理和智能决策，环境越复杂，对智能体要求就越高。一般来说，部分可观察的环境比完全可观察环境复杂，多智能体环境比单智能体环境复杂，随机性环境比确定性环境复杂，延续式环境比片段式环境复杂，动态环境比静态环境复杂，连续型环境比离散型环境复杂，未知环境比已知环境复杂。

在典型的决策支持系统中，我们从复杂环境中采集海量数据，进行建模和分析，模型输出指标和决策信息，决策者基于模型输出信息进行决策和行动，如图1.5所示。图1.5中模型的构建过程依赖于人类的领域知识（Domain Knowledge）和建模能力，模型优劣受人为因素影响较大。如果智能体能够自己调整模型架构或者模型参数，适应环境演化和经验数据，那么决策系统将更具有效性和稳定性，且模型的自动化程度将更高。

1.5.2　智能体建模框架

本节对智能体建模的几个模块分别进行介绍。

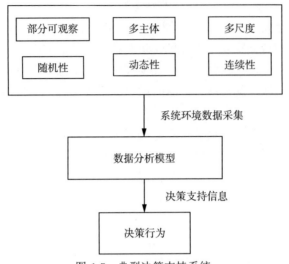

图 1.5　典型决策支持系统

1. 智能体建模框架示意图

图1.6给出了智能决策系统建模的框架示意图。其中的复杂系统环境包括了部分可观察、随机性、连续性、多主体等属性。决策智能体建模包含了几个关键组成部分，分别为感知模块、评价模块、学习模块和决策模块。在智能决策系统建模过程中，对各个模块进行了合理的抽象，模块之间能够进行信息通信和行为交互，智能体整合不同模块信息，优化各个模块的性能，这个过程将逐步提高智能策略性能。我们将对决策智能体的各模块进行简单介绍，为构建复杂智能决策系统提供基本的建模思路。

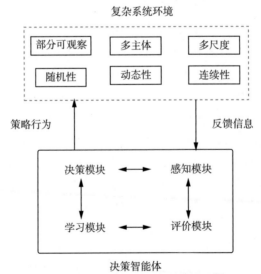

图 1.6　智能决策系统建模框架示意图

2. 感知模块

感知模块直接获得环境状态信息，感知环境的状态特征和环境的反馈信息。近年来，深度学习技术蓬勃发展，科学家们提出了众多深度学习模型，适应于不同的数据类型和复杂环境。感知模块将环境反馈和环境状态进行重新表示，映射到决策智能体的决策变量空间，决策智能体在决策空间进行智能决策。这一过程可以看作一个空间变换，主要由深度学习模型完成，比如深度神经网络（Deep Neural Networks，DNN）、深度卷积神经网络（Convolutional Neural Networks，CNN）、深度循环神经网络（Recurrent Neural Networks，RNN）、深度图神经网络（Graph Neural Networks，GNN）等。深度学习领域的飞速发展，使得越来越多的优秀深度神经网络模型为智能决策系统所用，成为智能决策系统的子模块。

深度学习模型的主要功能就是进行表示学习，将决策变量映射到隐空间，隐空间变量与决策问题之间强关联。深度学习模型去除了不必要的噪声信息和不相关信息，对信息进行了过滤和压缩，使得智能模型决策更加准确和高效。在实际运用过程中，复杂环境状态数据类型具有多样性，因此感知模块的深度学习模型也具有多样性，多模态的复杂环境数据也比较常见，因此感知模块可以融合多种深度学习模型，例如在自动驾驶智能系统中，决策智能体面对的数据包括图片数据、雷达数据、音频数据等。多模态深度学习技术融合了各式各样的深度学习模型，同时对视频、图形、音频和文本等数据进行处理，提高决策系统的智能化水平，这是深度学习研究前沿之一，也是未来发展方向。

3. 决策模块

决策模块是决策智能体模型的输出模块，相较于作为输入模块的感知模块，决策模块是决策智能体进行智能决策的关键，因为智能决策系统的目标就是训练和学习一个优秀的智能决策模块。一般智能决策模块用深度学习模型进行表示，以智能感知模块的表示数据作为输入，输出一个智能动作，或者动作的概率分布等。

类似于复杂环境，决策智能体也具有多属性特征，例如，决策智能体的动作可以分成离散型和连续型，或者同时输出两类动作。离散型动作比较常见，如电子游戏中游戏手柄的操作可以建模成整数型变量；机器人研究中连续型动作运用较多，如移动速度、角度、角速度等。在实际应用中，决策智能体并非只能有一种动作输出类型，而是可以同时输出多种类型动作。在金融市场中，智能交易机器人可以用离散型变量作为动作输出，用 -1、0 和 1 分别表示卖出、持有和买入操作，而交易量可以事先确定；同样，智能交易机器人也可以用 -1 到 1 之间的实数作为模型动作输出，表示投资者仓位变化比例，智能交易机器人的决策模块输出 0.5 表示买入 50% 最大持仓量的股票。决策智能体决策模块的动作类型可以根据具体问题进行调整。

决策智能体的决策模块也可以按照输出类型分成确定性策略和随机性策略，确定性策略直接输出动作，随机性策略输出动作的概率。确定性策略和随机性策略各有优缺点，各有其适用场景。在机器人研究中，确定性策略可以直接输出机器人的速度、角度等行为动作。

4. 评价模块

决策智能体基于感知模块将环境状态变量转化成决策模块的输入变量后，智能决策模块输出的动作如何能够体现出智能，如何评价，如何优化，都需要评价模块进行度量和更新。评价模块需要设定目标函数，决策智能体通过与环境的交互不断优化目标函数，同时优化策略模块。评价模块可以独立于策略函数，对行为进行价值评估，对有价值的动作给予较高的得分，从而引导策略函数输出最优动作。评价模块融合了感知模块和决策模块的信息，为高效训练决策智能体提供辅助信息。

5. 学习模块

学习模块结合感知模块、决策模块和评价模块，设定智能体训练规则，更新感知模块、决策模块和评价模块的模型参数，迭代训练并得到最优的感知模块、决策模块和评价模块。强化学习算法是智能决策系统的重要部分，经典的强化学习算法包括时序差分（Temporal Difference）算法、Q 学习（Q-learning）算法、SARSA 算法等，也包括了深度强化学习深度 Q 网络（Deep Q Network，DQN）算法、置信阈策略优化（Trust Region Policy Optimization，TRPO）算法、近端策略优化（Proximal Policy Optimization，PPO）算法、深度确定性策略梯度（Deep Deterministic Policy Gradient，DDPG）方法、Twin Delayed DDPG（TD3）、Actor-Critic 算法等。

1.6　智能决策系统建模

智能决策系统建模框架由环境和智能体组成，融合深度强化学习的智能决策系统将更加复杂。深度强化学习的训练过程就是智能体和环境的交互过程。为了对智能决策系统进行较为全面的认识，可以对智能决策系统的建模流程进行初步了解，我们在全局认识智能决策系统的基础上，从整体到局部，细化智能系统模块，完成智能系统模型构建、训练、验证、优化和应用部署。

图1.7给出了复杂系统环境下智能决策系统建模流程框架。框架包含了建模过程的 8 个环节，即问题提炼、数据采集、模型构建、算法实现、模型训练、模型验证、模型改进和模型运用。智能决策系统建模流程中各个环节之间都可以互相影响、互相关联，系统构建过程也是各个模块循环迭代优化的过程。

图1.7中各个模块之间也能够交替进行。智能决策系统模型在构建过程中会出现新的问题，新问题需要各个模块共同更新和修正来解决，因此智能决策系统建模流程并非是流水线，需要迭代更新，并全局优化。

1.6.1　问题提炼

智能决策系统建模的首要任务是明确所要解决的问题，界定问题所涉及的概念，并对问题进行抽象和提炼。现实社会极其复杂，我们所面对的问题通常也具有较高的复杂度，问题提炼要求对复杂环境进行简化建模，对问题进行抽象，对特征变量进行表示。一般来说，单目标决策问题要易于多目标决策问题。问题界定之初，我们需要抓住主要矛盾，忽略次要矛盾，通过合理抽象，使得模型既能够完成既定目标，又能够便于数据收集和模型实现。

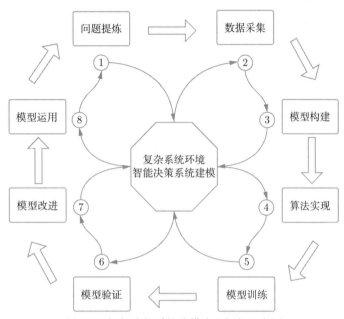

图 1.7　智能决策系统建模流程框架示意图

在智能系统建模和软件设计中，问题提炼部分可以看作需求分析，告诉开发者需要做什么，达到什么目标。对于问题的提炼切忌太理想化，设计一些不可能实现的目标，如解决准确预测金融危机这一问题，问题虽然很重要，但实现难度之大会让人觉得不切实际。

1.6.2　数据采集

数据采集是模型训练的基础，问题提炼过程中所涉及的对环境特征等变量进行表示都需要进行数据采集，采集数据的质量会影响决策智能体训练效率和模型最终绩效。在大数据时代，数据采集的途径越来越多，数据的规模越来越大，数据处理的难度也越来越高，例如数据的规模越大，所包含的噪声也越来越多，需要进行数据清洗，以提高数据质量。在数据采集过程中，我们要时刻对所提炼的问题进行审视，对数据与问题之间的关联进行分析，利用一些领域知识或者经验数据提高模型的可解释性。

高质量的数据是机器学习算法成功的关键之一。在计算机科学领域，开源代码平台中优质的深度学习模型和算法很丰富。一般而言，在实践应用过程中，开发者大部分时间和精力都在进行数据采集和数据预处理，在一些工程应用项目中，数据预处理时间可能占项目开发总时间的近 80%。

1.6.3　模型构建

模型构建包括环境模型构建和智能体模型构建。在当今开源时代，很多优秀的模型和代码库都共享在网络平台上，开发者可以互相学习，共同推进模型的发展和改进。在模型的设计过程中，开发者可以先从简单模型入手，然后通过模型的升级和迭代，逐步完善模型，提高模型性能和质量。切忌一开始就期望能够设计出完美模型，因为我们需要花大量的时间和精力在各子模块和模型细节之中。

研究人员从简单模型入手，在训练过程中发现问题、解决问题，设计新模块或者子模型，进行模型升级与迭代更新，不断循环改进。如面对时间序列预测问题，我们可以尝试一些经典的循环神经网络（RNN）模型，完成模型训练后，对模型性能进行测评，如果模型性能不理想，可以进一步考虑更高级更复杂的 LSTM 模型和 GRU 模型等。

1.6.4　算法实现

TensorFlow 和 PyTorch 等深度学习框架为算法实现提供了数量众多的可复用代码模块，面对复杂问题和复杂模型，都提供了很好的支持和实现方法，熟练地利用现有的成熟计算框架和预训练模型，能够提高模型开发效率，增强决策系统的稳定性和可靠性。由于智能决策系统建模需要编程开发能力，我们可以根据自己的编程水平选择不同的算法实现路径；初学者可以通过学习开源社区的优秀代码，完成算法实现；研究者或开发者为了精进自身算法实现能力，可以参考开源代码，手动设计代码框架，进行自主编程和算法改进，博采众长，逐步优化，完成智能决策模型的算法实现。

1.6.5　模型训练

高质量的样本数据和优秀的智能模型，是智能决策系统成功实现的基础。同时，深度学习模型的训练对硬件的要求较高，流行的计算平台 TensorFlow 和 PyTorch 框架都对分布式、GPU 等高性能计算模式进行了很好的集成，能够充分运用硬件资源，高效地完成模型训练。模型训练之初可以先设计一些简单数据集，如对完整数据集的随机抽样构建子数据集。尽量不要一开始就在完整的海量数据集上进行模型训练，不但耗费时间资源和硬件资源，出现问题难以进行问题定位、算法调试和模型改进，更重要的是，大数据集严重影响模型迭代更新效率。在模型训练和超参数调优过程中，深刻理解模型和算法原理是有效调参和高效训练模型的关键，我们不能因为开源代码的易获得性而忽略了对算法原理的理解和学习。

1.6.6　模型验证

模型训练完成后，我们需要对训练好的模型进行验证或测试，考察模型实际运用的效果，并重点关注模型的泛化性能。模型训练数据收集完成后，我们将采集到的数据分成训练集、验证集和测试集。智能模型在训练集上进行训练，在验证集上进行可信、可靠的模型验证。模型验证过程需要严格区分样本内验证和样本外验证，同时对测试集进行严格的划分，避免因数据污染而导致验证无效。

交叉验证方法简单且易于理解，是机器学习中估计模型性能的常用验证方法。例如，K 折（K-Fold）交叉验证方法将数据集均匀拆分为 K 个子集，每次使用 $K-1$ 个数据子集作为训练集来模型训练，剩下的一个子集当作验证集进行模型验证，因此，K 折交叉验证方法需要进行 K 次模型训练。

1.6.7　模型改进

在实际建模过程中，人们很难一开始就能够完成模型的既定目标。模型优化过程如同深度强化学习中策略函数的迭代更新过程。模型训练完成后，开发人员对模型进行评估，定位问题，改进模块，此过程也是非常耗费时间、人力资源和计算资源的。

与深度强化学习类似，人类设计决策系统的过程，也是一个试错的过程。人们将模型的训练结果作为反馈信息，衡量模型优劣，针对性地改进模型，包括重新审视模型设计的每一个环节。比如问题提炼是否符合实际？数据采集是否准确？是否引入数据偏差？数据颗粒度是否合理？数据时效是否达到要求？模型设计是否可以改进？算法实现过程是否存在逻辑问题？模型超参数设定是否合理？训练过程是否充分？有无过拟合或欠拟合情况？诸多问题在模型改进的反复优化和迭代更新过程中需要进行深入全面的思考。

1.6.8　模型运用

经过验证和改进的模型可以应用和部署到现实的复杂环境之中，对模型的实际运用效果进行考察。随着环境变化与时间推移，复杂问题背景也会发生变化，我们需要时刻监控模型运行效果，及时发现模型不足，甚至可能需要重新进行问题提炼、数据采集等操作。智能系统的构建和迭代更新过程本身就是一个复杂系统演化过程，面对环境的变化而实时地学习和改进，迭代更新，可使得模型越来越智能，更好地解决现实世界的复杂决策问题。

智能决策系统的设计过程本身就是一个复杂工程，各个环节和各个子模型构成了一个复杂工程系统，环环相扣，耦合关联，相互影响。因此，任何一个小小的失误都有可能造成模型的崩塌，或导致其性能低下。为了进行高效的系统设计和模型训练，我们需要更多的策略和方法，同时也需要更多的算法理论基础知识和编程实践能力，以及深度思考和持续学习的能力。

1.7　应用实践

在复杂系统研究中，时间序列数据非常常见，时间序列在金融市场中更是十分普遍，如图1.8展示了 2017 年至 2021 年香港恒生指数的日度价格时间序列。

学者们提出多种将时间序列转化成复杂网络的方法[97-103]，如时序网络[104,105]、周期网络[106,107]、最近邻网络[108]、n-元组网络[109]、循环网络[110-115]、分段相关网络[116]、可视图网络[117-120]、水平可视图网络[120-128]等。下面主要介绍一种基于可视图的时间序列转网络方法，通过复杂网络分析方法对时间序列进行分析，进而研究复杂系统的状态特征和演化规律。

图 1.8　2017 年至 2021 年香港恒生指数的日度价格时间序列示意图

时间序列用 $\{x_i\}_{i=1,\dots,L}$ 表示，在可视图算法中[117]，每个时间点数据对应可视图网络节点，网络节点 i 和网络节点 j 之间的连边关系存在，必须满足以下条件：

$$\frac{x_j - x_k}{j - k} > \frac{x_j - x_i}{j - i} \tag{1.1}$$

其中，$i < k < j$。可视图网络表示成 $G = \langle V, E \rangle$，其中，集合 $V = \{v_i\}$ 表示可视图网络的节点集合，对应时间序列中数据点 x_i，连边集合表示为 $E = \{e_{ij}\}$，其元素 $e_{ij} = 1$ 表示节点 v_i 和节点 v_j 相连，说明原始时间序列中数据点 x_i 和数据点 x_j 满足公式 (1.1)。将图1.8中恒生指数时间序列转化成可视图网络，如图1.9所示，我们可以在图1.9的基础上通过网络分析方法挖掘蕴含于可视图结构之中的金融市场信息。

在复杂金融市场中，大量金融市场信息反映于金融时间序列的结构之中，时间序列反映了所有可获得的市场信息。可视图方法将时间序列转化成网络，将蕴含在时间序列中的金融市场信息转化成了网络结构信息，然后通过网络结构分析方法来挖掘出复杂金融市场信息。时间序列转化为可视图网络时，信息在一次一次的转化过程中会有所丢失，但信息存储方式的改变使得分析方法有更多的选择，可以选择一些信息挖掘能力更强的工具，如复杂网络分析方法，可以挖掘出一般算法不能获得的信息和知识，为智能决策提供更加有效的决策信息。

图 1.9　恒生指数时间序列转化成可视图网络示例

⮞⮞ 第 1 章习题 ⮜⮜

1. 什么是智能决策？请列举现实生活的例子。
2. 什么是复杂系统？请列举一例。
3. 复杂环境有哪些特征？
4. 什么是金融复杂性？如何刻画金融复杂性？
5. 金融复杂性的来源有哪些？
6. 什么是计算实验金融？
7. 复杂环境状态变量有哪些类型？
8. 智能决策系统建模包括哪些环节？

第 2 章

人工智能与机器学习

内容提要

- ❏ 人工智能
- ❏ 机器学习
- ❏ 机器视觉
- ❏ 自然语言处理
- ❏ 人机对话
- ❏ 智能投顾
- ❏ 智能策略
- ❏ 智能客服
- ❏ 金融科技
- ❏ 智慧金融
- ❏ 监督学习
- ❏ 无监督学习
- ❏ 半监督学习
- ❏ 自监督学习
- ❏ 强化学习
- ❏ 模仿学习
- ❏ 对抗学习

2.1　人工智能简介

人工智能（Artificial Intelligence，AI）定义很多。人工智能先驱马文·明斯基（Marvin Lee Minsky）认为："人工智能就是研究'让机器来完成那些如果由人来做需要智能的事情'的科学。"

围棋对弈被认为是人类智能的堡垒，一直是人工智能技术期望攻克的难题。AlphaGo作为第一个战胜围棋世界冠军（李世石，2016 年）的人工智能程序，开启了又一轮人工智能浪潮 [1]。人工智能在教育、医疗、机械、商业等领域都有着广泛运用，人类从"互联网＋"和"物联网＋"走向了"人工智能＋"，出现了"人工智能＋教育""人工智能＋工业""人工智能＋银行""人工智能＋科学""人工智能＋农业"等新兴领域。在 2021 年世界人工智能大会上，中国科学院鄂维南院士表示："传统科学领域，如化学、材料、电子工程、化学工程、机械工程、生物工程等，才是人工智能更大的主战场。人工智能带来的不仅仅是科学研究范式的改变，也是传统行业的转型升级。"

通过百余年的发展，科学家们已经对自然科学研究领域模型有了非常深入的探索，物理模型、化学模型、生物模型已经能够与真实世界非常接近。传统科学领域引入人工智能算法（如深度强化学习）后，智能体在模拟环境中的智能策略在现实世界也有较好的迁移效果，具有较好的泛化性能，是人工智能算法在实际运用过程中非常重要的方面。智能体交互的环境模型与现实世界的差异，直接影响了智能体的策略函数在现实世界的应用效果。物理模型、化学模型、生物模型与现实世界高度吻合，因此深度强化学习模型能有效地应用在物理、化学、生物等自然科学领域。

2.1.1　人工智能 + 农业

农业是社会的基石，是人类赖以生存的根基。随着自然环境的恶化，土壤、气候、水资源等问题对农业生产造成了不利影响。在人口增加、环境恶化的复杂环境下，农业发展是人类面临的重大难题。人工智能在农业方面有着大量应用，如人工智能育种、农业土壤管理、农业灌溉和水资源管理、肥料使用、天气预测、计算机视觉识别农作物、检测杂草、识别害虫、智能农业机械制造、自动化收割等。农业的方方面面都需要智能化工业、机械、生物学等技术的支持和发展。农业无人机技术在播种、肥料使用、农药使用方面有着广泛应用，极大提高了农业种植效率。

2.1.2　人工智能 + 教育

人工智能在教育行业也有着较多应用，如智能化的教育评价、智能化的学习资源推荐、智能化的教学过程管理等。对学生而言，人工智能技术可实现个性化学习辅助和自适应学习，对学生在学习中出现的难点和薄弱点能够自动识别和智能发现，并做到个性化地推荐学习资源，为学生制定个性化的、极具针对性的学习方案。智能系统自动给出智能化的学习路径和规划，使得学生获得更高效的学习效果。对于教师而言，人工智能系统可构建智能题库，优化整合教学资源并自动管理教学过程，使得教师可以将更多的精力放在学生的身心健康和思想品质上，更好地实现价值塑造和能力培养。

人工智能在教育行业的应用并不是替代教师，而是更好地辅助教师完成教学和人才培养的工作。"教书育人"是教师的本职工作，人工智能能够很好地辅助教师完成"教书"部分，"育人"部分需要教师投入更多的心思和精力，教师的工作不仅仅是知识的传授，现有的人工智能还不能很好地辅助教师完成学生情感、认知以及情绪相关的工作。

2.1.3　人工智能 + 工业

人工智能在现代工业中的应用可谓是由来已久。从工业革命到信息革命，工业自动化是不变的主题，自动化领域一直是人工智能发展的另一通道，也是一个持续发展的研究领域。自动化控制、最优化控制等都是人工智能领域的重要技术和方法。

在工业领域中，人工智能技术包含分析技术（Analytics Technology）、大数据技术（Big Data Technology）、云或网络技术（Cloud or Cyber Technology）、专业领域知识（Domain Knowledge）以及证据（Evidence），这些技术近些年迅速发展。证据是指在工业应用中，收集工业数据与关联证据，改进人工智能模型，迭代更新，与时俱进，更好地完成工业任务。人工智能工业应用与智能复杂系统建模类似，需要收集数据、建立模型、实施验证、迭代更新，包括数据更新、模型更新等。

2.1.4 人工智能 ＋ 金融

近年来，人工智能技术在银行业得到了蓬勃发展和广泛应用。随着人工智能相关技术的发展，自然语言处理、图像识别、深度强化学习算法和智能推荐算法等人工智能技术为银行提供了大量的智能机器人，应用于产品推广、客户呼叫、客户服务、智能选股、智能投顾等领域。在信用卡领域中，大量人工智能系统应用于业务推荐、客户信誉评级、智能催收等场景。互联网金融、大数据金融、金融科技、科技金融等都是人工智能技术应用的重要领域。

2.2　人工智能前沿

近年来，AlphaGo、AlphaStar、AlphaFold、GPT 系列等人工智能系统一次一次惊艳了世界，加速了人工智能技术和方法的蓬勃发展 [1,2]。世界各地顶级研究机构和知名大学科研人员设计了大量人工智能和机器学习算法，在医疗、教育、工业、农业、金融等领域得到了广泛应用。社会学领域科学家也运用人工智能算法对复杂社会经济系统进行了大量研究，一些经典机器学习算法在各个领域的普及程度和接受度都比较好。

人工智能技术蓬勃发展，也伴随着其他的质疑。模型和方法的可靠性、可解释性、安全性、是否符合伦理等问题越来越受到各个领域的专家学者的重视 [135]。

随着深度学习技术的兴起，深度神经网络模型的可解释性受到了各领域专家的质疑，特别是人文社科领域的专家学者。线性回归、决策树、随机森林等具有较好的可解释性，但深度神经网络模型的黑盒性质，在很多应用领域都受到了限制，如在经济领域中，一些可解释性较弱的机器学习模型的应用存在一定局限性，但是学者们运用机器学习方法仍取得了很多研究成果 [129-134]，也催生了大量针对深度学习模型可解释性的研究和工具 [93]。

各个领域专家学者在应用人工智能技术解决复杂问题的过程中也遇到了不小的挑战 [136]，特别是人文社会科学领域中，模型可解释性至关重要。在一些商业应用中，对可解释性的要求可以稍微宽松一些，如推荐系统中只要模型结果能够提高销售额度和流量，对算法可解释性可不做过多要求。深度学习模型得益于深度神经网络的出色表示学习能力，能提高预测模型的精度，受到了各个领域的专家学者和行业人员青睐。但深度神经网络模型的黑箱问题使得经济学研究中模型预测结果和模型的经济学含义得不到合理解释 [137]，模型的可信度和应用受到限制，因此任何技术和方法的两面性都值得研究人员的关注和探究。

随着大数据和高性能计算的普及，人们已经不仅仅满足于分析大数据的相关关系 [138]，而是更加期望对复杂系统的动力学过程以及演化机理进行探究，以更好地理解和管控复杂系统的极端行为和异常现象，挖掘复杂系统和复杂模型更多的因果关系和演化机制 [93,139]。社会治理、经济治理、危机防控等问题，都需要人工智能算法提供更加可靠和可信的解决方案，也需要解决方案更加公平、公正和透明。中美贸易战 [140,141]、经济体破产、全球新型冠状病毒感染等社会经济危机事件，亟需各个学科的交叉融合和科学家们深度的跨学科合作 [83]，专家学者们需要更加细致地分析和建模复杂环境，博采众长，为智能决策提供更加可靠的分析方法[142,143]。

2.3　人工智能简史

1950 年，马文·明斯基和邓恩·埃德蒙一起建造了世界上第一台神经网络计算机。同年，图灵提出了"图灵测试"。图灵测试是指测试者在与被测试者（一个人和一台机器）隔开的情况下，通过一些装置（如键盘）向被测试者随意提问，测试进行多次后，如果机器让平均每个参与者做出超过 30% 的误判，那么这台机器就通过了测试，并被认为具有人类智能[144]。

1956 年，达特茅斯学院举行了长达一个月的会议，创造了一个时髦的新词——人工智能（Artificial Intelligence, AI），人工智能迎来了第一个春天，达特茅斯会议的主题是用机器来模仿人类学习以及其他方面的智能。参会人员是人工智能领域的顶级专家和元老，包括约翰·麦卡锡（John McCarthy）、马文·明斯基（Marvin Minsky）、克劳德·香农（Claude Shannon）、艾伦·纽厄尔（Allen Newell）、赫伯特·西蒙（Herbert Simon）等科学家。1956 年也成为了人工智能元年。参会人员中的克劳德·香农（Claude Shannon）是信息论创始人，赫伯特·西蒙（Herbert Simon）是诺贝尔经济学奖得主[145]。

20 世纪 70 年代，著名数学家拉特希尔向英国政府提交了一份关于人工智能的研究报告。报告尖锐地指出人工智能看上去宏伟的目标根本无法实现，各国政府和机构也停止或减少了资金投入，人工智能在 20 世纪 70 年代陷入了第一个"寒冬"。

20 世纪 80 年代，Hopfield 网络、神经网络反向传播算法和专家系统让人工智能再次兴起，其中值得一提的是反向传播（Back Propagation，BP）算法。1986 年，深度学习之父、2018 年图灵奖得主 J. Hinton 和他的合作者运用反向传播算法训练神经网络。BP 算法是目前训练人工神经网络最常用的算法，在基于深度神经网络模型的监督学习中，BP 算法占据核心地位。反向传播算法描述了如何利用误差信息，从最后一层（输出层）开始到第一个隐藏层逐步调整深度神经网络模型权值参数，达到训练深度神经网络的目的。受限于当时计算机的算力和数据，这一轮人工智能浪潮持续时间有限。20 世纪 90 年代，人工智能进入第二个"寒冬"。

进入 21 世纪后，深度神经网络模型以深度学习的形式再次回归科研界和工业界，人工智能进入第三个春天。2016 年，DeepMind 的 AlphaGo 横空出世，AlphaGo 是第一个击败人类职业围棋选手，第一个战胜围棋世界冠军的人工智能系统。AlphaGo 由 DeepMind 公司戴密斯·哈萨比斯领衔的团队开发，主要作者是 David Silver，其工作原理主要是"深度强化学习"和蒙特卡洛树搜索，AlphaGo 之后深度强化学习闪耀登场。2017 年，谷歌下属公司 DeepMind 在国际学术期刊 Nature 上发表的一篇研究论文报告了新版围棋程序 AlphaGo Zero，在无人类先验知识（围棋棋谱数据）的训练下，运用自我博弈，能够迅速自学围棋，并以 100:0 的战绩击败"前辈"AlphaGo。2018 年，DeepMind 提出了 Alpha Zero 和 AlphaFold。2020 年，DeepMind 的第二代 AlphaFold 在国际蛋白质结构预测竞赛（CASP）中获得冠军。第二代 AlphaFold 能够基于氨基酸序列精确地预测蛋白质 3D 结构，其准确性能与使用冷冻电子显微镜（CryoElectron Microscopy）、核磁共振或 X 射线晶体学等实验技术解析 3D 结构相媲美。

  人工智能近 70 年的发展取得了辉煌成就。人工智能浪潮起起落落，春寒交错，只有经历过才知道。图2.1展示了人工智能发展历程的简要历史。伴随着人工智能的飞速发展，人们不禁要问：人工智能发展的终极目标是什么？虽然人工智能讨论的主体是用机器来模仿人类学习以及其他方面的智能，但是如何确定人工智能目标的完成情况？一般来说，现在大家都比较接受的观点是通用人工智能（Artificial General Intelligence，AGI）的实现。AGI 具有一般人类智慧，包括了推理、学习、记忆等基本的人类能力，可以执行人类执行的智力任务。通用人工智能是人工智能研究的主要目标，也将通用人工智能称为强 AI（Strong AI）或者完全 AI（Full AI），与弱 AI（Weak AI）相比，强 AI 可以尝试执行全方位的人类认知任务。从现如今的人工智能发展来看，离通用人工智能的目标还相距甚远，路漫漫其修远兮。

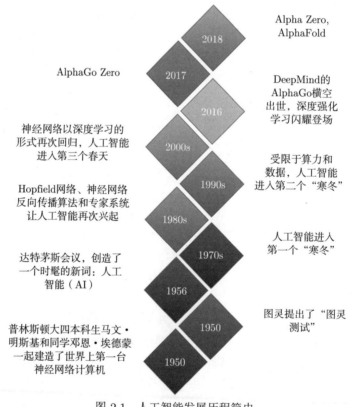

图 2.1　人工智能发展历程简史

2.4　人工智能流派

  人工智能近 70 年的发展，融合了诸多学科的知识和思想。人工智能流派分类有多种，一般来说人们习惯将人工智能分为三个主要学派：符号主义（Symbolism）、联结主义

（Connectionism）和行为主义（Actionism）[145]，如图 2.2 所示。

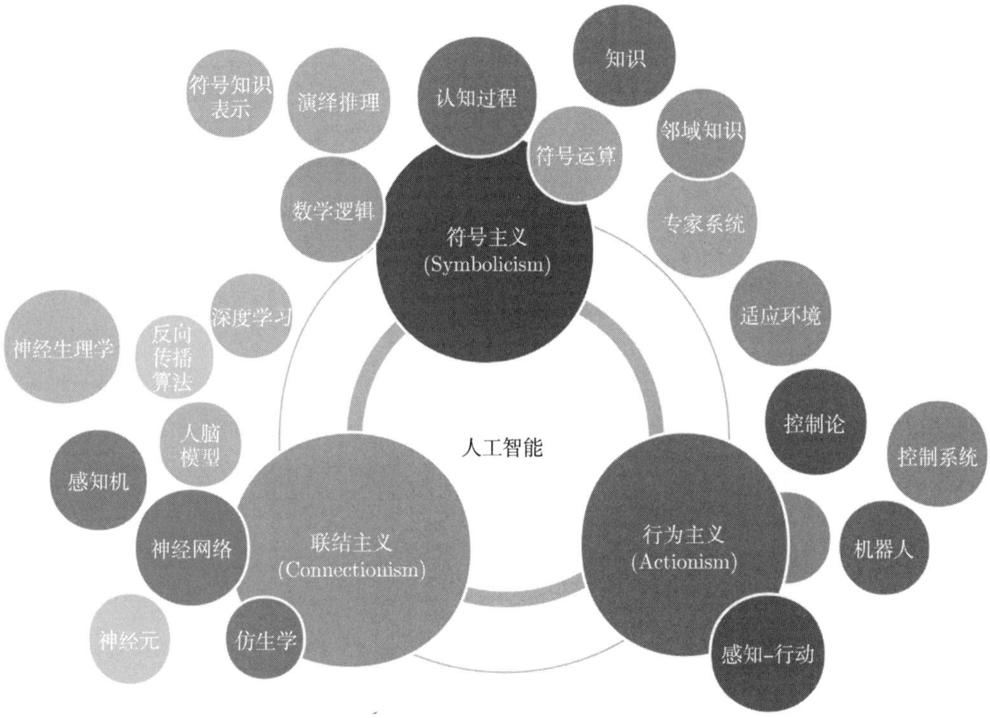

图 2.2 人工智能流派

2.4.1 符号主义学派

人工智能发展早期阶段（20 世纪 50 年代至 20 世纪 70 年代），人们基于符号知识表示和演绎推理技术取得了很大成就。符号主义学派认为人工智能源于数理逻辑，将人类认知和思维过程抽象成符号运算系统，认知过程就是在符号表示上的数学运算。数理逻辑是数学的一个分支，其研究对象是将证明和计算这两个直观概念进行符号化的形式系统。符号主义学派的专家学者受数理逻辑影响较大。

符号主义学派的代表人物有赫伯特·西蒙（Herbert Simon）、纽厄尔（Newell）和尼尔逊（Nilsson）等，其中，赫伯特·西蒙是世界上唯一一位同时获得过图灵奖和诺贝尔经济学奖的科学家。20 世纪 50 年代，赫伯特·西蒙、纽厄尔和约翰·肖（John Shaw）一起，成功设计了世界上最早的启发式程序"逻辑理论家"，证明了数学名著《数学原理》第 2 章中的 38 个定理。1963 年，经过改进后的"逻辑理论家"可证明全部 52 个定理。赫伯特·西蒙也被认为是符号主义学派的先驱，"逻辑理论家"也开创了机器定理证明这一新的科学领域。

国内外各领域专家学者在机器定理证明领域做出了卓越贡献，如计算机科学家提出的命题逻辑判定算法，中国智能科学研究的开拓者和领军人、首届国家最高科学技术奖获得者吴文俊院士提出的初等几何和微分几何定理机器证明的理论和方法。吴文俊开创的数学机械化在国际上被誉为"吴方法"，由中国人工智能学会（Chinese Association for Artificial

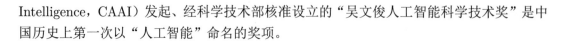

Intelligence，CAAI）发起、经科学技术部核准设立的"吴文俊人工智能科学技术奖"是中国历史上第一次以"人工智能"命名的奖项。

2.4.2　联结主义学派

联结主义学派的代表性人物是生理学家麦卡洛克（McCulloch）和数理逻辑学家皮茨（Pitts）。皮茨等人提出的以感知机（Perceptron）为基础的脑模型是现代人工智能的基础，基于仿生学的思想模拟大脑神经元以及神经元之间的联结，研究神经网络（Neural Network）模型和脑模型。1957年，罗森布拉特（Rosenblatt）提出的感知机分类算法，是支持向量机（Support Vector Machines，SVM）和神经网络的基础。通过将多个感知机组成一层网络，将多层感知机的神经网络互相连接，叠加成最终的多层神经网络，一般称作多层感知机（Multi-Layer Perceptron，MLP）。多层感知机是一种经典的前馈人工神经网络模型。随着层数的增加，神经网络模型的表示学习能力越来越强，训练的难度也越来越大。

在深度学习发展中，大部分系统基于深度神经网络模型。深度神经网络模型中的深度是指模型叠加的神经元层数非常之多，一些神经网络的层次已经可以达到上千层，主要得益于鲁梅尔哈特（Rumelhart）等人提出的反向传播（BP）算法和近年来提出的残差网络（ResNet）模型等。在实际应用中，深度神经网络模型并不需要太多层，能够满足问题要求即可，合适的才是最好的。

图2.3展示了一个5层的神经网络，每一层都由互不关联的神经元组成，只有相邻层之间的神经元才有连接。图2.3左边第一层为神经网络模型输入层，中间3层为隐藏层，最右一层为输出层。为使深度学习模型适应不同的数据类型，科学家们发展了各式各样的深度神经网络模型，如深度前馈神经网络（Feedforward Neural Networks，FNN）、深度卷积神

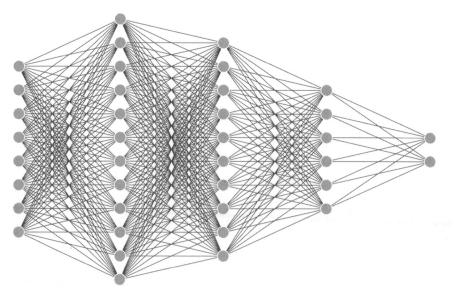

Input Layer$\in \mathbb{R}^8$　　Hidden Layer$\in \mathbb{R}^{12}$　　Hidden Layer$\in \mathbb{R}^{10}$　　Hidden Layer$\in \mathbb{R}^6$　　Output Layer$\in \mathbb{R}^2$

图 2.3　神经网络模型

经网络（Convolutional Neural Networks，CNN）、深度循环神经网络（Recurrent Neural Networks，RNN）、深度图神经网络（Graph Neural Networks，GNN）。众多优秀的深度学习模型是这一波人工智能浪潮的强力助推器。

2.4.3　行为主义学派

20 世纪末，行为主义引起了许多人的兴趣，行为主义思想在 20 世纪 50 年代已经成熟，主要得益于控制论的发展，控制论代表人物维纳（Norbert Wiener）在该领域做出了巨大贡献。控制论和自组织系统以及钱学森等人提出的工程控制论和生物控制论、复杂巨系统等，都为人们研究复杂系统提供了深刻的思想洞见，影响了许多领域，在不同的学科得到了广泛应用。控制论本身也是一个交叉学科，融合了不同领域的思想和方法，控制论把神经系统的工作原理与信息理论、控制理论、逻辑以及计算机联系起来，模拟人类在控制过程中的智能行为和作用。基于"感知—行动"的智能行为模拟方法，智能体能够适应环境变化，并基于环境状态做出智能决策。深度强化学习方法与行为主义学派有着极强的联系。

行为主义学派关注智能体在复杂动态环境中的最优化策略。智能体基于环境状态能够在环境中自主进行决策，决策行为作用于环境，影响着环境，同时也影响了智能体自身的状态，智能体与环境共同演化和发展。智能体与环境交互的过程是一个动态的迭代过程，智能体的决策行为不由人类事先设定好，智能体能够学习和进化自身行为策略，在学习中演化，在演化中学习，最终达到最优化目标。深度强化学习训练智能体过程就是一个与复杂环境交互的过程，有效提升和高效训练智能体是深度强化学习算法的关键。

2.5　人工智能基础

人工智能学科是众多理论和技术的结合体，横跨了多个学科领域，交叉融合，整合优化，互相促进，共同发展。人工智能技术一直以来是计算机学院的学科，是融合了计算机、数学、物理学、心理学、认知科学、哲学等多学科的交叉学科。图2.4简单列举了 10 个相关的基础理论和技术领域，但是人工智能学科不仅仅局限于这些领域。周志华教授领导的南京大学人工智能学院推出了《南京大学人工智能本科专业教育培养体系》，此书是南京大学探索人工智能本科专业人才培养方面的初步成果，也是国内第一本人工智能本科专业教育培养体系著作。

要深入理解和完全掌握人工智能技术，深厚的理论基础知识是非常必要的，扎实的理论基础知识决定了未来发展的高度。我们将简单介绍几个常用的相关学科的基本理论、技术和概念。图2.4列举了自然语言处理、机器人技术、机器学习、计算机视觉、自动化、最优化控制、运筹学、模式识别、深度学习、生物识别等技术，其中，机器学习是人工智能最关键的技术，也融合了众多基础学科的理论和技术。很多人工智能专业包含了众多的先修课程，包括计算机公共必修课、数学与自然科学基础课、数据结构与算法、计算机组成原理、计算机操作系统、程序设计基础、最优化算法、计算机视觉与模式识别、自然语言处理、计算机网络、数据库原理及应用、机器学习、分布式并行计算、数字逻辑、脑与认知科学等课程。数学是入门人工智能的必经之路，也是一条快捷的通道，所以我们从数学角度理解和学习人工智能算法和机器学习技术，能够触及问题的本质和核心，是深刻理解模型的关键核心。

图 2.4　人工智能部分基础理论和技术

2.5.1　运筹学

运筹学是管理学中的核心基础课程。在管理学中，管理即决策，由此可见运筹学也是智能决策研究的基础性理论课程。几十年来运筹学的发展已经涵盖线性规划、非线性规划、整数规划、组合规划、图论、决策分析、排队论、可靠性数学理论、博弈论等分支，其中，图论和博弈论等可以算作独立的学科。

运筹学发展了非常之多的算法和方法来进行智能决策，比如动态规划方法和强化学习方法都能够解决序贯决策问题，但是一些高维空间或者复杂动态环境问题，容易出现"维数灾难"问题，同时动态规划方法在没有环境模型的情况下也极具挑战。大规模组合优化问题也是深度强化学习方法的应用领域。

2.5.2　最优化控制

最优化控制理论是和强化学习理论融合度非常之高的基础理论，很多强化学习论著中的模型和符号都是从最优化控制理论中借鉴而来的。在给定的约束条件下，最优化控制是要寻求一个控制信号 $u(t)$，使得给定的系统性能指标达到极大值或极小值。比如，考虑线性动力学方程：

$$\frac{\mathrm{d}\boldsymbol{x}(t)}{\mathrm{d}t} = A\boldsymbol{x}(t) + B\boldsymbol{u}(t) \tag{2.1}$$

其中，向量 $\boldsymbol{x} = [x_1, ..., x_N]^{\mathrm{T}}$ 表示系统中 N 个组成部分的状态值，$A \in \mathbb{R}^{N \times N}$ 表示了系统中 N 个组成部分之间的相互作用关系，$\boldsymbol{u}(t)$ 是控制信号。线性动力学方程描述了系统

的演化规律，控制信号 $\boldsymbol{u}(t)$ 将系统状态变量 $\boldsymbol{x}(t)$ 控制到给定的状态，并同时满足约束条件，或使得性能指标函数最大化或最小化。在强化学习中，$\boldsymbol{u}(t)$ 就是智能体输出的行为动作，也可表示成 $\boldsymbol{a}(t)$。状态在强化学习中一般用 $\boldsymbol{s}$ 表示，而非 $\boldsymbol{x}$。在后续深度强化学习算法介绍过程中，我们将采用常用的强化学习术语，而非控制论相关术语。

2.5.3　交叉学科

2020 年全国研究生教育会议决定，新增交叉学科作为新的学科门类，成为我国第 14 个学科门类。面对突飞猛进的信息技术水平和社会环境变化，如何应对变化莫测的自然、社会和人文环境，需要融合不同学科的优势，研究应对策略。高校需要面向未来复杂环境培养创新人才，通过学科交叉、校企合作、流程优化、体制改革等管理举措，整合校内外各种资源，推动前沿性、引领性甚至颠覆性的高水平创新，完成高校在科研攻关与人才培养方面的重要使命。

北京师范大学教育学部高等教育研究院杜瑞军指出："知识的组织、探索、发现过程越来越昂贵，必须需要国家的投入，仅仅依靠个人，或者某一个组织很难实现。通过设立学科门类，有利于国家根据学科门类组建队伍、建立平台、投入资源。"复杂性科学和人工智能科学等跨学科领域为交叉学科发展提供了参考经验。

2.5.4　人工智能和机器学习相关会议

国际人工智能联合会议（International Joint Conference on Artificial Intelligence，IJCAI）是人工智能领域的顶级综合会议。国际人工智能协会（The Association for the Advancement of Artificial Intelligence，AAAI）每年主办人工智能领域最有影响的学术会议之一 "AAAI Conference on Artificial Intelligence"，前身为非盈利学术研究组织——美国人工智能协会，研究人员和科学家展示各自专业领域中的新成果和新思想，也是人工智能领域的顶级综合会议。

神经信息处理系统大会（Neural Information Processing Systems，NeurIPS）、国际机器学习会议（International Conference on Machine Learning，ICML）、国际表征学习大会（International Conference on Learning Representations，ICLR）都是国际领先的机器学习大会，是公认的深度学习领域国际顶级会议，这些大会关注机器学习、深度学习等各个方面的前沿研究，并且在人工智能、机器视觉、语音识别、文本理解等重要应用领域发布了众多有影响力的论文。人工智能和机器学习的大多数会议都有官方网站，会有接收论文列表，如 NeurIPS（neurips.cc），可以快速查阅相关论文。

2.6　机器学习分类

机器学习分类方法有很多种，按照学习任务类型可以将机器学习分成三类：监督学习、无监督学习和强化学习，如图2.5所示。

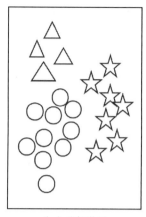（a）监督学习

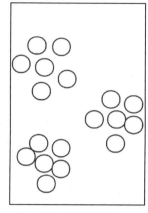（b）无监督学习

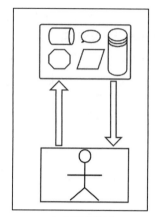（c）强化学习

图 2.5　机器学习分类示意图

如图2.5（a）所示，监督学习的样本具有明显的分类信息（形状），在算法构建之前，数据中已标记了样本所属类别，如三角形、圆形和五角星。监督学习的模型在训练过程中需要学会如何将新的无标记的样本分类到正确的分类之中，因此监督学习模型也需要能够准确分类已标注的训练样本。

如图2.5（b）所示，无监督学习的样本数据没有明显的分类信息（形状）。无监督学习算法需要分析样本之间的相关性或者距离关系并进行聚类，聚类的目标是使相同类别的样本尽可能相似，而不同类别样本间的差异尽可能大。因此，无监督学习算法能发现样本数据内在的关联结构和分类属性。

如图2.5（c）所示，强化学习的样本需要智能体与环境进行交互才能获得。强化学习算法的目标函数是最大化智能体与环境交互所获得的累积收益。

总地来说，机器学习三类算法都是从数据中学习，只是指导学习的信号不一样：监督学习有明确的监督信息，即样本标签信息；无监督学习则需要机器学习算法探索数据内在结构，找到合适的分类或样本属性特征；强化学习中智能体在与环境的交互过程中收集样本数据（包括反馈信号）进行学习。

学习机器学习之前需要理解一些问题。机器学习从哪里学？机器学习学什么？机器学习怎么学？一般来说，机器学习算法都是基于大数据，因此机器学习模型是从样本数据中学习，学习数据中隐含的规律和结构，我们再将样本数据的内在结构或隐含规律建模成数学公式或函数形式。具体而言，机器学习算法将数据信息编码至设定的函数参数之中。

机器学习算法学到的是模型参数或者函数参数，所以机器学习模型可以看作函数模型。函数就是一个映射，从输入数据映射到输出数据，比如分类任务的监督学习模型就是将样本属性变量映射到标签变量的函数。机器学习模型通过学习到的函数模型可以表征数据规律和重现数据内在结构。至于如何学习，机器学习算法涉及很多技术细节，比如神经网络的反向传播（BP）算法等。在这一部分，我们将简单介绍机器学习算法。

我们用数学语言描述机器学习的过程，就是建模或学习一个函数映射的过程：

$$y = f_w(x) \tag{2.2}$$

其中，f 是模型，也是函数，$\boldsymbol{w}$ 是模型参数，机器学习的目标就是从给定的样本数据 $(\boldsymbol{x}, \boldsymbol{y})$ 中学习到模型参数 $\boldsymbol{w}$。当然，如此简单的描述并不严格，但这是为了更容易理解机器学习过程而做的必要的简化。

2.6.1　监督学习

监督学习是人工智能和机器学习技术落地运用最广泛的学习算法。在一些需求比较明确的现实场景中，我们能够较好地模型化和参数化映射关系，且目标函数比较好确定。一般来说，监督学习的数据形式比较规整，如 $\{(x_k, y_k)\}_{k=1,2,3,\dots,N}$ 所示，其中，N 表示样本数量，监督学习是构建一个函数映射，将样本特征数据 $\boldsymbol{x}$ 映射到标签数据 $\boldsymbol{y}$。常见的监督学习任务可分为回归和分类。我们为了衡量监督学习算法的效果，构建基于均方误差（Mean Square Error）的目标函数：

$$\mathcal{L}(\boldsymbol{w}) = \frac{1}{N} \sum_{k=1}^{N} \left(f_{\boldsymbol{w}}(x_k) - y_k\right)^2 \tag{2.3}$$

该公式度量了标记数据 y_k 与模型预测 $f_{\boldsymbol{w}}(x_k)$ 之间的差异。均方误差目标函数并非监督学习中唯一的目标函数形式。均方误差一般适用于回归问题，对于分类任务，监督学习可采用交叉熵损失（Cross Entropy Loss）函数作为目标函数 $\mathcal{L}(\boldsymbol{w})$。

一般来说，机器学习算法需要函数模型 $\boldsymbol{y} = f_{\boldsymbol{w}}(\boldsymbol{x})$ 能够在训练集上很好地拟合样本数据 $(\boldsymbol{x}, \boldsymbol{y})$，即函数模型的预测值 $f_{\boldsymbol{w}}(x_k)$ 与真实值 y_k 差距越小越好，目标函数 $\mathcal{L}(\boldsymbol{w})$ 越小越好。我们确定好目标函数之后，通过优化算法最小化目标函数 $\mathcal{L}(\boldsymbol{w})$，可以得到模型参数：

$$\hat{\boldsymbol{w}} = \arg\min_{\boldsymbol{w}} \mathcal{L}(\boldsymbol{w}|(x_k, y_k)_{k=1,2,3,\cdots,N}) \tag{2.4}$$

机器学习模型完成监督学习后，我们可以在验证集和测试集上对模型 $f_{\boldsymbol{w}}$ 进行验证和测试，验证和测试后的模型可以进行模型预测和模型生成等应用。在经典的多元统计分析中，监督学习的例子包括线性回归、判别分析等。

2.6.2　无监督学习

一般来说，无监督学习的样本数据如 $\{x_k\}_{k=1,2,3,\cdots,N}$ 所示，其中，N 表示样本数量。经典多元统计学中有很多无监督学习的例子，如 K 均值聚类、系统聚类（层次聚类）、主成分分析（Principal Component Analysis，PCA）等。无监督学习模型可以基于下游任务，挖掘原始数据的内在结构和规律，并对原始数据进行表征，有利于下游任务的分类、回归等应用。我们将以自编码器（Auto-Encoder）为例进行简单说明。为了衡量无监督学习算法的效果，同样构建一个基于均方误差的目标函数：

$$\mathcal{L}(\boldsymbol{w}_1, \boldsymbol{w}_2) = \frac{1}{N} \sum_{k=1}^{N} \left[f_{\boldsymbol{w}_2}(f_{\boldsymbol{w}_1}(x_k)) - x_k\right]^2 \tag{2.5}$$

我们为了模型简化，可以设定：

$$f_{\boldsymbol{w}}(\boldsymbol{x}) = f_{\boldsymbol{w}_2}(f_{\boldsymbol{w}_1}(\boldsymbol{x})) \tag{2.6}$$

其中，$\boldsymbol{w} = (\boldsymbol{w}_1, \boldsymbol{w}_2)$。无监督学习虽然没有监督信号，即标记数据 y_k，但在自编码器模型中样本 x_k 将自身作为监督学习信号。自编码器模型学习一个恒等映射 $f_{\boldsymbol{w}}(\boldsymbol{x})$，即模型 $f_{\boldsymbol{w}}$ 将 $\boldsymbol{x}$ 映射到自身，满足：

$$\boldsymbol{x} = f_{\boldsymbol{w}}(\boldsymbol{x}) \tag{2.7}$$

因此，$f_{\boldsymbol{w}}$ 叫作自编码器。自编码器模型结构的简单示例如图2.6所示。

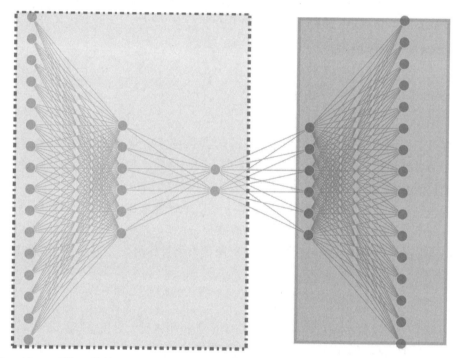

Input Layer$\in \mathbb{R}^{16}$　Hidden Layer$\in \mathbb{R}^{6}$　Hidden Layer$\in \mathbb{R}^{2}$　Hidden Layer$\in \mathbb{R}^{6}$　Output Layer$\in \mathbb{R}^{16}$

图 2.6　自编码器模型结构示意图

图2.6中自编码器输入参数向量大小为 16，输出同样是大小为 16 的向量。自编码器模型一共分成了 5 层，第一层为输入层，最后一层为输出层，中间三层为隐藏层。自编码器模型的性能由各层神经元数量和连接权重决定。

同样，目标函数可以改写成：

$$\mathcal{L}(\boldsymbol{w}) = \frac{1}{N} \sum_{k=1}^{N} (f_{\boldsymbol{w}}(x_k) - x_k)^2 \tag{2.8}$$

确定好目标函数之后，我们通过优化方法最小化目标函数，可以得到模型参数：

$$\hat{\boldsymbol{w}} = \arg\min_{\boldsymbol{w}} \mathcal{L}(\boldsymbol{w}|(x_k)_{k=1,2,3,\cdots,N}) \tag{2.9}$$

自编码器模型完成了无监督学习后，获得了两个子模型 $f_{\boldsymbol{w}_1}$ 和 $f_{\boldsymbol{w}_2}$，其中，模型 $f_{\boldsymbol{w}_1}$ 可以看作学习模型，对应的函数值 $y_k = f_{\boldsymbol{w}_1}(x_k)$ 可以是原始数据 x_k 的特征表示。模型 $f_{\boldsymbol{w}_2}$ 可以看作生成模型，对应的函数值 $x_k = f_{\boldsymbol{w}_2}(y_k)$ 可以作为基于给定数据 y_k 生成的新样本数据。

图2.6虚线框中的自编码器模型部分可以表示函数 $f_{\boldsymbol{w}_1}$，实线框中的模型部分可以表示函数 $f_{\boldsymbol{w}_2}$。函数 $f_{\boldsymbol{w}_1}$ 的输出为一个二维向量，模型函数 $f_{\boldsymbol{w}_1}$ 将样本数据从十六维空间映射到二维空间，即将一个十六维向量重新表示为二维向量，完成了数据降维和数据压缩的操作。模型函数 $f_{\boldsymbol{w}_2}$ 重新将二维的特征表示还原成了十六维向量。自编码器模型训练好后，我们可以将模型进行拆分，获取函数 $f_{\boldsymbol{w}_1}$ 的输出作为样本特征变量输入下游任务，如分类和回归。

自编码器还有很多其他应用，比如降噪。从全局视角来看，自编码器模型只是学习到了一个恒等映射，即

$$\boldsymbol{x} = f_{\boldsymbol{w}}(\boldsymbol{x}) = f_{\boldsymbol{w}_2}(f_{\boldsymbol{w}_1}(\boldsymbol{x})) \tag{2.10}$$

如果我们给原始数据加上噪声 ϵ，得到 $x_k + \epsilon$，那么将其重新代入模型中后构建目标函数：

$$\mathcal{L}(\boldsymbol{w}) = \frac{1}{N} \sum_{k=1}^{N} \left[f_{\boldsymbol{w}}(x_k + \epsilon) - x_k \right]^2 \tag{2.11}$$

运用优化算法最小化目标函数，即可得到具有降噪功能的模型 $f_{\boldsymbol{w}}$ 或 $f_{\boldsymbol{w}_2}(f_{\boldsymbol{w}_1}(x))$。自编码器模型 $f_{\boldsymbol{w}}$ 将具有噪声的数据 $\boldsymbol{x} + \epsilon$ 还原成了 $\boldsymbol{x}$，去掉了噪声 ϵ。监督学习和无监督学习的思想和方法将一直贯穿机器学习的始末，特别是在理解和应用强化学习算法中，监督学习思想同样具有重要价值。

2.6.3　强化学习

强化学习模型不同于监督学习和无监督学习，强化学习模型主要解决序贯决策问题。序贯决策问题是指目标函数值需要通过一系列关联的动作来确定，不是简单地通过一次或者互不关联的行为确定。与监督学习和无监督学习类似，强化学习算法也是学习一个映射函数，即策略函数，策略函数将环境状态空间映射到动作空间。强化学习过程更加贴合人类学习过程，智能体通过与环境的交互来迭代优化策略函数。

图2.7给出了深度强化学习与经典机器学习、深度学习的异同。对于模型输入图片，经典机器学习能够识别出"老虎！"。深度学习得益于深度神经网络模型强大的表征能力，能够对图片进行更加细致的识别，模型输出"强壮的老虎！"。深度强化学习除了融合深度学习强大的感知能力，更加侧重于决策能力，能够输出决策行为，如图2.7所示，模型输出"强壮的老虎，快跑！"。

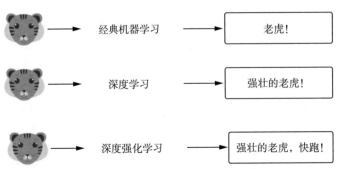

图 2.7　深度强化学习与经典机器学习、深度学习的异同

2.7　机器学习基础

监督学习、无监督学习和强化学习都用到了机器学习中一些基础概念和分析方法。我们先了解一些机器学习的基本概念和操作，然后深入理解监督学习、无监督学习及强化学习的算法原理，最后熟练运用和改进机器学习算法。本节将简单介绍机器学习中常用的激活函数、损失函数、优化算法等，为深刻理解深度强化学习夯实基础 [146,147]。

2.7.1　激活函数

机器学习模型可理解成函数映射，一般不是简单函数或常见的线性函数，如多元线性回归模型，而是非线性函数模型，或者是包含了非线性函数的嵌套函数等，其中，激活函数是机器学习模型的重要组成部分。激活函数一般为非线性函数，是机器学习模型非线性特征的主要来源，增强了模型的特征表示能力，常见的激活函数包括 sigmoid 函数、tanh 函数、整流线性单元（Rectified Linear Unit, ReLU）函数等。

图2.6中神经网络模型的输入参数为 x，x 是一个列向量，大小为 $n_x = 16$。神经网络模型下一层隐藏层有 $n_h = 6$ 个神经元，隐藏层中每个神经元都基于 $n_x = 16$ 个输入参数计算数值：

$$h = \sigma(W \cdot x + b) \tag{2.12}$$

其中，W 为输入层和隐藏层之间的参数矩阵，大小为 $n_h \times n_x$，偏置项 b 的大小为 n_h，σ 为非线性激活函数。

1. sigmoid 函数

激活函数是机器学习中常见操作算子，常见的激活函数是 sigmoid 函数，数学函数表示如下：

$$\text{sigmoid}(x) = \frac{1}{1 + e^{-x}} \tag{2.13}$$

$\text{sigmoid}(x)$ 函数输出值介于 0 到 1 之间，既可以表示概率，也可以做分类标识，具有非常多的优良性质。神经网络模型计算梯度时，$\text{sigmoid}(x)$ 函数的导数为

$$\text{sigmoid}'(x) = \left(1 - \frac{1}{1 + e^{-x}}\right) \frac{1}{1 + e^{-x}} = (1 - \text{sigmoid}(x))\text{sigmoid}(x) \tag{2.14}$$

因此，sigmoid(x) 函数的导数仍然是 sigmoid(x) 函数的函数，在最优化过程中梯度计算较为简便。

2. tanh 函数

激活函数 tanh(x) 为非线性函数，具体形式如下：

$$\tanh(x) = \frac{\mathrm{e}^x - \mathrm{e}^{-x}}{\mathrm{e}^x + \mathrm{e}^{-x}} \tag{2.15}$$

tanh(x) 函数在机器学习模型中也经常使用，tanh(x) 函数输出值介于 -1 到 1 之间。同样，tanh(x) 函数具有较多优良性质，适合很多机器学习模型。

3. 整流线性单元函数

在深度学习模型中，整流线性单元（ReLU）函数备受青睐，定义如下：

$$f(z) = \begin{cases} 0, & z \leqslant 0 \\ z, & z > 0 \end{cases} \tag{2.16}$$

ReLU 函数的优势显而易见，极其简单，却有着深刻含义。相较于 sigmoid(x) 函数和 tanh(x) 函数，ReLU 函数的非线性特征并不明显，只是一个分段函数，但是在一些机器学习任务中 ReLU 函数表现出了较好的性能，如图像识别任务等。ReLU 函数的导数同样极其简单：

$$f'(z) = \begin{cases} 0, & z < 0 \\ 1, & z > 0 \end{cases} \tag{2.17}$$

但 ReLU 函数在 0 点处不可导。

4. Leaky ReLU 函数

在 ReLU 函数的定义中，当变量小于 0 时，函数的导数为 0，在深度学习中容易产生梯度消失的困境，因此，人们用 Leaky ReLU 函数解决此问题，具体形式如下：

$$f(z) = \begin{cases} \alpha z, & z \leqslant 0 \\ z, & z > 0 \end{cases} \tag{2.18}$$

Leaky ReLU 函数的参数 α 为一个很小的正数。Leaky ReLU 函数的导数同样极其简单，满足：

$$f'(z) = \begin{cases} \alpha, & z < 0 \\ 1, & z > 0 \end{cases} \tag{2.19}$$

Leaky ReLU 函数在 0 点处也不可导。在实际使用过程中，我们很难确定不同激活函数的优劣，可以通过替换不同激活函数进行尝试，具体问题具体分析，选择合适的激活函数。

5. softmax 函数

深度神经网络模型最后一层（输出层）一般不使用上述激活函数，模型输出层经常使用 softmax 函数进行归一化，使得神经网络模型输出一个概率分布向量，具体形式如下：

$$f(z_i) = \frac{\mathrm{e}^{z_i}}{\sum\limits_{k=1}^{N} \mathrm{e}^{z_k}} \tag{2.20}$$

其中，N 为输出层神经元数量，i 为输出层神经元编号。神经网络输出层为一个概率分布向量，适合在分类任务中使用。

在一般机器学习模型训练过程中，激活函数可看作一个超参数。我们可以设定不同的激活函数来分析模型效果，确定最优的激活函数。机器学习算法中激活函数不仅包括上述几种类型，还有很多变种，适用于不同的机器学习问题，各有优缺点。

2.7.2 损失函数

在机器学习中，监督学习算法学习样本数据来拟合模型参数，而参数的优化效果需要目标函数度量。在大部分情况下，监督学习模型中的目标函数用损失函数表示，强化学习中的目标函数用累积收益函数表示。

1. 均方误差损失

一般而言，我们用神经网络模型的输出值和目标值之间的差异来构造损失函数，损失越小，模型的输出值和目标值之间的差异越小，说明模型参数越好。监督学习模型的损失函数可以表示如下：

$$\mathcal{L}(\boldsymbol{w}) = \frac{1}{N} \sum_{k=1}^{N} \left(f_{\boldsymbol{w}}(x_k) - y_k\right)^2 \tag{2.21}$$

其中，y_k 为目标值，样本 x_k 为神经网络模型输入，$\boldsymbol{w}$ 为神经网络模型参数，模型预测值为 $f_{\boldsymbol{w}}(x_k)$，而损失函数则为目标值 y_k 和预测值 $f_{\boldsymbol{w}}(x_k)$ 之间的误差平方和，最后进行平均。损失函数式 (2.21) 称作均方误差。

我们从距离定义的角度可以认为，均方误差是预测值 $f_{\boldsymbol{w}}(x_k)$ 与目标值 y_k 之间欧氏距离的平方和的均值。我们基于不同的距离定义能够得到不同的损失函数，其中闵可夫斯基（Minkowski）距离（闵氏距离）可定义如下：

$$\mathcal{D}_q(x_i, x_j) = \left[\sum_{k=1}^{p} (x_{ik} - x_{jk})^q\right]^{\frac{1}{q}} \tag{2.22}$$

式中，x_i 和 x_j 为 p 维空间中的数据点。当 $q = \infty$ 时，即为切比雪夫（Chebychev）距离：

$$\mathcal{D}_\infty(x_i, x_j) = \max_{1 \leqslant k \leqslant p} |x_{ik} - x_{jk}| \tag{2.23}$$

当 $q = 2$ 时，即为欧氏距离：

$$\mathcal{D}_2(x_i, x_j) = \left[\sum_{k=1}^{p} (x_{ik} - x_{jk})^2 \right]^{\frac{1}{2}} \tag{2.24}$$

当 $q = 1$ 时，即为布洛克（Block）距离：

$$\mathcal{D}_1(x_i, x_j) = \sum_{k=1}^{p} |x_{ik} - x_{jk}| \tag{2.25}$$

距离公式在模型正则化时也经常用到。

2. 平均绝对误差损失

布洛克距离公式可以用来定义平均绝对误差（Mean Absolute Error, MAE）损失函数：

$$\mathcal{L}(\boldsymbol{w}) = \frac{1}{N} \sum_{k=1}^{N} |f_{\boldsymbol{w}}(x_k) - y_k| \tag{2.26}$$

均方误差和平均绝对误差损失函数都可以用来作为目标函数，优化模型参数更新。均方误差具有较好的性质，如可导，所以均方误差损失函数方便计算梯度下降所需要的偏导数，而平均绝对误差损失函数在一些数据点不可导。

3. 交叉熵损失

在机器学习分类问题中，研究人员偏好交叉熵（Cross Entropy Loss，CEL）损失函数作为目标函数，使用非常广泛。为了深入了解交叉熵损失函数的意义，我们先介绍一个相关的概念，叫作 Kullback-Leibler 散度（KL-divergence）。KL 散度在强化学习中有着较多应用，如在生成对抗网络（Generative Adversarial Networks，GAN）中 KL 散度也具有重要作用。KL 散度衡量两个概率分布 $P(x)$ 和 $Q(x)$ 之间的距离（不相似度）：

$$D_{\mathrm{KL}}(P\|Q) = \mathrm{E}_{x \sim P}\left[\log \frac{P(x)}{Q(x)} \right] = \mathrm{E}_{x \sim P}[\log P(x) - \log Q(x)] \tag{2.27}$$

两个概率分布之间的相似性越大，其距离 $D_{\mathrm{KL}}(P\|Q)$ 就越小。当 $P(x) = Q(x)$ 时，相似性最大，KL 散度为 0。

在机器学习分类问题中，模型输出为样本属于不同类别的概率分布。我们通过将模型输出的概率分布和真实的概率分布进行对比，计算两个分布之间的距离，并最小化模型输出的概率分布和真实的概率分布之间的距离，使得模型预测概率越来越准确。

KL 散度作为两个概率分布的距离需要满足非负性，也就是说 KL 散度必须大于或等于 0。学习机器学习相关理论和方法时，我们理解一个公式最好的方式就是证明它或者证明公式的一些重要性质，因此，我们简单证明 KL 散度大于或等于 0，证明过程中需要用到一个简单的不等式：

$$\log x \leqslant x - 1 \quad (x > 0) \tag{2.28}$$

我们将不等式运用于 KL 散度定义中：

$$
\begin{aligned}
D_{\mathrm{KL}}(P||Q) &= \mathrm{E}_{x \sim P}\left[\log \frac{P(x)}{Q(x)}\right] \\
&= \mathrm{E}_{x \sim P}\left[-\log \frac{Q(x)}{P(x)}\right] \\
&= -\int P(x)\left[\log \frac{Q(x)}{P(x)}\right]\mathrm{d}x \\
&\geqslant -\int P(x)\left[\frac{Q(x)}{P(x)} - 1\right]\mathrm{d}x \\
&= -\int Q(x)\mathrm{d}x + \int P(x)\mathrm{d}x \\
&= -1 + 1 = 0
\end{aligned}
\tag{2.29}
$$

当 $P(x) = Q(x)$ 时，对应于 $x = 1$，即式 (2.28) 中的等号成立，此时 KL 散度为 0，即两个概率分布 $P(x)$ 和 $Q(x)$ 的距离为 0。

深入理解 KL 散度定义，我们可以发现公式：

$$
\begin{aligned}
D_{\mathrm{KL}}(P||Q) &= \mathrm{E}_{x \sim P}\left[\log P(x) - \log Q(x)\right] \\
&= \mathrm{E}_{x \sim P}\log P(x) - \mathrm{E}_{x \sim P}\log Q(x)
\end{aligned}
\tag{2.30}
$$

对于给定的 $P(x)$，第一项 $\mathrm{E}_{x \sim P}\log P(x)$ 是一个常数项，即为 -1 乘上概率分布 $P(x)$ 的熵：

$$
H(P) = -\mathrm{E}_{x \sim P}\log P(x) = -\int P(x)\log P(x)\mathrm{d}x
\tag{2.31}
$$

因此，KL 散度所定义的概率分布 $P(x)$ 和 $Q(x)$ 之间的距离大小，关键在于第二项 $\mathrm{E}_{x \sim P}\log Q(x)$，即为 $P(x)$ 和 $Q(x)$ 之间的交叉熵 $H(P, Q)$。

在连续情况下，交叉熵 $H(P, Q)$ 定义如下：

$$
H(P, Q) = -\mathrm{E}_{x \sim P}\log Q(x) = -\int P(x)\log Q(x)\mathrm{d}x
\tag{2.32}
$$

因此，最小化交叉熵损失函数就是最小化 KL 散度距离，也就是最小化概率分布 $Q(x)$ 与 $P(x)$ 之间的差异。我们通过调整 $Q(x)$ 的概率分布使得 $Q(x)$ 与 $P(x)$ 之间距离最小，$Q(x)$ 与 $P(x)$ 也相应地最相似。

在离散情况下，K 分类问题的交叉熵公式定义如下：

$$
H(P, Q) = -\sum_{k=1}^{K} P(x_k)\log Q(x_k)
\tag{2.33}
$$

其中，$Q(x)$ 可以看作机器学习模型输出的概率分布，$P(x)$ 为真实的概率分布。最小化交叉熵损失函数就是最小化 KL 散度距离，机器学习模型优化算法通过调整估计的概率分布

$Q(x)$（调整和优化模型参数），使得估计分布 $Q(x)$ 与真实分布 $P(x)$ 距离最小，则 $Q(x)$ 与 $P(x)$ 分布越相似。估计分布 $Q(x)$ 与真实分布 $P(x)$ 越一致，则机器学习模型分类越准确。

在机器学习模型训练集中有 N 个样本的情况下，K 分类问题的交叉熵公式定义如下：

$$H(P, Q) = -\frac{1}{N} \sum_{i=1}^{N} \sum_{k=1}^{K} P(x_{ik}) \log Q(x_{ik}) \tag{2.34}$$

在机器学习模型中，一般分类问题将交叉熵公式作为模型损失函数，即目标函数。机器学习模型对估计分布函数 $Q(x)$ 进行模型化和参数化，如建模成深度神经网络，参数为 $\boldsymbol{w}$，则 K 分类问题的交叉熵损失函数可写作：

$$\mathcal{L}(\boldsymbol{w}) = -\frac{1}{N} \sum_{i=1}^{N} \sum_{k=1}^{K} P(x_{ik}) \log Q_{\boldsymbol{w}}(x_{ik}) \tag{2.35}$$

我们通过最优化方法，找到最优参数 $\boldsymbol{w}$ 使得损失函数最小：

$$\hat{\boldsymbol{w}} = \arg \min_{\boldsymbol{w}} \mathcal{L}(\boldsymbol{w}) \tag{2.36}$$

机器学习模型完成模型训练后，分类模型 $Q_{\boldsymbol{w}}(\boldsymbol{x})$ 可以估计新样本 $\boldsymbol{x}$ 属于 K 个分类的概率，并完成新样本分类任务。

4. 二分类交叉熵损失函数

深入理解交叉熵损失函数的性质和意义十分重要，我们以二分类任务（$K = 2$）为例来分析交叉熵损失函数。数据样本中的每个样本 x_i 对应一个标签 y_i。如果标签 $y_i = 0$，说明样本 x_i 属于第一类；如果 $y_i = 1$，说明样本 x_i 属于第二类。机器学习算法预测样本 x_i 属于第一类的概率为 $\hat{y}_{i,0}$，属于第二类的概率为 $\hat{y}_{i,1}$，显然 $\hat{y}_{i,0} + \hat{y}_{i,1} = 1$。因此，机器学习算法预测样本 x_i 属于第一类和第二类的概率也可以分别表示为 $\hat{y}_{i,0}$ 和 $1 - \hat{y}_{i,0}$，将其代入交叉熵损失函数公式可以得到二分类问题的损失函数：

$$\mathcal{L} = -\frac{1}{N} \sum_{i=1}^{N} [y_i \log \hat{y}_{i,0} + (1 - y_i) \log(1 - \hat{y}_{i,0})] \tag{2.37}$$

其中，N 为训练样本数量。在计算时，我们规定了 $0 \log 0 = 0$。由于 y_i 取 0 或者 1，对于一个样本 x_i，不论 $\hat{y}_{i,0}$ 为何值，式 (2.37) 中，$y_i \log \hat{y}_{i,0}$ 和 $(1 - y_i) \log(1 - \hat{y}_{i,0})$ 总有一项为 0。当 $\hat{y}_{i,0} = y_i$ 时，不论 $y_i = 0$ 或 $y_i = 1$，交叉熵均为 0，此时正好对应式 (2.35) 中 $P(x) = Q(x)$ 的情况，表明模型的预测与现实情况完全一致。

我们还可以从另一个角度对式 (2.37) 进行分析，深入理解二分类问题交叉熵定义。若以随机变量 Y 表示样本所属类别，样本属于第一类则 $Y = 0$，样本属于第二类则 $Y = 1$。因此，随机变量 Y 服从 0-1 分布（两点分布），也称伯努利分布，具体公式如下：

$$P(Y = y) = p^y (1 - p)^{1-y} \tag{2.38}$$

其中，$y = 0$ 或者 $y = 1$。$y = 0$ 表示样本属于第一类，$y = 1$ 表示样本属于第二类。p 表示样本属于第一类的估计概率，因此属于第二类的估计概率为 $1 - p$。我们为了估计参数 p，基于最大似然估计方法可知，样本最大似然概率为

$$\mathcal{L}_{\text{MLE}} = \prod_{i=1}^{N} \hat{y}_i^{y_i} (1 - \hat{y}_i)^{(1-y_i)} \tag{2.39}$$

式中，$\hat{y}_i$ 即为 p 的待估计值。我们对最大似然函数取对数后可得

$$\mathcal{L} = \log \mathcal{L}_{\text{MLE}} = \sum_{i=1}^{N} y_i \log \hat{y}_i + (1 - y_i) \log(1 - \hat{y}_i) \tag{2.40}$$

由此可见，交叉熵与最大似然估计也存在着对应关系。从概率论角度来说，两者是等价的。我们为了理解一个理论，不仅仅需要证明它或者证明理论公式的一些重要性质，还可以从不同的角度进行理解和分析，能够获得更加透彻的理解和深刻的启发。

2.7.3 优化算法

机器学习模型融合了激活函数等非线性函数，而目标函数则度量了模型预测或回归结果的优劣。机器学习模型确定损失函数后，损失函数包含机器学习模型的参数 θ，参数估计过程就是一个典型的优化问题，最小化目标函数或损失函数 $\mathcal{L}(\theta)$，估计最优参数 θ^*，使得 $\mathcal{L}(\theta^*)$ 最小，图2.8给出了简化版的模型参数优化过程示意图。

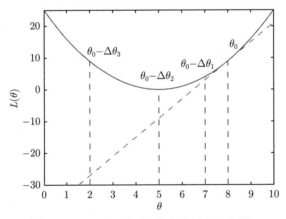

图 2.8 机器学习模型参数优化过程示意图

图2.8中的 $\mathcal{L}(\theta)$ 为损失函数，模型参数为 θ。图2.8示例做了简化，模型参数 θ 是标量，一维空间的最优化问题简单易懂，一般实际应用中，模型参数空间是超高维空间，大多属于非凸函数的优化问题。图2.8中 $\mathcal{L}(\theta) = (\theta - 5)^2$，是凸函数，函数只有一个最小值，只需要对损失函数进行求导，导数为零的参数即最优参数 $\theta^* = 5$。在实际应用中，高维参数空间的极值点不止一个或者目标函数为非凸函数，目标函数在高维空间中存在大量的高峰和低

谷结构，存在着大量的极大值点和极小值点，因此模型训练和参数优化过程异常复杂，绝大部分情况下机器学习模型只能获得一个局部最优点。

在机器学习模型优化过程中，梯度是一个非常重要的概念。若函数 $f(x, y, z)$ 为三元函数，则函数在点 (x, y, z) 处的梯度为如下向量：

$$\boldsymbol{\nabla} f = \left(\frac{\partial f}{\partial x}, \frac{\partial f}{\partial y}, \frac{\partial f}{\partial z} \right) \tag{2.41}$$

其中，偏导数在点 (x, y, z) 处都可计算，梯度 $\boldsymbol{\nabla} f$ 为目标函数 f 在此处变化最快的方向。图2.8示例为一维空间，梯度方向即为导数方向。在求解过程中，将模型参数 θ 初始化为一个随机值，设为 θ_0，目标函数在随机初始值 θ_0 附近，按照导数方向增加参数 θ 可以使得目标函数越来越大。损失函数优化过程中，我们需要损失函数越小越好，因此参数 θ 的变化方向应该为导数或梯度的反方向，即目标函数或损失函数可以运用梯度下降算法更新参数。

在图2.8中，$\theta_0 - \Delta\theta_1$ 位置处的目标函数值 $\mathcal{L}(\theta_0 - \Delta\theta_1)$ 小于 $\mathcal{L}(\theta_0)$，因此参数向左移动 $\Delta\theta_1$ 是一个不错的移动距离。移动距离 $\Delta\theta_1$ 由机器学习中一个重要超参数学习率 α 所决定，从图中可以看出，超参数学习率 α 直接影响了目标函数 $\mathcal{L}(\theta)$ 的优化效果，如果移动距离更大一些，$\mathcal{L}(\theta_0 - \Delta\theta_2)$ 直接达到了极小值，即为最优值，如果继续增加移动距离，$\mathcal{L}(\theta_0 - \Delta\theta_3)$ 值又增加了，因此 $\theta_0 - \Delta\theta_3$ 不是一个好的参数更新操作。在机器学习模型优化过程中，合适的移动步长和精确的梯度直接影响目标函数的优化效果，而参数移动步长则直接由超参数学习率 α 所决定。超参数学习率 α 在实际优化过程中至关重要，是机器学习模型训练过程中第一个需要调整的超参数。

1. 随机梯度下降算法

机器学习模型训练过程中的关键问题为目标函数优化。我们为了训练模型，需要更新参数，优化损失函数，并基于损失函数梯度下降的方向更新参数，找到损失函数的极小值。一般而言，机器学习模型优化结果并不一定是损失函数最小值对应的全局最优解，常常只是一个局部最优解。在机器学习或深度学习模型中，随机梯度下降（Stochastic Gradient Descent，SGD）算法是最常用的参数更新算法，伪代码如 Algorithm 1所示[148]。

Algorithm 1: 随机梯度下降算法伪代码

Input: 损失函数 $\mathcal{L}$，机器学习模型参数 $\boldsymbol{\theta}$，学习率 α，最大训练次数 S
Output: 最优参数 $\boldsymbol{\theta}^*$

1　初始化模型参数 $\boldsymbol{\theta}$
2　**for** $k = 0, 1, 2, 3, \cdots, S$ **do**
3　　随机抽样小批量样本计算损失函数 $\mathcal{L}$
4　　通过反向传播算法计算目标函数梯度 $\boldsymbol{\nabla}_{\boldsymbol{\theta}}\mathcal{L}$
5　　梯度下降方法更新参数 $\boldsymbol{\theta}$：$\boldsymbol{\theta}_k = \boldsymbol{\theta}_{k-1} - \alpha\boldsymbol{\nabla}_{\boldsymbol{\theta}}\mathcal{L}$
6　返回最优参数 $\boldsymbol{\theta}^* = \boldsymbol{\theta}_k$

在随机梯度下降算法的伪代码 Algorithm 1中，输入参数为损失函数 $\mathcal{L}$、模型参数 $\boldsymbol{\theta}$、学习率 α 以及最大训练次数 S 等。在随机梯度下降算法中，梯度估计是关键，很多深度学

习计算平台的核心功能就是自动求梯度。在计算梯度时，如果将全部样本代入梯度函数中计算梯度容易耗费有限的资源，影响模型更新效率；如果只代入一个样本则容易造成梯度不稳定，影响模型参数更新的有效性。所以，在实际计算中，一般采用随机抽样小批量样本计算梯度 $\nabla_{\theta}\mathcal{L}$，并按照梯度下降来更新参数：

$$\theta_k = \theta_{k-1} - \alpha\nabla_{\theta}\mathcal{L} \tag{2.42}$$

因此该算法叫作随机梯度下降算法。

在实际应用中，除了设定最大训练次数 S，还可以设定提前终止训练的规则，以节省资源，提高训练效率，并防止出现过拟合（Overfitting）。所谓提前终止（Early stopping），是指在每一轮（Epoch）训练结束时，判断验证数据集上模型精确度是否不再提高，若模型精确度不再提高就停止训练。机器学习模型的一轮训练是指遍历了所有训练数据，随机采样完成模型参数更新。随机梯度下降算法是众多梯度更新算法的基础，很多算法都是基于随机梯度下降算法的改进。

2. 动量随机梯度下降算法

机器学习模型的损失函数可以看作能量函数，最优参数对应着能量的最低点。最小化损失函数的过程可以想象成小球在高维空间的光滑曲面上滚动，寻找最低点的过程。借鉴物理系统中物体运动的动量概念，科研人员改进随机梯度下降算法，设计了包含动量的随机梯度下降算法，即动量随机梯度下降（Momentum SGD）算法，其伪代码如 Algorithm 2 所示 [149]。

Algorithm 2: 动量随机梯度下降算法伪代码

    Input: 损失函数 $\mathcal{L}$，模型参数 θ，学习率 α，超参数 β，最大训练次数 S
    Output: 最优模型参数 θ^*

1 初始化 $g_0 = 0$
2 **for** $k = 1, 2, 3, \cdots, S$ **do**
3   随机抽样小批量样本计算损失函数 $\mathcal{L}$
4   通过反向传播算法计算梯度 $\nabla_{\theta}\mathcal{L}$
5   结合动量思想，更新梯度时叠加上一次的梯度方向：$g_k = \beta g_{k-1} - \alpha\nabla_{\theta}\mathcal{L}$
6   更新参数 θ：$\theta_k = \theta_{k-1} + g_k$
7 返回最优参数 θ^*

动量随机梯度下降算法伪代码 Algorithm 2 与随机梯度下降算法的部分代码类似。为了算法描述的完整性和可读性，我们将相似部分代码也保留在伪代码 Algorithm 2 之中。动量随机梯度下降算法特别之处在于第 5 行，计算梯度方向时结合动量思想，参数更新的梯度 g_k 不仅仅只受当前梯度的影响，还需叠加上一次更新的梯度方向。动量随机梯度下降算法的参数更新过程为

$$\theta_k = \theta_{k-1} - \alpha\nabla_{\theta}\mathcal{L} + \beta g_{k-1} \tag{2.43}$$

动量随机梯度下降算法在更新参数 θ_k 时，不仅受当前梯度 $\alpha\nabla_{\theta}\mathcal{L}$ 的影响，还叠加上一次

梯度方向 g_{k-1}，类似物理学中物体运动的惯性。超参数 β 调节叠加上一次梯度方向的强弱程度，学习率超参数 α 调节学习速率。

3. Nesterov 动量随机梯度下降算法

Nesterov 动量随机梯度下降（Nesterov Momentum SGD）算法对动量随机梯度下降算法进行了改进，在计算梯度时可以使用提前位置的梯度进行更新，Nesterov 动量随机梯度下降算法伪代码如 Algorithm 3所示[150]。

Algorithm 3: Nesterov 动量随机梯度下降算法伪代码

Input: 损失函数 $\mathcal{L}$，模型参数 $\boldsymbol{\theta}$，学习率 α，超参数 β，最大训练次数 S

Output: 最优模型参数 $\boldsymbol{\theta}^*$

1 初始化 $g_0 = 0$
2 **for** $k = 1, 2, 3, \cdots, S$ **do**
3   随机抽样小批量样本计算损失函数 $\mathcal{L}$
4   根据上一次迭代梯度计算临时模型参数 $\bar{\boldsymbol{\theta}} = \boldsymbol{\theta}_{k-1} + \beta g_{k-1}$
5   通过反向传播算法和临时参数计算梯度 $\nabla_{\boldsymbol{\theta}} \mathcal{L}(\boldsymbol{\theta}_{k-1} + \beta g_{k-1})$
6   结合动量思想更新梯度，考虑上一次更新的方向：$g_k = \beta g_{k-1} - \alpha \nabla_{\boldsymbol{\theta}} \mathcal{L}(\boldsymbol{\theta}_{k-1} + \beta g_{k-1})$
7   更新参数 $\boldsymbol{\theta}$：$\boldsymbol{\theta}_k = \boldsymbol{\theta}_{k-1} + g_k$
8 返回最优参数 $\boldsymbol{\theta}^*$

在实际应用中，一般使用 Nesterov 动量随机梯度下降算法较多，其收敛速度比动量随机梯度下降算法要更快一些。因为 Nesterov 动量随机梯度下降算法提前运用了更新的参数计算梯度，可以认为提前运用了更加准确的梯度信息。Nesterov 动量随机梯度下降算法关键改进之处是伪代码中第 4 行，计算梯度时根据上一次迭代梯度计算一个临时参数：

$$\bar{\boldsymbol{\theta}} = \boldsymbol{\theta}_{k-1} + \beta g_{k-1} \tag{2.44}$$

一般而言，$\boldsymbol{\theta}_{k-1} + \beta g_{k-1}$ 比 $\boldsymbol{\theta}_{k-1}$ 更接近最优参数，因此通过 $\boldsymbol{\theta}_{k-1} + \beta g_{k-1}$ 计算的梯度更加准确。在 Nesterov 动量随机梯度下降算法中，采用反向传播算法和临时参数计算的梯度 $\nabla_{\boldsymbol{\theta}} \mathcal{L}(\boldsymbol{\theta}_{k-1} + \beta g_{k-1})$ 加速了参数更新过程，能以更少的迭代步数达到最优参数 $\boldsymbol{\theta}^*$。

在机器学习和深度学习中，基于梯度下降的高性能优化算法的关键是尽可能准确地估计目标函数的梯度，因此很多算法改进专注于对梯度的准确估计。在借鉴很多经典的数值分析方法，即数值优化方法后，科研人员发展了大量的梯度优化算法，也改进了大量现有的梯度计算方法。

4. 自适应梯度下降算法

在随机梯度下降算法、动量随机梯度下降算法和 Nesterov 动量随机梯度下降算法中，梯度决定了参数更新的方向，超参数学习率 α 决定了参数更新的步长大小，但是如何选择合适的梯度更新步长却较为困难，即超参数学习率 α 的调优尤为关键。在实际运用过程中，数值优化方法基于梯度差异来自动调整学习率，将极大减少梯度优化算法对于学习率的依赖程度。比如我们将损失函数看作能量函数或者地貌函数，在地势平坦的地方，梯度较小，可以加大移动步长；在地势比较陡峭的地方，梯度较大，可以减小移动步长。自适应梯度下降（Adagrad）算法基于此思想进行参数更新，算法具体细节伪代码如 Algorithm 4所示[151]。

Algorithm 4: 自适应梯度下降算法伪代码

Input: 损失函数 $\mathcal{L}$，模型参数 $\boldsymbol{\theta}$，学习率 α，最大训练次数 S，非常小的常数 ϵ

Output: 最优模型参数 $\boldsymbol{\theta}^*$

1　初始化 $t_0 = 0$
2　**for** $k = 1, 2, 3, \cdots, S$ **do**
3　　抽样小批量样本计算损失函数 $\mathcal{L}$
4　　通过反向传播算法计算梯度 $\nabla_{\boldsymbol{\theta}}\mathcal{L}(\boldsymbol{\theta}_{k-1})$
5　　更新参数 t：$t_k = t_{k-1} + (\nabla_{\boldsymbol{\theta}}\mathcal{L}(\boldsymbol{\theta}_{k-1}))^2$
6　　更新参数 $\boldsymbol{\theta}$：$\boldsymbol{\theta}_k = \boldsymbol{\theta}_{k-1} - \dfrac{\alpha}{\sqrt{t_k + \epsilon}}\nabla_{\boldsymbol{\theta}}\mathcal{L}(\boldsymbol{\theta}_{k-1})$
7　返回最优参数 $\boldsymbol{\theta}^*$

自适应梯度下降算法中的自适应是指学习率的自适应调整，算法的关键在于伪代码 Algorithm 4中第 6 行，更新参数公式中损失函数梯度 $\nabla_{\boldsymbol{\theta}}\mathcal{L}(\boldsymbol{\theta}_{k-1})$ 前面的系数：

$$\frac{\alpha}{\sqrt{t_k + \epsilon}} \tag{2.45}$$

当梯度很大时，累积的梯度平方很大，实际的学习率 $\dfrac{\alpha}{\sqrt{t_k + \epsilon}}$ 较小，会降低参数的更新速度。公式中的 ϵ 为一个非常小的数，是为了避免梯度更新过程中出现分母为 0 的情况，其取值一般介于 10^{-4} 到 10^{-8} 之间。众多梯度下降优化算法各具优缺点，方法改进过程中可能引入新问题，如自适应梯度下降算法伪代码第 5 行中的 t 累积了梯度的平方，t_k 随着迭代步数的增加越来越大，因此参数 $\boldsymbol{\theta}$ 的更新速度 $\dfrac{\alpha}{\sqrt{t_k + \epsilon}}$ 将越来越小，直至趋近于 0 而无法更新参数。

5. RMSprop 梯度下降算法

Hinton 等人为了避免自适应梯度下降算法中梯度越来越小的问题，提出了 RMSprop 梯度下降算法，改进了 Adagrad 算法。RMSprop 梯度下降算法伪代码如 Algorithm 5所示。

Algorithm 5: RMSprop 梯度下降算法伪代码

Input: 损失函数 $\mathcal{L}$，模型参数 $\boldsymbol{\theta}$，学习率 α，超参数 γ，最大训练次数 S

Output: 最优模型参数 $\boldsymbol{\theta}^*$

1　初始化 $t_0 = 0$
2　**for** $k = 1, 2, 3, \cdots, S$ **do**
3　　抽样小批量样本计算损失函数 $\mathcal{L}$
4　　通过反向传播算法计算梯度 $\nabla_{\boldsymbol{\theta}}\mathcal{L}(\boldsymbol{\theta}_{k-1})$
5　　更新参数 t：$t_k = \gamma t_{k-1} + (1 - \gamma)(\nabla_{\boldsymbol{\theta}}\mathcal{L}(\boldsymbol{\theta}_{k-1}))^2$
6　　更新参数 $\boldsymbol{\theta}$：$\boldsymbol{\theta}_k = \boldsymbol{\theta}_{k-1} - \dfrac{\alpha}{\sqrt{t_k + \epsilon}}\nabla_{\boldsymbol{\theta}}\mathcal{L}(\boldsymbol{\theta}_{k-1})$
7　返回最优参数 $\boldsymbol{\theta}^*$

RMSprop 算法不同于 Adagrad 算法之处是参数 t 的更新方式，Adagrad 算法使用梯度平方累积求和公式：

$$t_k = t_{k-1} + \left(\boldsymbol{\nabla}_{\boldsymbol{\theta}}\mathcal{L}(\boldsymbol{\theta}_{k-1})\right)^2 \tag{2.46}$$

RMSprop 算法伪代码 Algorithm 5中第 5 行是算法关键：

$$t_k = \gamma t_{k-1} + (1-\gamma)\left(\boldsymbol{\nabla}_{\boldsymbol{\theta}}\mathcal{L}(\boldsymbol{\theta}_{k-1})\right)^2 \tag{2.47}$$

比较二者可以发现，RMSprop 算法引入了衰减因子 γ。在梯度平方累积求和过程中，衰减因子使得 t_k 并不是一直增大，距离当前时刻越远的梯度信息衰减越明显，不容易出现 t_k 无限增大而导致梯度消失的情况，因此解决了 Adagrad 实际学习率逐渐减小的问题。衰减因子 γ 的取值通常为 0.9、0.99 或 0.999。

6. Adadelta 梯度下降算法

在梯度下降算法、动量梯度下降算法、Nesterov 动量梯度下降算法以及 RMSprop 算法的伪代码中，一些优化算法效率与学习率初始化值相关性较大且比较敏感，因此学习率 α 是关键的超参数，一些学习率会随着迭代而衰减，机器学习模型中学习率可以作为超参数进行调优。Adadelta 算法为了进一步解决超参数学习率动态调整的问题，继续进行了改进，不需要设定初始化学习率 α，具体算法伪代码如 Algorithm 6所示[152]。

Algorithm 6: Adadelta 梯度下降算法伪代码

 Input: 损失函数 $\mathcal{L}$，模型参数 $\boldsymbol{\theta}$，超参数 γ，最大训练次数 S

 Output: 最优模型参数 $\boldsymbol{\theta}^*$

1 初始化 $g_0 = 0$

2 初始化 $t_0 = 0$

3 初始化 $\Delta_0 = 0$

4 **for** $k = 1, 2, 3, \cdots, S$ **do**

5 抽样小批量样本计算损失函数 $\mathcal{L}$

6 通过反向传播算法计算梯度 $\boldsymbol{\nabla}_{\boldsymbol{\theta}}\mathcal{L}(\boldsymbol{\theta}_{k-1})$

7 更新参数 t：$t_k = \gamma t_{k-1} + (1-\gamma)\left(\boldsymbol{\nabla}_{\boldsymbol{\theta}}\mathcal{L}(\boldsymbol{\theta}_{k-1})\right)^2$

8 更新参数 g：$g_k = -\dfrac{\sqrt{\Delta_{k-1}+\epsilon}}{\sqrt{t_k+\epsilon}}\boldsymbol{\nabla}_{\boldsymbol{\theta}}\mathcal{L}(\boldsymbol{\theta}_{k-1})$

9 更新参数 $\boldsymbol{\theta}$：$\boldsymbol{\theta}_k = \boldsymbol{\theta}_{k-1} + g_k$

10 更新参数 Δ：$\Delta_k = \gamma\Delta_{k-1} + (1-\gamma)g_k^2$

11 返回最优参数 $\boldsymbol{\theta}^*$

Adadelta 算法的主要改进之处在于。Adadelta 算法改进了 RMSprop 算法，不需要初始化学习率 α 且参数更新公式中已经消除了学习率 α。Adadelta 算法较前面算法改进较大，其中参数更新核心公式为

$$\boldsymbol{\theta}_k = \boldsymbol{\theta}_{k-1} - \frac{\sqrt{\Delta_{k-1}+\epsilon}}{\sqrt{t_k+\epsilon}}\boldsymbol{\nabla}_{\boldsymbol{\theta}}\mathcal{L}(\boldsymbol{\theta}_{k-1}) \tag{2.48}$$

公式的关键之处为梯度 $\nabla_{\boldsymbol{\theta}}\mathcal{L}(\boldsymbol{\theta}_{k-1})$ 之前的权重 $\dfrac{\sqrt{\Delta_{k-1}+\epsilon}}{\sqrt{t_k+\epsilon}}$，其分母 $\sqrt{t_k+\epsilon}$ 比较好理解，与 RMSprop 算法一致，自适应地调节学习率。当累积梯度较大时实际学习率变小，减小参数更新速度；当累积梯度较小时实际学习率变大，增加参数更新速度。权重的分子 $\sqrt{\Delta_{k-1}+\epsilon}$ 替代了 RMSprop 算法中的学习率 α，因此 Adadelta 算法中的权重 $\dfrac{\sqrt{\Delta_{k-1}+\epsilon}}{\sqrt{t_k+\epsilon}}$ 可以看作实际学习率。

7. Adam 梯度下降算法

众多流行的梯度下降算法以 SGD 算法为基础，Momentum SGD 算法、Nesterov Momentum SGD 算法、RMSprop 算法和 Adadelta 算法在此基础上一步一步地改进，提升了优化算法的效率和稳定性。Adam 梯度下降算法融合了诸多算法的精髓，成为了机器学习领域常用的优化算法。当然，机器学习和深度学习领域还有很多其他类型的优化算法，实际问题的复杂性使得并不存在一种适合所有优化问题的最好的优化算法。在计算条件允许的情况下，我们可以用不同的优化算法进行训练模型并进行对比分析，类似于超参数调优。

Adam 梯度更新算法的具体细节伪代码如 Algorithm 7所示 [153]。在 Adam 算法的伪代码 Algorithm 7中，计算变量增多，如 g_k^2、β_1^t 和 β_2^t 等。Adam 与 RMSProp 类似，借鉴动量随机梯度下降算法的思想，启用了两个衰减因子 β_1 和 β_2，利用了上一次的参数更新方向。在 Adam 算法中，β_1 通常取值为 0.9，β_2 取值为 0.999，ϵ 取值为 10^{-8}。

Algorithm 7: Adam 梯度下降算法伪代码

    Input: 损失函数 $\mathcal{L}$，模型参数 $\boldsymbol{\theta}$，学习率 α，超参数 β_1，β_2，最大训练次数 S

    Output: 最优模型参数 $\boldsymbol{\theta}^*$

1 初始化 $g_0 = 0$

2 初始化 $t_0 = 0$

3 初始化 $\Delta_0 = 0$

4 令 $t = 0$

5 **for** $k = 1, 2, 3, \cdots, S$ **do**

6      $t = t + 1$

7   抽样小批量样本计算损失函数 $\mathcal{L}$

8   通过反向传播算法计算梯度 $\nabla_{\boldsymbol{\theta}}\mathcal{L}(\boldsymbol{\theta}_{k-1})$

9   更新 g：$g_k = \nabla_{\boldsymbol{\theta}}\mathcal{L}(\boldsymbol{\theta}_{k-1})$

10   更新 m：$m_k = \beta_1 m_{k-1} + (1-\beta_1)g_k$

11   更新 v：$v_k = \beta_2 v_{k-1} + (1-\beta_2)g_k^2$

12   更新 $\hat{m}$：$\hat{m}_k = \dfrac{m_k}{1-\beta_1^t}$

13   更新 $\hat{v}$：$\hat{v}_k = \dfrac{v_k}{1-\beta_2^t}$

14   更新参数 $\boldsymbol{\theta}$：$\boldsymbol{\theta}_k = \boldsymbol{\theta}_{k-1} - \dfrac{\alpha}{\sqrt{\hat{v}_k+\epsilon}}\hat{m}_k$

15 返回最优参数 $\boldsymbol{\theta}^*$

在梯度下降算法家族中存在大量优秀算法，且随着不断改进和升级，优化算法越来越复杂。流行的机器学习计算平台都提供了很多优化器，可以实现众多经典的随机梯度下降算法，如基础的随机梯度下降算法。SGD 算法加入动量因子改进后发展出了 Momentum SGD 以及 Nesterov Momentum SGD。自适应梯度下降算法中的学习率能够随着梯度变化而自适应调节，随后 RMSprop 梯度下降算法和 Adadelta 梯度下降算法也汲取了自适应调节学习率的思想。Adam 梯度下降算法融合了诸多算法的精髓，成为了机器学习领域中常用的算法。在实际工程应用中，具体选用何种梯度优化算法，与选择激活函数一样，可以在计算条件允许的前提下作为超参数调优，尝试不同的优化算法。

2.8　应用实践

近年来，基于机器学习的复杂网络分析方法迅速发展，网络嵌入（Network Embedding, NE）或图嵌入（Graph Embedding, GE）方法得到了大量研究者关注[154]。网络嵌入或图嵌入方法用低维、稠密、实值的向量表示节点属性、连边属性和全局网络属性，将网络信息映射到低维稠密空间。网络嵌入或图嵌入方法也被称作网络表示学习（Network Representation Learning, NRL），相关算法很多[154]，且各具特色，大部分方法基于矩阵分解和随机游走[155]。在网络表示学习中，邻近节点学习到的特征具有相似的表示向量。这里我们介绍一种能够保留有向图的不对称传递性的网络嵌入算法，称为高阶邻近保留嵌入算法（High-Order Proximity preserved Embedding，HOPE）[156]。

在可视图网络中，我们可以设定连边方向，如网络连边 $i \rightarrow j$ 中包含了 $i < j$，显然 i 和 j 对应原时间序列的时间标签。我们专注于有向图非对称性嵌入问题，保留网络节点非对称传递性。高阶邻近性源自不对称传递性，采用机器学习优化算法最小化损失函数[156]：

$$\min \ \|\mathcal{S} - \mathcal{U}^s \mathcal{U}^{t\top}\|^2 \tag{2.49}$$

$\mathcal{S}$ 是可视图网络高阶相似性测度指标值，$\mathcal{U}^s$ 和 $\mathcal{U}^t$ 是每个网络节点嵌入向量组成的嵌入向量矩阵，高阶邻近保留嵌入算法与传统的奇异值分解（Singular Value Decomposition, SVD）方法类似。

图2.9给出了可视图网络嵌入后特征向量的相似性矩阵热度图，热度图的颜色代表了相关系数值。在可视图算法转化过程中，可视图网络中的每一个节点对应恒生指数某一天，节点信息可以对应这一天的市场状态信息。我们运用 HOPE 算法进行网络嵌入后，嵌入空间中每一个点对应网络中一个节点，嵌入空间的特征向量对应某一天的市场状态特征，因此，嵌入空间中节点的相似性矩阵可以表示金融市场状态之间的相似性矩阵。

在图2.9中，相似性矩阵热度图的对角线存在明显的分块结构，说明市场存在明显的状态切换行为。随着市场演化，市场状态存在显著的差别。各类网络嵌入算法能挖掘不同网络结构特征，面对具体问题时，我们需要细致分析问题的背景和结构特征，选择合适的分析方法。

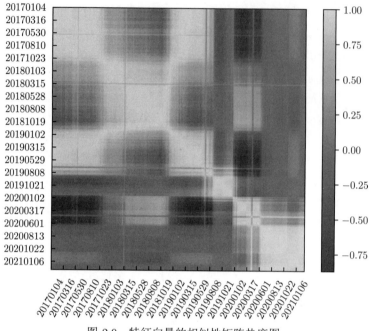

图 2.9　特征向量的相似性矩阵热度图

～ 第 2 章习题 ～

1. 什么是人工智能？
2. 举例说明人工智能技术在复杂金融系统中的应用。
3. 简要阐述人工智能的历史。
4. 简要阐述人工智能的三个主要学派。
5. 人工智能的基础理论和技术有哪些？
6. 一般机器学习可分成哪三类学习范式？
7. 强化学习、监督学习和无监督学习三者之间的联系和区别是什么？
8. 机器学习中有哪些常用的激活函数？
9. 机器学习中有哪些常用的损失函数？
10. 机器学习中有哪些常用的优化算法？

第 3 章
深度学习入门

3.1 深度学习简介

近年来，深度学习蓬勃发展，已经渗透到了人工智能的各个领域和方向，如自动驾驶、机器翻译、计算机视觉等。

3.1.1 深度学习与人工智能

人工智能浪潮的关键技术为人类社会发展做出了重要贡献，三位深度学习领军人物——蒙特利尔大学教授、魁北克人工智能研究所 Mila 的科学主任约书亚·本吉奥（Yoshua Bengio）、多伦多大学名誉教授杰弗里·辛顿（Geoffrey Hinton）和纽约大学教授杨乐昆（Yann LeCun）也因此荣获 2018 年图灵奖，以表彰他们给人工智能研究带来的重大突破，三人也被誉为深度学习之父。他们的工作使深度神经网络成为一些经典模型、经典算法、经典应用场景的关键组成部分。我们将简单介绍一些深度学习模型，包括深度神经网络（Deep Neural Networks）、深度卷积神经网络（Convolutional Neural Networks）、深度循环神经网络（Recurrent Neural Networks）、深度图神经网络（Graph Neural Networks）等。

图3.1给出了深度学习、机器学习与人工智能的关系简图。机器学习是人工智能一项关键技术，深度学习是机器学习技术的重要组成部分。

3.1.2 深度学习与机器学习

人工智能融合了众多学科的理论和技术，此次人工智能浪潮的核心技术是机器学习，更准确地说是深度学习。深度学习是一类技术集合，不仅仅局限于深度神经网络，但深度神经网络使用最为广泛。机器学习可以分为监督学习、无监督学习和强化学习,三类机器学习范式都可以与深度学习技术融合,衍生出更为强大的机器学习算法,如"深度强化学习"。深度强化学习融合了深度学习和强化学习的范式,深度学习与机器学习三类学习范式:监督学习、无监督学习和强化学习的关系如图3.2所示。

图 3.1　深度学习、机器学习与人工智能的关系简图

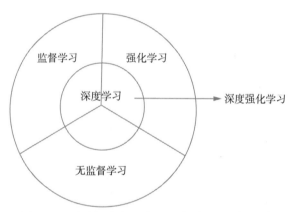

图 3.2　深度学习与机器学习三类学习范式的关系

在图3.2中,除了深度强化学习,深度学习和无监督学习融合可以发展出强大的自编码神经网络等表示学习工具,深度学习和监督学习融合可以发展出深度卷积神经网络等机器学习算法,并在计算机视觉、目标检测、机器翻译等领域应用广泛,提升了各领域经典模型的性能,服务于人们学习、生活和工作的方方面面。

深度学习,特别是基于深度神经网络模型的深度学习,强化了经典学习算法的表示学习能力。一般而言,经典机器学习模型在训练之前需要进行烦琐的特征工程,即人工从原始数据中提取特征变量,作为机器学习模型的输入变量。深度学习模型直接跳过了特征工程,充分发挥神经网络模型强大的函数逼近能力,自动从数据中提取特征表示,完成深度学习任务。

深度学习模型多种多样,我们将简要介绍深度学习的基本概念、技术和模型。在深度强化学习中,深度学习既能作为智能体感知环境的特征学习模块,也能作为智能决策模块,还能作为智能体动作评价模块，是整个智能系统模块的重要组成部分。我们需要对不同类型的深度学习模型有一定了解以及进行实践运用，为深度强化学习模型提供高效的表示学习模块，以应对复杂的决策问题，提升复杂环境中深度强化学习模型的智能决策性能。

图3.3对比了深度学习与经典机器学习的异同。经典机器学习模型首先对原始数据进行数据预处理操作，预处理过程对于模型预测具有重要作用。大数据时代海量数据随处可见，海量数据中噪声数据也非常常见，很多机器学习模型的失败源自数据质量缺陷，使模型表现不尽如人意。数据预处理基本操作包括去除噪声、校正缺省值等。

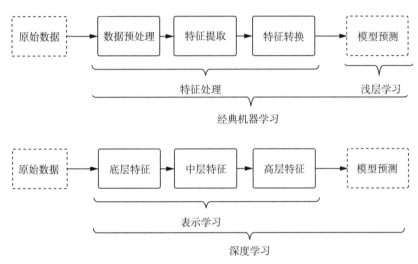

图 3.3　深度学习与经典机器学习的异同

经过预处理的数据可进行特征提取，特征变量可以是数值型、分类型等。特征变量作为模型输入，进行特征转换提取对预测模型有用的信息，提高模型预测准确率，特征转换技术包括主成分分析法、因子分析法等。在模型预测部分，经典机器学习预测模型做了浅层学习（Shallow Learning），可以选择线性回归模型（Linear Regression Model）、决策树（Decision Tree）、随机森林（Random Forest）、支持向量机（Support Vector Machine）等方法。数据预处理、特征提取和特征转换都可以看作人工处理的结果，一般叫作特征工程（Feature Engineering），占据了机器学习建模过程中大部分时间和资源。

浅层学习依赖建模者的经验知识和问题背景知识进行数据处理和转化，而深度学习方法可以不需要人工的特征工程操作。深度学习模型的基本框架基于表示学习方法进行底层特征、中层特征和高层特征的自动提取，预测模型进行结果输出。当然，深度学习模型的构建并非完全不需要数据预处理、特征提取和特征转换等人工操作。一般而言，深度学习模型的输入数据质量越高，模型训练和预测的效果也越好。

3.1.3　深度学习与表示学习

表示学习（Representation Learning）是深度学习的核心概念。表示学习国际会议（International Conference on Learning Representations，ICLR）得到了研究者们广泛认可，

也成为了深度学习的顶级会议，由此可见表示学习在深度学习中的重要地位。机器学习算法需要将输入的信息转化成有效的特征信息和决策信息，以提高算法预测性能和决策智能。一般来说，机器学习模型中有效的特征信息可以称作表示（Representation）。表示学习方法是应用优化算法自动地学习有效的特征信息，从而提高机器学习模型性能。

那么，什么是有效的表示？这取决于机器学习模型要解决的问题。举一个简单的例子，机器学习模型基于个人信息对个体性别进行判断，关于身高的特征表示意义不大，信息含量较低；关于头发长度的特征信息比较重要，对个体性别判断更有价值，有利于模型做出准确的性别判断。表示学习方法基于学习目标自动进行特征提取和特征表示。

应用深度神经网络进行表示学习的过程属于端到端学习（End-to-End Learning）。端到端学习过程不需要人工特征提取，直接通过任务目标和输入数据之间的关系构建模型、优化参数，极大地方便了模型的训练和部署。端到端学习也带来了另一个问题，即模型的可解释性欠缺，这也是深度学习模型广为诟病的"黑盒问题"。

在实际应用中，深度神经网络模型的端到端学习框架有利于模型的构建和训练，但模型训练过程中大规模参数的优化问题难度非常大，要求有较高的数据质量和训练技巧。深度强化学习将深度学习作为智能感知模块和智能决策模块的核心技术，继承了深度学习强大的表示学习能力，也继承了模型训练难度大，可解释性困难等问题，因此可解释性是深度强化学习需要解决和突破的方向，也是更加安全可靠地应用深度强化学习模型的保障。

3.2 深度神经网络

深度神经网络（Deep Neural Networks）是很多深度学习模型和系统的标准模块，是智能系统中的核心部件，使得模型或算法表现出非常好的性能。深度神经网络提升智能模型的性能得益于人工神经网络对任意复杂非线性函数的逼近能力，而严格的数学证明在尼尔逊（Michael Nielsen）的《神经网络和深度学习》中有介绍。

3.2.1 深度神经网络构建

我们将简要介绍如何构建深度神经网络，如何进行数值计算和优化。图3.4给出了一个神经网络示例。严格来说，图3.4并非一个深度神经网络，因为它只有一个隐含层。深度神经网络的"深度"是指叠加的神经网络层数多少。

图3.4中的神经网络输入参数为 $\boldsymbol{x}$，是一个列向量，向量大小为 $n_{\boldsymbol{x}} = 8$。中间隐藏层有 $n_{\boldsymbol{h}} = 4$ 个神经元，每个隐藏层神经元都计算神经元状态 $\boldsymbol{h}$，并以 $n_{\boldsymbol{x}} = 8$ 个输入神经元为输入变量：

$$\boldsymbol{h} = \sigma(\boldsymbol{W}_1 \cdot \boldsymbol{x} + \boldsymbol{b}_1) \tag{3.1}$$

$\boldsymbol{W}_1$ 为输入层和中间隐藏层之间的参数矩阵，大小为 $n_{\boldsymbol{h}} \times n_{\boldsymbol{x}}$，偏置项 $\boldsymbol{b}_1$ 的大小为 $n_{\boldsymbol{h}}$，σ 为非线性激活函数，具体形式为

$$\sigma(x) = \frac{1}{1 + \mathrm{e}^{-x}} \tag{3.2}$$

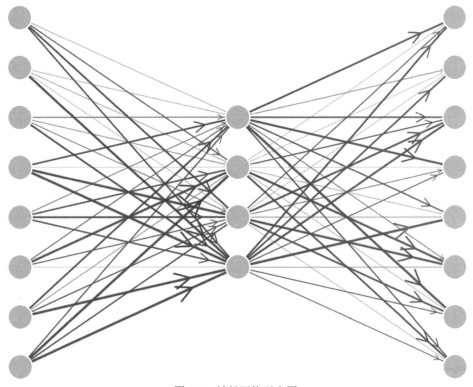

图 3.4　神经网络示意图

一般深度神经网络模型有多个隐藏层，可以通过叠加更多神经元网络层实现，在数学形式上表示为嵌套多个线性和非线性函数，增加了更多运算。神经网络输出值 $\boldsymbol{y}$ 可表示成

$$\boldsymbol{y} = (\boldsymbol{W}_2 \cdot \boldsymbol{h} + \boldsymbol{b}_2) \tag{3.3}$$

其中，$\boldsymbol{W}_2$ 为中间隐藏层和输出层之间的参数矩阵，矩阵大小为 $n_{\boldsymbol{y}} \times n_{\boldsymbol{h}}$，偏置项 $\boldsymbol{b}_2$ 大小为 $n_{\boldsymbol{y}}$。图3.4中的神经网络模型的数学表达式为

$$\boldsymbol{y} = (\boldsymbol{W}_2 \cdot \sigma(\boldsymbol{W}_1 \cdot \boldsymbol{x} + \boldsymbol{b}_1) + \boldsymbol{b}_2) \tag{3.4}$$

如果神经网络模型叠加新的隐藏层，可以表示成

$$\boldsymbol{y} = (\boldsymbol{W}_3 \cdot \sigma(\boldsymbol{W}_2 \cdot \sigma(\boldsymbol{W}_1 \cdot \boldsymbol{x} + \boldsymbol{b}_1) + \boldsymbol{b}_2) + \boldsymbol{b}_3) \tag{3.5}$$

以此类推，我们可以叠加构造更"深"的神经网络模型。深度神经网络模型中的激活函数不仅仅只有 sigmoid 函数一种类型，还有非常多的激活函数可供选择，如 ReLU、sinh 函数等。

　　深度神经网络模型中不管神经元叠加了多少层、函数嵌套了多少次，都可以简化成一个输入向量 $\boldsymbol{x}$ 到输出 $\boldsymbol{y}$ 的复杂非线性函数 $\boldsymbol{y} = f_{\boldsymbol{W}_1, \boldsymbol{W}_2, \boldsymbol{W}_3, \boldsymbol{b}_1, \boldsymbol{b}_2, \boldsymbol{b}_3}(\boldsymbol{x})$。我们基于数据样本 $\{(\boldsymbol{x}_k, \boldsymbol{y}_k)\}_{k=1,2,3,\cdots,N}$，采用监督学习方法训练模型参数，可以构建损失函数作为机器学习

优化的目标函数：

$$\mathcal{L}(\boldsymbol{W}_1, \boldsymbol{W}_2, \boldsymbol{W}_3, \boldsymbol{b}_1, \boldsymbol{b}_2, \boldsymbol{b}_3) = \frac{1}{N} \sum_{k=1}^{N} (f_{\boldsymbol{W}_1, \boldsymbol{W}_2, \boldsymbol{W}_3, \boldsymbol{b}_1, \boldsymbol{b}_2, \boldsymbol{b}_3}(\boldsymbol{x}_k) - \boldsymbol{y}_k)^2 \qquad (3.6)$$

使用机器学习优化算法完成监督学习后，可以获得模型 $f_{\boldsymbol{W}_1, \boldsymbol{W}_2, \boldsymbol{W}_3, \boldsymbol{b}_1, \boldsymbol{b}_2, \boldsymbol{b}_3}$ 的参数 $\boldsymbol{W}_1$、$\boldsymbol{W}_2$、$\boldsymbol{W}_3$、$\boldsymbol{b}_1$、$\boldsymbol{b}_2$、$\boldsymbol{b}_3$，进而进行模型预测和生成等应用。

3.2.2 深度神经网络实例

在机器学习领域中，神经网络模型随处可见，复杂的结构和超多的参数使得模型很难理解，至少很难获得一个非常直观的理解。我们将通过监督学习中神经网络分类模型来简单介绍神经网络的工作原理和模型参数拟合过程。

1. 线性可分实例

深度学习平台 TensorFlow 研究团队提供了一个交互式的开放平台，动态展示了神经网络模型的工作原理，并进行了动态可视化和可交互实现，为深度学习入门和深入理解深度神经网络模型提供了较为直观的解释，如图3.5所示。该图对数据从输入层到中间层的数据变换，再到神经网络模型输出，都有较为直观的表示。TensorFlow 交互式的开放平台为科研人员构建和理解复杂神经网络模型提供了基础，也为深入理解和分析饱受诟病的"黑盒模型"问题提供思想启发和研究思路。

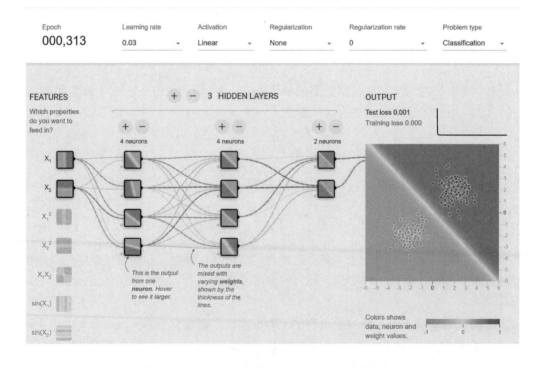

图 3.5　线性可分情况下监督学习分类问题示例

图3.5给出了线性可分情况下监督学习分类问题示例。此示例中分类问题为简单的二分类问题，神经网络模型的目标是将二维空间中数据点分成两类，第一类为左下角数据点，第二类为右上角数据点，如输出层的神经元所示，分别对应最大正方形中橙色点（左下角数据点）和蓝色点（右上角数据点）。

示例中的神经网络模型结构简单，包括了三个隐藏层，前两个隐藏层的神经元数量都为 4，后一个隐藏层的神经元数量为 2。神经网络输入层中的两个神经元接收输入数据 x_1 和 x_2，输出神经元只有 1 个，表示分类结果，用 -1 和 1 表示。图中的神经元都用正方形表示，正方形中的神经元信息比较丰富，包含了输入数据 x_1 和 x_2 在所有情况下的神经元计算值，并由颜色代替，橙色表示 -1，蓝色表示 1，如图3.5右下角颜色条所示。神经元之间的连边颜色表示权重大小，权重大于 0 用蓝色表示，权重小于 0 用橙色表示。

为了理解图中神经网络的工作原理，我们可以从神经网络输入层（特征变量）开始进行分析。神经网络输入层有两个神经元接收输入信号，一个神经元输入为 x_1，另一个神经元输入为 x_2。从神经网络输入层中两个神经元方块颜色可以判断，每一个方块就是一个二维坐标面板，横坐标是 x_1，纵坐标是 x_2，神经元方块中一个像素点的颜色对应 x_1 和 x_2 取不同值时所对应神经元的计算值。从图3.5中最后一层隐藏层神经元数据可以发现，最后一层隐藏层中单独的神经元已经能够对数据进行很好地分类。图3.5中输出层神经元计算值与最后一层隐藏层两个神经元中第一个神经元数值一致，与第二个神经元数值相反。因此，神经网络输出层神经元与最后一层隐藏层中第一个神经元关联的权重为正值，与第二个神经元关联的权重为负值，通过加权求和，得到了输出层神经元输出值。

图3.5的上部给出了神经网络模型超参数设置情况。所有数据代入神经网络模型完成参数更新，可以看作一轮完整的更新（Epoch），示例的神经网络模型参数训练了 313 轮更新。本例中学习率（Learning rate）设置为 0.03。神经元中激活函数有多种选择，如 ReLU、sinh、sigmoid 函数等，示例中没有使用非线性激活函数，而是选取了线性函数（Linear）。对于线性可分的数据集，我们可以发现没有使用非线性激活函数也能够很好地对数据空间进行分类，很好地将两类数据进行准确地划分。

为了提高机器学习模型的泛化性能，我们可以在模型中使用正则化（Regularization）方法，将正则化项乘上正则化系数（Regularization Rate）后加到目标函数，再进行参数优化。在示例中没有选择正则化项，但在实际运用中正则化项能够提高模型的泛化能力，在一定程度上能有效避免过拟合。

2. 线性不可分实例

面对简单的问题，简单的方法能够有效地解决，当问题的复杂度增加时，简单方法呈现出局限性。在图3.5的示例中，在二维空间中两类数据点可以很好地被一条直线分开，因此称作线性可分问题。面对线性不可分问题时，由于图3.5中的神经网络模型激活函数为线性函数，即使神经网络层中有再多的神经元、再"深"的层数也不能有效地进行分类，如图3.6所示。

图3.6为线性不可分情况下监督学习分类问题示例。图中两类数据点分布简单，第一类

数据点在 0 点附近，第二类数据点包围着第一类数据点，呈现环状结构。图的上部给出了神经网络模型超参数设置情况。示例模型最后的损失函数接近 0.5，测试集损失函数值为 0.499，并没有收敛到 0 附近，说明模型并没有对两类数据点进行准确地划分。神经网络模型的输出层神经元的数值在 0 附近，也说明线性模型并不能有效地区分两类数据点。

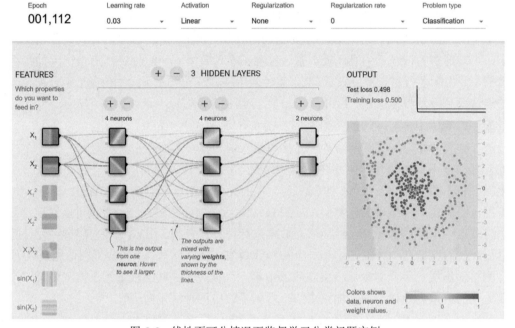

图 3.6　线性不可分情况下监督学习分类问题实例

二分类问题的机器学习模型需要能够准确分类两类数据点，明显的区分必须是机器学习模型的输出值要么接近 −1（属于第一类），要么接近 1（属于第二类）。神经元中激活函数有多种选择，如 ReLU、sinh、sigmoid 函数等，示例中没有使用非线性激活函数，因此模型对于线性不可分数据集表现不佳，不能够进行有效分类。为了对线性不可分数据集进行有效分类，我们可以将非线性激活函数加入神经元，对神经元数值进行非线性转换，构建非线性分类器，结果如图3.7所示。示例中的学习率设置为 0.03。

图3.7所示为线性不可分数据集的二分类问题，在神经网络模型中添加非线性激活函数 ReLU，神经网络模型迭代了 96 次之后找到分割两类数据的明显边界，分类效果较好。这一示例表明，深度神经网络中的非线性激活函数至关重要，因为可以极大提升模型性能，且现实应用中的绝大部分问题都是非线性函数逼近问题。在图3.7 示例中，如果选择其他的非线性激活函数，同样能够达到较好的分类效果，训练集和测试集上的损失函数分别接近 0.001 和 0.002。

如果神经网络模型不包含非线性激活函数，是否一定不能分类线性不可分数据集呢？当然不是，图3.8示例中的线性不可分数据集样本分布并不复杂，我们可以将输入特征变量 x_1 和 x_2 进行非线性变换，然后输入神经网络模型进行分类。具体地，我们采用机器学习经典算法支持向量机（Support Vector Machines，SVM）模型将输入变量进行非线性变换

（核函数），进行数据升维后，样本数据在高维空间就能进行有效分类。

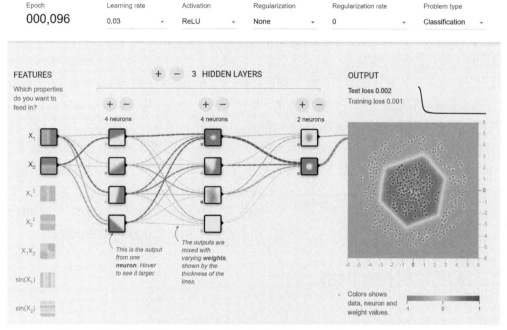

图 3.7　线性不可分情况下神经网络添加非线性激活函数 ReLU 后的分类情况

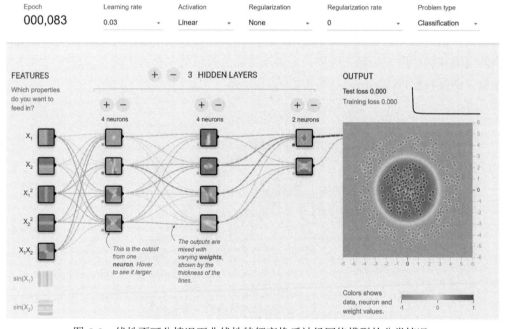

图 3.8　线性不可分情况下非线性特征变换后神经网络模型的分类情况

图3.8中的神经网络输入层增加了 3 个神经元，我们将输入特征变量 x_1 和 x_2 通过非线性变换生成了新的输入变量 x_1^2、x_2^2 以及 $x_1 x_2$，加上原始输入变量 x_1 和 x_2，神经网络

输入层变成了 5 个神经元，然后通过不包含非线性激活函数的神经网络模型，也同样能够进行非常精确地分类。图3.8中的神经网络模型虽然没有非线性激活函数，但是非线性特征元素已经在输入端进行了人工嵌入（特征工程）。从本质上说，此神经网络模型还是非线性函数，但是模型分类效果更好，两类数据集分割边界更加自然和平滑，说明模型更加精准地捕捉到了数据的非线性特征。此示例也从一定程度上说明了为什么神经网络模型在发展初期被支持向量机的高性能和可解释性碾压，陷入了低谷期。

图3.8示例中的数据集是线性不可分的，但对于人类而言，数据集分布规律却显而易见，简单的数学模型就能够有效地进行分类。我们只需要计算出第一类数据点（中心部分）构成的圆盘半径 R，然后计算每个数据点到中心（零点）的距离 r，数据点到中心距离满足 $r < R$，则划分为第一类；数据点到中心距离满足 $r > R$，则划分为第二类。简单模型的可解释性明显高于复杂模型，人工设计的特征变量融入了人类经验知识，更加容易进行模型解释和结果解读，也更容易被接受和理解。但是在一些实际应用中，精确性、高性能的重要性高于可解释性，因而在面对复杂问题时必须使用复杂模型进行建模和求解。

3.3 深度卷积神经网络

相较于基础深度神经网络（一般指深度前馈神经网络或全连接神经网络），深度卷积神经网络（Convolutional Neural Networks，CNN）具有三个重要的特征，即局部连接性、权值共享和下采样。卷积神经网络有一个非常重要的组成部分叫作卷积核，可以看作一个算子。卷积核作用在数据上，提取数据特征，在叠加不同层后，抽取不同层次的特征，可达到智能决策的目的。卷积核决定了卷积神经网络的局部连接性质，局部连接性是卷积神经网络与全连接神经网络的最大区别，局部连接加上权值共享会大大减少深度神经网络模型的参数。深度卷积神经网络模型结构如图3.9所示。

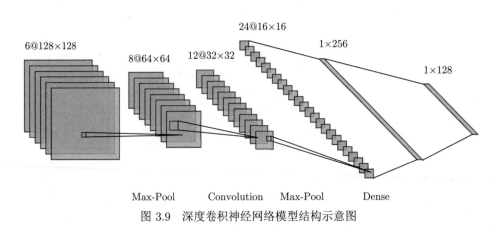

图 3.9　深度卷积神经网络模型结构示意图

图3.9中的卷积神经网络结构特征表明，卷积神经网络对于图片或者矩阵形式、张量形式的输入数据具有较好的适配性。图3.9中的卷积神经网络模型的输入数据是 $6 \times 128 \times 128$ 的张量数据，其中，6 为数据通道数，128×128 为数据的长宽。如果输入数据是彩色图片，

一般可以表示成 $3 \times L \times W$ 的张量数据，3 为数据通道数，分别对应 RGB 三原色数值，$L \times W$ 为图片长宽。

图3.9中的卷积神经网络模型的卷积核大小都是 8×8，通过卷积核作用后得到第二层数据，大小为 $8 \times 64 \times 64$，说明在第一层卷积过程中使用了 8 个卷积核，每个卷积核得到一个通道数据。卷积后可以通过池化层进行池化，很多卷积神经网络模型将一次卷积核操作和一次池化操作称为一层卷积操作。在卷积神经网络模型中，并非所有的卷积网络都需要池化层，比如 AlphaGo 系统中卷积神经网络就没有采用池化层操作，卷积神经网络模型的结构设计与具体问题相关，设计者需要对具体问题进行分析并构建对应的模型。图3.10给出了一个三维立体的且更加清晰的卷积神经网络结构图。

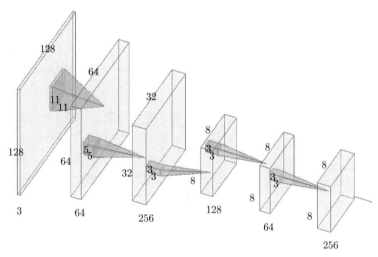

图 3.10　三维立体卷积神经网络结构示意图

深度卷积神经网络结构可以非常复杂，叠加层数可达上千层，但是不管多复杂的卷积神经网络结构，都可以看作构建了一个非线性函数映射关系：

$$\boldsymbol{y} = f_{\mathrm{CNN}}(\boldsymbol{x}) \tag{3.7}$$

其中，$\boldsymbol{x}$ 为卷积神经网络模型的输入层数据，$\boldsymbol{y}$ 为输出层数据。经典的深度神经网络模型都涉及非常深厚和庞杂的理论和技术细节，需要深入研究并参考更多的专业书籍和资料[147]。本章最后的应用实践部分将介绍一些常用的深度学习计算平台，来实现不同类型深度神经网络模型。

3.4　深度循环神经网络

当深度学习模型的输入数据 x 具有时间序列特性时，我们可以采用深度循环神经网络（Recurrent Neural Networks，RNN）进行建模分析。循环神经网络模型的输入数据形式为 $\{x_0, x_1, \cdots, x_T\}$。我们将简单介绍 RNN 模型中最著名的长短期记忆（Long Short-Term Memory，LSTM）模型架构，如图3.11所示，该图展示了 LSTM 架构中的一个单元（Cell）

中每个操作的结构和计算过程。深度卷积神经网络模型注重数据空间维度上的操作，而深度循环神经网络模型注重数据时间维度上的计算和操作。

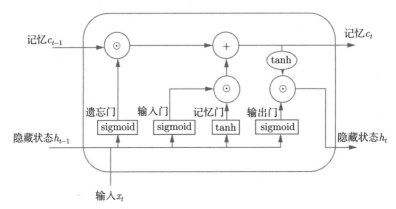

图 3.11　深度循环神经网络模型 LSTM 的单元结构

图 3.11 中包含四个门，即遗忘门、输入门、记忆门和输出门，以及记忆细胞信息、隐藏状态信息和输入信息。循环神经网络模型能够处理序列数据，且 LSTM 模型保存历史序列信息，并进行适当的遗忘和处理，在大规模时间序列任务中表现出强大的性能，得到了广泛应用。

深度循环神经网络模型中的 t 表示时间刻度，模型输入量 i_t 如下：

$$i_t = \sigma(W_x^i x_t + W_h^i h_{t-1} + b^i) \tag{3.8}$$

其中，x_t 为输入变量，W_x^i 为输入变量 x_t 对应的权重系数矩阵，h_{t-1} 为隐含变量，W_h^i 为隐含变量 h_{t-1} 对应的权重系数矩阵，b^i 为输入量的偏置项。

遗忘门 f_t 计算公式如下：

$$f_t = \sigma(W_x^f x_t + W_h^f h_{t-1} + b^f) \tag{3.9}$$

其中，x_t 为输入变量，W_x^f 为输入变量 x_t 对应的权重系数矩阵，W_h^f 为隐含变量 h_{t-1} 对应的权重系数矩阵，b^f 为遗忘量的偏置项。

记忆门 g_t 定义为

$$g_t = \tanh(W_x^g x_t + W_h^g h_{t-1} + b^g) \tag{3.10}$$

其中，W_x^g 为输入变量 x_t 对应的权重系数矩阵，W_h^g 为隐含变量 h_{t-1} 对应的权重系数矩阵，b^g 为输出量的偏置项，$\tanh(x)$ 为非线性激活函数，具体形式为

$$\tanh(x) = \frac{\mathrm{e}^x - \mathrm{e}^{-x}}{\mathrm{e}^x + \mathrm{e}^{-x}} \tag{3.11}$$

输出量 o_t 定义为

$$o_t = \sigma(W_x^o x_t + W_h^o h_{t-1} + b^o) \tag{3.12}$$

其中，$\boldsymbol{W}_x^o$ 为输入变量 $\boldsymbol{x}_t$ 对应的权重系数矩阵，$\boldsymbol{W}_h^o$ 为隐含变量 $\boldsymbol{h}_{t-1}$ 对应的权重系数矩阵，$\boldsymbol{b}^o$ 为输出量的偏置项。

单元中的状态量 $\boldsymbol{c}_t$ 定义为

$$\boldsymbol{c}_t = \boldsymbol{f}_t \odot \boldsymbol{c}_{t-1} + \boldsymbol{i}_t \odot \boldsymbol{g}_t \tag{3.13}$$

其中，$\odot$ 表示元素相乘的操作符。单元中的状态量 $\boldsymbol{c}_t$ 由上一时刻单元中的状态变量 $\boldsymbol{c}_{t-1}$ 通过遗忘门后，叠加输入量 $\boldsymbol{i}_t$ 和记忆门 $\boldsymbol{g}_t$ 构成。

循环神经网络模型中隐含变量 $\boldsymbol{h}_t$ 的更新公式为

$$\boldsymbol{h}_t = \boldsymbol{o}_t \odot \tanh(\boldsymbol{c}_t) \tag{3.14}$$

在循环神经网络模型中，$\boldsymbol{W} = \{\boldsymbol{W}_x^i, \boldsymbol{W}_x^f, \boldsymbol{W}_x^g, \boldsymbol{W}_x^o, \boldsymbol{W}_h^i, \boldsymbol{W}_h^f, \boldsymbol{W}_h^g, \boldsymbol{W}_h^o\}$ 和 $\boldsymbol{b} = \{\boldsymbol{b}^i, \boldsymbol{b}^f, \boldsymbol{b}^g, \boldsymbol{b}^o\}$ 分别表示可学习的权重系数和偏置量。$\boldsymbol{h}_0, \boldsymbol{c}_0$ 均初始化为 0。

循环神经网络模型通过循环迭代计算输出量 $\boldsymbol{o}_t$、状态量 $\boldsymbol{c}_t$、隐含变量 $\boldsymbol{h}_t$ 等，最后得到 RNN 模型的循环结构，如图3.12所示。

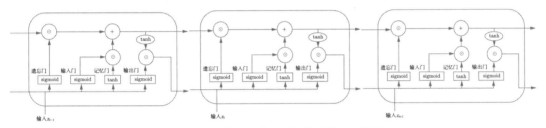

图 3.12　深度循环神经网络模型的循环结构

循环神经网络模型有很多的拓展和改进模型，在机器翻译、语音识别等领域有着大量的工程落地应用。图3.11和图3.12仅给出了 LSTM 模型的简单计算流程和模型架构，除此之外还存在许多技术细节和模型特性。经典的深度循环神经网络模型涉及非常深厚和庞杂的理论和技术细节，需要深入研究的读者可以参考更多的专业书籍和资料 [147]。

3.5　深度图神经网络

在大数据时代，数据类型多种多样。深度神经网络、深度卷积神经网络和深度循环神经网络分别对向量形式数据、矩阵或空间结构数据和时序结构数据有着较好的适配性。但是，深度卷积神经网络模型并非只能处理图片等类似结构的数据，也可以处理时序型数据，如用卷积神经网络模型处理音频数据时，只需将卷积核设计成一维向量即可。

深度学习模型 DNN、CNN、RNN 所处理的大多数数据是欧氏空间中的标量、向量、矩阵或张量数据，但现实世界中的很多关系型数据更加复杂，更加难以处理，如网络数据和图数据。人们在处理图数据和图相关问题时，习惯用复杂网络方法去刻画关系型数据，因此，如何让机器学习算法能够很好地处理图数据或网络型数据，也是机器学习领域研究的重要课题。

3.5.1 图神经网络简介

深度图神经网络（Graph Neural Networks，GNN）模型是近年来发展较快的领域。图神经网络模型以网络数据为输入，通过深度学习算法能够学到网络节点、连边和整个网络的特征表示，进而进行智能决策。总地来说，深度图神经网络模型的输入是网络，其输出也是网络及其表示变量，只是深度图神经网络算法对网络节点、连边和整个网络都进行了向量化表征，同时也能学习到特定任务的决策函数，结合网络节点属性、连边属性、结构属性、全局属性进行智能决策。我们将简单介绍深度图神经网络模型的数据处理流程。

3.5.2 图神经网络聚合函数

网络数据用 $\mathcal{G} = (\mathcal{N}, \mathcal{E})$ 表示，其中，$\mathcal{N}$ 表示网络中节点集合，$\mathcal{E}$ 表示节点之间连边的集合。网络中的连边 $e_{ij} \in \mathcal{E}$ 表示网络节点 $i, j \in \mathcal{N}$ 之间存在一条连边，如贸易网络中经济体之间的贸易关系、股票交易网络中投资者之间的股票买卖关系、朋友网络中的好友关系等。

在图神经网络模型中，$\mathcal{N}(i)$ 表示与节点 i 相邻的所有节点的集合，即节点 i 的邻居集合；特征向量 $\boldsymbol{x}_i$ 表示网络节点 i 的特征属性。网络 $\mathcal{G} = (\mathcal{N}, \mathcal{E})$ 作为输入数据代入图神经网络模型，计算网络节点的隐含特征表示，网络节点 i 的特征属性聚合节点 i 的邻居节点 $\mathcal{N}(i)$ 的信息，计算公式如下：

$$\boldsymbol{x}_{-i}^{(k)} = \text{Aggregate}_{j \in \mathcal{N}(i)} f^{(k)}(\boldsymbol{x}_j^{(k-1)}) \tag{3.15}$$

其中，Aggregate 是聚合函数，$\boldsymbol{x}_{-i}^{(k)}$ 聚合了节点 i 的邻居节点 $\mathcal{N}(i)$ 的属性表示，但是不包括节点 i 自身的节点属性，k 表示第 k 次迭代计算。

聚合函数 Aggregate 可以有多种形式，最常见的聚合函数是求和函数（SUM）或者均值函数（MEAN）、最大值函数（MAX）等，也可以是深度学习模型 DNN、RNN 或 LSTM 等。同样，特征转换函数 $f^{(k)}$ 也可以嵌套一个深度神经网络 DNN、RNN 或 LSTM，因此，图神经网络模型也称作深度图神经网络模型，将深度神经网络模型作为子模块或计算模块处理图信息，即 $f^{(k)} = f_{\text{DNN}}^{(k)}$、$f^{(k)} = f_{\text{RNN}}^{(k)}$ 等。

聚合函数 Aggregate 中需要特别注意的是公式变量上标 (k)，我们可以把上标 (k) 理解成深度图神经网络模型中聚合邻居节点的网络层数。$k = 1$ 表示聚合了一阶邻居节点信息；$k = 2$ 表示聚合了二阶邻居节点信息，即包含了与节点 i 距离为 2 的所有节点信息。

在实际应用中，图神经网络模型一般选择 $k = 2$ 或者 $k = 3$ 就基本足够，k 太大容易出现过平滑等问题。很多复杂网络结构具有小世界性质，当网络节点邻居层数太大时，所有节点的邻居都一样，即为复杂网络中的所有节点。假设图神经网络模型的输入网络直径为 5，那么，当 $k = 6$ 时，任何一个节点的六阶邻居都是网络中的所有节点，进行网络节点特征更新时聚合节点的邻居信息具有同质性，会出现图神经网络模型的过平滑问题。

3.5.3 图神经网络更新函数

图神经网络模型聚合了网络节点的邻居信息后，网络节点 i 可以更新节点特征表示：

$$\boldsymbol{x}_i^{(k)} = \text{Update}\left(\boldsymbol{x}_i^{(k-1)}, \boldsymbol{x}_{-i}^{(k)}\right) \tag{3.16}$$

其中，$\boldsymbol{x}_i^{(k-1)}$ 表示第 $k-1$ 次迭代计算中节点 i 的特征表示。更新函数 Update 的输入变量为节点 i 的特征表示 $\boldsymbol{x}_i^{(k-1)}$ 和节点 i 的邻居聚合信息 $\boldsymbol{x}_{-i}^{(k)}$。更新函数 Update 可以有多种形式，最常见的更新函数为深度神经网络模型，也可以是简单的求和函数或者平均值函数等。通过聚合函数 Aggregate 和更新函数 Update，图神经网络模型可以得到迭代 k 步后得到网络节点 i 的特征表示 $\mathbf{x}_i^{(k)}$。

3.5.4　图神经网络池化函数

如果我们面对整体网络层面的任务和问题，就需要对整个网络进行表征，如对网络分类、判断分子网络特性等，此时可对网络节点属性进行池化（Pool）操作：

$$\boldsymbol{x}^{(k)} = \text{Pool}_{\forall i}(\boldsymbol{x}_i^{(k)}) \tag{3.17}$$

图神经网络中最简单的池化操作就是将所有节点属性求和：

$$\boldsymbol{x}^{(k)} = \text{SUM}_{\forall i}(\boldsymbol{x}_i^{(k)}) \tag{3.18}$$

$\boldsymbol{x}^{(k)}$ 作为整个网络的特征表示向量，图神经网络在 $\boldsymbol{x}^{(k)}$ 的基础上进行智能决策，如分类预测和回归预测等。

3.6　深度神经网络训练

深度学习模型在自然语言处理、计算机视觉等领域取得了非凡成就，得益于深度神经网络的深度（层数）和广度（神经元数量），使得深度神经网络模型具有强大的表示学习能力。但是神经网络模型的深度和广度规模增加了优化模型参数的难度，使得模型训练异常困难。

3.6.1　模型训练挑战

神经网络模型已经发展了几十年，一直以来模型训练过程中的梯度消失和梯度爆炸等问题都困扰着研究人员，也限制了深度学习模型的发展和应用。近年来，随着反向传播算法（BP）、大数据和计算能力的发展和提高，并融合诸多精细的设计和巧妙的算法实现[147]，深度神经网络模型的训练变得相对容易。一般而言，深度神经网络模型的参数优化问题是一个超高维、非线性、非凸优化问题。

深度学习模型千变万化，如深度神经网络、深度卷积神经网络、深度循环神经网络、深度图神经网络、注意力神经网络、残差神经网络等。这些模型结构各异，参数复杂，在深度学习模型参数优化过程中，我们需要针对不同的模型使用不同的优化算法和技巧，训练深度学习模型具有很大挑战。图3.13给出了在二维空间中寻找最小值的优化问题示例，例子中标注了两个极小值点，图中也存在一些鞍点。可以看到，极小值点 A 大于极小值点 B，因此极值点 B 为全局最优点。一般的优化算法容易过早陷入局部最优点 A，而错过了全局最优解 B。关于超高维、非线性、非凸函数优化问题，我们将简单介绍一些常用的算法和技巧，包括数据预处理、参数初始化、学习率调整、超参数优化、神经网络正则化和优化算法等。

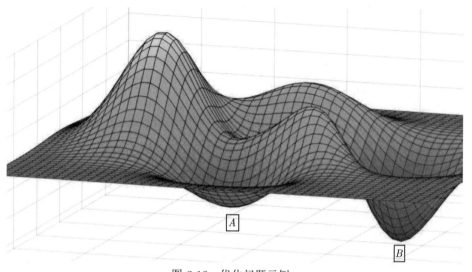

图 3.13　优化问题示例

3.6.2　数据预处理

复杂系统环境中的状态变量类型多样，尺度各异。深度学习模型优化算法基于输入数据进行参数更新，输入变量的预处理直接决定了模型性能。深度学习模型虽然无须人工完成特征工程，但也并非对原始数据不做任何处理就直接输入深度学习模型之中，适当地融入人类先验知识能够提升模型性能。

一般而言，深度学习模型具有尺度不变性，即在数据预处理过程中对所有变量进行缩放和部分变量缩放不会影响模型性能，但会在一定程度上影响模型训练效率。在实际模型的优化和训练过程中，适当的数据预处理能够加速模型收敛和性能提升。初学者入门深度学习存在一个误区，认为深度学习模型为端到端学习模型，只需要准备输入数据和标签数据，剩下的交给深度神经网络模型和优化算法进行参数拟合。其实并非如此，深度学习模型建模和训练过程中有效的、细致的数据预处理和先验知识的融合，能够提高模型训练的稳定性和收敛速度。我们将介绍几种简单的数据预处理方法。

1. 最小值最大值归一化

深度学习模型处理的数据多源、高维、异构，输入变量可能不在一个尺度上。在数据预处理过程中，我们通过最小值最大值归一化（Min-Max Normalization），将不同变量都缩放到 0 到 1 之间或者 −1 到 1 之间，以减少变量间的尺度差异，具体计算如下：

$$\hat{x}_i = \frac{x_i - x_{\min}}{x_{\max} - x_{\min}} \tag{3.19}$$

其中，$x_{\min}$ 和 $x_{\max}$ 分别表示数据的最小值和最大值。数据进行最小值最大值归一化时，我们需要分析数据分布情况，如果数据中存在远大于平均值的离群点，$x_{\max}$ 数值较大，那么在大部分情况下分母将远远大于分子，使得大部分数据将变换到 0 附近，不利于模型的特征提取和表示学习。

2. 标准化

数据标准化（Normalization）是普遍使用的数据预处理方式，先计算数据均值：

$$\mu = \frac{1}{N}\sum_{i=1}^{N} x_i \tag{3.20}$$

以及标准差：

$$\sigma^2 = \frac{1}{N-1}\sum_{i=1}^{N}(x_i - \mu)^2 \tag{3.21}$$

则数据标准化计算公式为

$$\hat{x}_i = \frac{x_i - \mu}{\sigma} \tag{3.22}$$

当数据满足正态分布时，进行标准化后，将会有约 99% 的数据在 −3 到 3 之间。

3. 白化

白噪声是不同频率都有相同功率的随机信号。"白噪声"名字来源于白光，白光包含了光谱中所有的颜色。白噪声信号的平均值为 0，且各个分量之间互不相关。数据零均值化操作简单，只需要减去均值：

$$\hat{x}_i = x_i - \frac{1}{N}\sum_{i=1}^{N} x_i \tag{3.23}$$

在数据零均值化后，进行数据白化（Whitening）实现各个分量互不相关，数据白化转换有多种选择，如 Cholesky 白化（Cholesky 分解）和 PCA 白化（PCA 分解），其中，PCA 白化比较常见。主成分分析得到的成分之间具有独立性，满足各分量之间互不相关的特性。

3.6.3　参数初始化

深度学习模型的训练过程是一个参数更新、参数优化的过程。深度学习模型初始化参数不同，可能得到不同的最优解，而且大部分是局部最优解。一些局部最优解对应的损失函数值可能比较接近，但对应模型的泛化能力可能存在较大差异。合理的初始化参数能够提高模型训练效率，也能够获得泛化能力较好的模型。

1. 预训练初始化

预训练初始化是指模型参数已经在大规模数据集上进行了训练，将训练好的模型参数作为初始化参数。图像识别领域有很多经典的深度卷积神经网络模型，已经在大型图片数据集 ImageNet 上进行了大规模训练，已保存的模型参数也已共享在开放平台。研究人员在处理图像识别任务时，可以下载已经预训练好的模型，结合实际任务进行训练，一般能够获得较好的模型性能，同时也能节省大量的计算资源和时间资源。

预训练模型在目标任务数据上的学习过程也叫作精调（Fine-Tuning）。以图像识别为例，TensorFlow 中包含了大量的预训练模型，如 Inception V1、Inception V2、Inception-ResNet-v2、ResNet、VGG16 和 VGG19 等。预训练模型已经能够对图片进行非常有效的表示学习，能高效地提取图片的底层特征、中层特征和高层特征，新任务在这些特征的基础上再进行学习和优化，往往能事半功倍。由于新任务的特殊性，模型参数在新数据上需要进行适当的修改和调整。采用了预训练初始化的模型，可以在少量训练数据集上通过精调达到较好的训练效果。

2. 随机初始化

深度学习模型训练中广泛采用随机初始化参数，重复多次随机初始化参数并训练模型参数，验证模型的鲁棒性，获得更有效的深度学习模型。随机初始化参数也有很多种类型，比如可以从不同的概率分布中进行随机抽样，并赋值模型参数。

在深度学习模型训练中，采用高斯分布或均匀初始化模型参数比较常用，我们可从高斯分布 $\mathcal{N}(0, \sigma)$ 中随机抽样，对每一个参数进行初始化，或者从均匀分布中随机抽样进行初始化，均匀分布的区间 $[-r, r]$ 可以自行设定。TensorFlow 和 PyTorch 深度学习平台已经集成了大量参数初始化函数。

3. 固定值初始化

对于深度学习模型中的一些特殊参数，我们可以基于经验知识选定固定的数值进行初始化，如深度神经网络中的偏置项（Bias），一般可初始化为 0。

模型参数初始化方法可以根据参数类型和模型结构进行选择。预训练模型虽然能够加快收敛速度和节省训练资源，但是灵活性不够，模型的参数必须与预训练模型一致，才能进行参数同步。因此，随机初始化是深度学习模型中经常使用的模型参数初始化方法。

3.6.4 学习率调整

参数初始化后，优化算法对参数进行更新，其中，学习率是决定参数更新步长的关键超参数。一般而言，更新步长在开始阶段可以尽量大一些，加大对参数空间的探索，使得模型能够尽可能地收敛到全局最优解。在参数更新的后期阶段，参数更新步长应小一些，使参数更好地收敛到局部最优值。

我们设定初始的学习率为 α_0，第 t 步更新时学习率为 α_t。在深度学习中，最简单的学习率调整策略是，随着更新时间逐步衰减学习率，在实际应用中常见的学习率衰减策略有多种选择，比如，学习率 α_t 随着时间衰减可以表示为

$$\alpha_t = \alpha_0 \frac{1}{1 + \beta \times t} \tag{3.24}$$

其中，β 为衰减率。学习率 α_t 随着时间呈指数衰减，可以表示为

$$\alpha_t = \alpha_0 \mathrm{e}^{-\beta \times t} \tag{3.25}$$

其中，β 为衰减率。学习率 α_t 随着时间余弦衰减，可以表示为

$$\alpha_t = \frac{1}{2}\alpha_0 \left(1 + \cos\left(\frac{t\pi}{T}\right)\right) \tag{3.26}$$

其中，T 为迭代总次数。

在学习率衰减函数中，当迭代步数特别大时，学习率会非常之小，因此后期参数更新速度会很慢，策略和损失函数更新的效果微乎其微，也就没有继续迭代的必要了。因此，我们可以设定初始学习率 α_0 和最小的学习率 $\alpha_{\min}$，同时设定学习率在初始的 T_0 步以内并不进行衰减。具体公式如下：

$$\alpha_t = \begin{cases} \alpha_0, & t \leqslant T_0 \\ \alpha_0 \dfrac{1}{1 + \beta \times t}, & t > T_0 \quad \text{and} \quad \alpha_0 \dfrac{1}{1 + \beta \times \mathrm{t}} > \alpha_{\min} \\ \alpha_{\min}, & \alpha_0 \dfrac{1}{1 + \beta \times t} < \alpha_{\min} \end{cases} \tag{3.27}$$

或者，在迭代总次数的后 10% 的迭代中采用最小学习率 $\alpha_{\min}$：

$$\alpha_t = \begin{cases} \alpha_0, & t \leqslant T_0 \\ \alpha_0 \dfrac{1}{1 + \beta \times t}, & T_0 < t \leqslant 0.9T \\ \alpha_{\min}, & t > 0.9T \end{cases} \tag{3.28}$$

确定初始学习率 α_0 后，一些梯度优化算法也可以结合梯度信息自适应地调整学习率。

3.6.5　梯度优化算法

在机器学习基础中，我们已经介绍了随机梯度下降算法、动量随机梯度下降算法、Nestrov 动量随机梯度下降算法、自适应梯度下降算法、RMSprop 梯度下降算法、Adadelta 梯度下降算法和 Adam 梯度下降算法。表3.1给出了部分梯度优化算法的汇总情况。

在实际应用中，优化算法可作为超参数进行调优，我们可以在模型训练过程中尝试不同的优化算法，选择效果最好的优化算法进行模型训练。超参数调优是模型训练和模型选择过程中非常重要的环节。

表 3.1　常用梯度优化算法汇总

伪代码编号	算法名称	核心公式
1	随机梯度下降算法	$\boldsymbol{\theta}_k = \boldsymbol{\theta}_{k-1} - \alpha \nabla_{\boldsymbol{\theta}}\mathcal{L}$
2	动量随机梯度下降算法	$g_k = \beta g_{k-1} - \alpha \nabla_{\boldsymbol{\theta}}\mathcal{L}$ $\boldsymbol{\theta}_k = \boldsymbol{\theta}_{k-1} + g_k$
3	Nestrov 动量随机梯度下降算法	$\nabla_{\boldsymbol{\theta}}\mathcal{L}(\boldsymbol{\theta}_{k-1} + \beta g_{k-1})$ $g_k = \beta g_{k-1} - \alpha \nabla_{\boldsymbol{\theta}}\mathcal{L}(\boldsymbol{\theta}_{k-1} + \beta g_{k-1})$ $\boldsymbol{\theta}_k = \boldsymbol{\theta}_{k-1} + g_k$
4	自适应梯度下降算法	$t_k = t_{k-1} + (\nabla_{\boldsymbol{\theta}}\mathcal{L}(\boldsymbol{\theta}_{k-1}))^2$ $\boldsymbol{\theta}_k = \boldsymbol{\theta}_{k-1} - \dfrac{\alpha}{\sqrt{t_k + \epsilon}} \nabla_{\boldsymbol{\theta}}\mathcal{L}(\boldsymbol{\theta}_{k-1})$
5	RMSprop 梯度下降算法	$t_k = \gamma t_{k-1} + (1-\gamma)(\nabla_{\boldsymbol{\theta}}\mathcal{L}(\boldsymbol{\theta}_{k-1}))^2$ $\boldsymbol{\theta}_k = \boldsymbol{\theta}_{k-1} - \dfrac{\alpha}{\sqrt{t_k + \epsilon}} \nabla_{\boldsymbol{\theta}}\mathcal{L}(\boldsymbol{\theta}_{k-1})$
6	Adadelta 梯度下降算法	$t_k = \gamma t_{k-1} + (1-\gamma)(\nabla_{\boldsymbol{\theta}}\mathcal{L}(\boldsymbol{\theta}_{k-1}))^2$ $g_k = -\dfrac{\sqrt{\Delta_{k-1} + \epsilon}}{\sqrt{t_k + \epsilon}} \nabla_{\boldsymbol{\theta}}\mathcal{L}(\boldsymbol{\theta}_{k-1})$ $\boldsymbol{\theta}_k = \boldsymbol{\theta}_{k-1} + g_k$ $\Delta_k = \gamma \Delta_{k-1} + (1-\gamma)g_k^2$
7	Adam 梯度下降算法	$g_k = \nabla_{\boldsymbol{\theta}}\mathcal{L}(\boldsymbol{\theta}_{k-1})$ $m_k = \beta_1 m_{k-1} + (1-\beta_1)g_k$ $v_k = \beta_2 v_{k-1} + (1-\beta_2)g_k^2$ $\hat{m}_k = \dfrac{m_k}{1-\beta_1^t}$ $\hat{v}_k = \dfrac{v_k}{1-\beta_2^t}$ $\boldsymbol{\theta}_k = \boldsymbol{\theta}_{k-1} - \dfrac{\alpha}{\sqrt{\hat{v}_k + \epsilon}}\hat{m}_k$

3.6.6　超参数优化

深度学习模型的参数可以分成两类：可学习参数和超参数（Hyperparameter）。可学习参数是指通过优化算法更新和优化的参数，如神经网络权重参数等；超参数是指人工设定的模型参数，如学习率等。深度学习优化算法通过梯度优化算法更新模型海量参数，绝大部分优化算法的参数更新是设定好模型超参数后才进行参数估计和更新，如超参数学习率。

深度学习模型的超参数有很多种，包括网络层数、神经元数量、激活函数类型、优化算法类型、小批量样本数量、正则化系数等。超参数优化（Hyperparameter Optimization）直接影响了优化算法找到的可学习参数的质量。超参数优化可以使用网格搜索、随机搜索和神经网络架构搜索等方法。

1. 网格搜索

网格搜索是最容易实现的超参数优化方法。深度学习模型中往往含有不止一个超参数，超参数组合能得到不同性能的最优化参数模型。一般而言，超参数空间中不同超参数组合与模型最终损失函数值具有非线性关系，而网格搜索就是一种直接遍历超参数空间的方法（穷举法）。我们通过穷举超参数空间中所有超参数的组合情况并训练模型，选择最优的超参数组合。

在学习率衰减的情况下，在模型训练前，超参数学习率 α 和衰减率 β 需要提前设定。如果初始化学习率 α 有 10 种候选值，分别为 0.1、0.01、0.001、$\cdots$、10^{-10}，衰减率 β 也有 10 种候选值，分别为 1、2、3、$\cdots$、10，那么学习率 α 和衰减率 β 存在 100 种组合，如下所示：

$$
\begin{array}{c}
\\
\beta_1 \\
\beta_2 \\
\beta_3 \\
\beta_4 \\
\vdots \\
\beta_9 \\
\beta_{10}
\end{array}
\begin{array}{c}
\alpha_1 \quad\quad \alpha_2 \quad\quad \alpha_3 \quad\quad \cdots \quad\quad \alpha_9 \quad\quad \alpha_{10} \\
\left(
\begin{array}{cccccc}
(1,10^{-1}) & (1,10^{-2}) & (1,10^{-3}) & \cdots & (1,10^{-9}) & (1,10^{-10}) \\
(2,10^{-1}) & (2,10^{-2}) & (2,10^{-3}) & \cdots & (2,10^{-9}) & (2,10^{-10}) \\
(3,10^{-1}) & (3,10^{-2}) & (3,10^{-3}) & \cdots & (3,10^{-9}) & (3,10^{-10}) \\
(4,10^{-1}) & (4,10^{-2}) & (4,10^{-3}) & \cdots & (4,10^{-9}) & (4,10^{-10}) \\
\vdots & \vdots & \vdots & \ddots & \vdots & \vdots \\
(9,10^{-1}) & (9,10^{-2}) & (9,10^{-3}) & \cdots & (9,10^{-9}) & (9,10^{-10}) \\
(10,10^{-1}) & (10,10^{-2}) & (10,10^{-3}) & \cdots & (10,10^{-9}) & (10,10^{-10})
\end{array}
\right)
\end{array}
$$

其中，每个网格元素对应一组超参数组合，因此称之为网格搜索。

如果深度学习模型中存在 5 个超参数，每个超参数有 10 个候选值，那么一共存在 10^5 种超参数组合情况，因此我们运用网格搜索方法最优化超参数过程中，模型需要重复训练 10^5 次。对于绝大多数深度学习模型而言，10^5 次重复训练是无法承受的计算量，不具有可行性。

如果深度学习模型完成一次训练需要 1 个小时，那么完成此次网格搜索，需要 10^5 次模型训练，共计 10^5 小时，即超过 11 年的时间才能完成超参数优化。11 年的训练时间对于任何一个项目而言是不可接受的。时间复杂度和计算复杂度高是网格搜索方法的最大局限性。

2. 随机搜索

在深度学习模型训练过程中，对于超参数空间维度过大、超参数组合过多的情况，网格搜索表现出非常差的效率，此时可以采用随机搜索。随机搜索不需要按照网络搜索进行穷举，而是设定迭代总次数，从超参数空间中随机抽样超参数组合，进行深度学习模型的训练。随机搜索模型训练总次数可控，对于一般深度学习模型训练效果也较好，效率较高。

3. 神经架构搜索

超参数调优也是一个优化问题，同样可用优化算法求解超参数组合。超参数空间可以看作深度学习模型优化的更高层次的解空间。给定超参数 $\boldsymbol{\theta}_{\text{Hyper}}$，深度学习模型的损失函

数的最优值可以表示为

$$\min_{\boldsymbol{\theta}} \mathcal{L}(\boldsymbol{\theta}_{\text{Hyper}}, \boldsymbol{\theta}) \tag{3.29}$$

因此，最优超参数同样也可以表示成最小化损失函数 $\mathcal{L}(\boldsymbol{\theta}_{\text{Hyper}})$ 的最优解：

$$\boldsymbol{\theta}_{\text{Hyper}}^{*} = \arg \min_{\boldsymbol{\theta}_{\text{Hyper}}} \left(\min_{\boldsymbol{\theta}} \mathcal{L}(\boldsymbol{\theta}_{\text{Hyper}}, \boldsymbol{\theta}) \right) \tag{3.30}$$

网格搜索和随机搜索都没有考虑不同超参数组合与损失函数值 $\mathcal{L}(\boldsymbol{\theta}_{\text{Hyper}})$ 之间的关联关系，都是独立地随机抽样或穷举超参数组合。为了提高最优超参数搜索的效率，我们可以采用贝叶斯优化和动态资源分配等方法进行超参数调优，如神经架构搜索（Neural Architecture Search，NAS）。

深度神经网络结构的超参数非常之多，如网络层数、每层神经元数量、激活函数类型等，超参数组合数量大。绝大部分深度学习模型都很难穷尽所有的超参数组合。神经架构搜索方法通过大量计算进行网络结构超参数搜索，确定最优网络结构。神经架构搜索方法有很多，如基于强化学习方法、基于进化算法等。神经架构搜索是一个非常有前景的方向，但计算复杂度高，对硬件条件要求也较高。

3.6.7　正则化技术

在深度学习模型的优化过程中，巨量参数的估计问题容易造成过拟合。因此，我们需要很多网络正则化技术来训练深度神经网络模型参数，如 L1 正则、L2 正则、权重衰减、提前停止、数据增强等。更多的技术细节可以参考专业的书籍和共享资源[147]。

深度学习快速发展，相关理论和技术都取得了丰富的研究成果，相关资料浩如烟海、不胜枚举。在深度学习经典学习资料中，伊恩·古德费洛（Ian Goodfellow）和约书亚·本吉奥（Yoshua Bengio）等人的书籍《深度学习（Deep Learning）》具有重要的参考价值，对深度学习相关概念和技术有深入的介绍和讲解[157]；国内邱锡鹏教授的著作《神经网络和深度学习》对深入学习深度学习技术也具有重要参考价值[147]。

深度学习是一门综合性技术，来自不同领域的专家学者共同构建了一个庞大的学习算法平台，提供了大量高效的学习算法。TensorFlow 和 PyTorch 类型的计算平台是入门深度学习模型实现的较优选择。深度学习技术使用者可以更多地关注如何应用和实现深度学习技术，PyTorch、TensorFlow 和 Keras 都提供了大量设计和实现深度神经网络、卷积神经网络、循环神经网络、图神经网络等的程序包。

3.7　应用实践

深度学习开源平台和框架众多，我们将采用 TensorFlow 作为深度学习平台。TensorFlow 最初由谷歌机器智能研究组织团队的研究人员和工程师开发，用于机器学习和深度神经网络研究。TensorFlow 系统具有足够的通用性和稳定性，落地工业应用较多，可以应用于非常广泛的领域。

3.7.1　TensorFlow 安装

示例代码选择 Python 作为编程语言。编程实践的第一步是安装好 Python，一般可通过 Anaconda 下载和安装 Python。Anaconda 是一个开源的大数据分析软件，包含了 conda、Python 等 180 多个科学包及其依赖项，深得大量数据挖掘和深度学习技术使用者青睐。安装好 Anaconda 后，我们可以打开命令窗口 Anaconda Powershell Prompt，输入 TensorFlow 安装命令："pip install TensorFlow"，安装 TensorFlow。

3.7.2　TensorFlow 基本框架

TensorFlow 是一个端到端的机器学习开源平台，有全面而灵活的工具、库和社区资源生态系统，提供了稳定的 Python 和 C++ API，推动研究人员研究机器学习的最新技术，让开发人员轻松构建和部署机器学习应用程序。除了 TensorFlow，PyTorch 也是十分流行的开源计算框架。下面的源码为 TensorFlow 的简单示例，输出 "Hello, TensorFlow!"。

```
#导入TensorFlow包
>>>import tensorflow as tf
#调用TensorFlow加法函数
>>> tf.add(1, 2).numpy()
3
#调用TensorFlow函数构建字符串常量
>>>hello = tf.constant('Hello, TensorFlow!')
#输出字符串值
>>>hello.numpy()
'Hello,TensorFlow!'
```

深入理解 TensorFlow 的计算图概念是更好地理解和熟练使用 TensorFlow 的基础。我们在使用 TensorFlow 进行深度学习建模时，构建了一个庞大而复杂的非线性函数，近似输入值到输出值的映射过程，即从输入空间映射到输出空间。一般来说，深度学习模型由于计算复杂性和业务逻辑复杂性，需要进行极其复杂的运算，因此 TensorFlow 用计算图的概念来描述复杂计算过程。TensorFlow 的计算图概念和深度图神经网络中的计算图概念有区别，TensorFlow 的计算图是更高层次的计算流程图，包含了大量的算子、数据流和控制流。

TensorFlow 融合了大量的计算模块，开发者在处理深度学习任务时能够快速搭建自己的模型框架，并整合数据进行模型训练。在深度学习过程中，参数估计过程复杂。深度神经网络、深度卷积神经网络、深度循环神经网络等模型都有着不一样的网络结构和参数，因此基于梯度的参数优化方法中计算深度学习模型参数梯度显得异常复杂。

TensorFlow 提供了通用的梯度计算接口，因此，TensorFlow 集成了深度学习中最困难、最关键的参数梯度计算解决方案和底层实现，使用者只需要关注特定任务的问题抽象、问题建模和网络模型框架设计，而模型参数优化、梯度计算和资源调配都由深度学习平台完成。

3.7.3　TensorBoard

TensorBoard 是 TensorFlow 团队官方推出的机器学习模型学习和训练过程可视化工具，可以实现包括计算图、张量、控制流和数据流的可视化。TensorBoard 可以将模型训练过程中的各种数据汇总起来，然后保存在自定义的日志文件之中，在指定的 Web 端动态地可视化模型信息。

TensorBoard 的可视化功能非常出色，深度学习模型框架 PyTorch 也提供了开源代码库支持 TensorBoard 可视化操作。TensorBoard 将可视化对象分成了几类，包括标量、图片、视频、变量分布等。

TensorBoard 的 GRAPHS 栏目展示了整个深度学习模型计算图结构。TensorBoard 中的模型框架图（计算图）用网络的形式重现了代码所构建的模型计算细节。计算图的连边表示计算节点之间的关系，包括了数据流关系和控制流关系，计算图的节点包含了变量、操作等。TensorBoard 的模型框架图还可以显示计算图的结构以及计算图中节点计算所用的内存。深入分析和理解深度学习模型的结构和计算流程具有非常重要的价值，也为深度学习模型提供了直观的计算画面。

TensorBoard 的 Scalars 栏目对程序代码中的标量进行了实时动态可视化，能够观察标量在不同训练步数时的变化情况，经常可视化的标量是深度学习模型的性能指标，如深度学习模型的预测准确度 Accuracy、损失函数值 MSE、交叉熵 Cross Entropy、学习率 α 等标量。

TensorBoard 的 IMAGES 栏目和 AUDIO 栏目可以查看深度学习模型中出现的图片和视频格式的输入数据。直观的数据展示能够启发研究思路，同时增强对数据的感知和对问题的理解，更好地改进模型以及解释深度学习模型的结果。

TensorBoard 的 DISTRIBUTIONS 和 HISTOGRAM 栏目可以观察各变量的数值分布随着训练步数的变化情况。

TensorBoard 的 PROJECTOR 栏目默认使用 PCA 方法，将高维数据投影到 3D 空间。在处理分类任务时，我们能够直观地理解模型的分类结果和数据本身的关系结构，如变量间的关联关系。

3.7.4　scikit-learn

软件包 scikit-learn作为机器学习研究领域最为流行的开源软件，受到了大量的研究人员和行业人员的关注。软件包 scikit-learn 是一个基于 Python 的强大的机器学习库，从数据预处理、模型训练、模型校验、模型部署等各个方面进行了函数封装和功能集成。机器学习领域和各行各业的从业者能够方便而高效地调用 scikit-learn 函数库，因此使用者可以更多地关注数据的收集和整理，调整模型结构和优化超参数，快速地进行机器学习模型的研究、开发和部署。

机器学习包含了监督学习、无监督学习和强化学习。scikit-learn 主要包含监督学习和无监督学习的方法，也存在其他大量专注于强化学习的软件包。scikit-learn 中的大部分函数可以归为估计器（Estimator）和转化器（Transformer）两类：估计器主要用于数据的预测或回归，相关算法属于监督学习的范畴；转化器用于数据标准化、降维以及特征提取等，相关算法属于无监督学习的范畴。

3.7.5　Keras

Keras 是一个用 Python 编写的高级神经网络 API，包含大量深度神经网络构建模块，能够以 TensorFlow、CNTK 或者 Theano 作为后端运行。Keras 的设计初衷是为了降低深度学习门槛，并快速地构建深度学习模型，在数据处理、模型构建、模型训练、模型校验等方面都做到简单、高效且功能强大，也为很多流行的深度学习框架提供了范例。

作为深度学习入门级框架，Keras 能够简单而快速地设计模型，且代码可读性强，模块化程度高，可扩展性强，同时支持大量主流的卷积神经网络和循环神经网络等子模块。在模型训练过程中，开发者无须知道并行计算、多线程等概念，模型也能够在 CPU 和 GPU 上无缝运行。下面代码给出了基于 Keras 的深度学习模型构建过程的简单示例：

```
#导入序列模型
from keras.models import Sequential
#导入全连接网络模型
from keras.layers import Dense
#导入激活函数模型
from keras.layers import Activation
#构建包含两个全连接层和两个激活函数的神经网络模型
model = Sequential([
    Dense(32, input_shape=(784,)),
    Activation('relu'),
    Dense(10),
    Activation('softmax'),
])
```

⤜⤜ 第 3 章习题 ⤜⤜

1. 简要阐述深度学习、机器学习、人工智能三者的关系。
2. 深度学习与经典机器学习的主要差别是什么？
3. 构建一个深度前馈神经网络，并在 MNIST 数据集上测试模型性能。
4. 构建一个深度卷积神经网络，并在 MNIST 数据集上测试模型性能。
5. 构建一个深度循环神经网络，并在 MNIST 数据集上测试模型性能。
6. 熟悉 TensorFlow 参数初始化函数应用。
7. 熟悉 TensorFlow 梯度优化算法应用。
8. 熟悉 TensorFlow 正则化技术应用。

第 4 章

强化学习入门

4.1 强化学习简介

强化学习问题，是智能体学习问题，也是控制问题，更是优化问题。随机优化源于各种各样的实际问题，如博弈游戏、供应链优化等，随机优化思想在各个领域中得到快速发展。在金融市场中，为了进行复杂交易研究，可以选择强化学习作为技术支撑。金融资产或者证券的交易过程是一个典型的序贯决策过程，而强化学习算法擅长解决序贯决策问题，如智能交易机器人最大化股票买卖交易的收益是一个典型的最优化问题。金融数学中有一类非常特殊的随机优化问题：最佳止损问题，其中止损行为可能是出售金融资产或行使期权。

深度强化学习是一个典型的跨学科研究领域。近年来，在鼓励跨学科和交叉学科的趋势下，我们发现很多问题在不同的领域都存在大量的研究成果。不同领域的专家学者研究相同问题的角度和思路不一样，甚至只是专业术语不一样，但有着共同的问题背景或者数理基础问题。一些研究领域所研究的问题有类似之处，或者就是同一个数学问题，只是使用不同的表示方法或者不同领域背景下有不一样的表现形式。如同刻有古埃及国王托勒密五世登基诏书的罗塞塔石碑（Rosetta Stone），用希腊文字、古埃及文字和当时通俗体文字镌刻了同样的内容，而成为今日研究古埃及历史的重要参考资料。不同领域的专家学者有时用着不同的语言描述同一个问题，进行各自的探索，他们完全可以相互借鉴，相互学习，共同发展。

强化学习理论的学习难度一部分来自于其深厚的数理基础和理论模型，但也决定了强化学习通往强人工智能的巨大潜力。要在复杂多变的复杂金融市场中构建复杂交易模型，需要对严格的数理基础知识进行深入学习。基础的随机过程、随机收益过程、马尔可夫决策过程等都是构建强化学习模型的基础。在统一的框架下，我们不断地优化模型结构和模型细节，也可以了解强化学习发展历程，领悟算法演变规律，为改进算法和升级模型框架提供非常可靠的理论基础。

加拿大阿尔伯塔大学的 Richard S. Sutton 教授和 Andrew G. Barto 教授是著名强化学习大师，他们的经典教材《强化学习导论》（Reinforcement Learning: An Introduction）[158] 是入门深度强化学习的推荐书籍。2018 年的第二版引入了很多新颖的应用案例分析，AlphaGo 主要设计者 David Silver 也对此做出了重要贡献。

在强化学习进阶之路上，除了要关注和学习重要的文献综述和会议论文，还要重点关注几位领军人物的研究工作，我们将简单介绍强化学习研究领域中三位重要人物。

David Silver 是 Google 子公司 DeepMind 强化学习研究小组的负责人。DeepMind 寻求结合机器学习和系统神经科学方面的技术，构建了功能强大的通用学习算法，已在围棋、视频游戏、蛋白质结构、医疗等领域取得了举世瞩目的成就。David Silver 是深度强化学习发展历程中影响深远的核心人物，分别于 1997 年和 2000 年在剑桥大学获得学士和硕士学位，1998 年与人共同创立了视频游戏公司，并担任首席技术官兼首席程序员。2009 年，David Silver 重返学术界，并获得了阿尔伯塔大学计算机科学博士学位，师从强化学习之父 Richard S. Sutton 教授。2020 年 4 月 1 日，美国计算机协会（ACM）宣布，David Silver 荣获 2019 年 ACM 计算奖，以表彰其对计算机游戏的突破性研究成果。

Richard S. Sutton 教授被认为是现代强化学习的创立者之一，在强化学习领域做出了许多重大贡献，包括时间差分学习、策略梯度方法、Dyna 架构等。Sutton 博士研究的第一个领域甚至与计算机科学无关，在获得了心理学学士学位后转向计算机科学，师从 Andrew G. Barto 教授。

Andrew G. Barto 教授的研究方向是机器和动物的学习。Andrew G. Barto 教授致力于开发对工程应用有用的学习算法，同时也与心理学家和神经科学家研究的学习联系起来。Andrew G. Barto 教授认为，应在尽可能多的相关领域将最新技术紧密结合，了解领域的最新进展与其他领域过去所做事情之间的关系，实现不同学科之间的交叉融通，以各取所长、共同进步。

2019 年秋，七位学者组织了西蒙斯强化学习理论大会，与 1956 年的达特茅斯会议相似，大会召集了来自世界各地的学者，有应用数学家、统计学家、理论计算机学家、通信学家、密码学家、神经学家等，他们都对强化学习都有着浓厚的兴趣。西蒙斯强化学习理论大会梳理了强化学习领域的研究问题，确立了强化学习领域的四大研究方向：在线强化学习、离线与基于模拟器的强化学习、深度强化学习与应用强化学习。深度强化学习与应用强化学习是我们关注的重点内容，我们将介绍相关基础理论和入门实践方法，为开启深度强化学习之旅做好准备 [159-161]。在强化学习相关理论学习过程中，人类自然语言、程序伪代码、Python 程序语言、数学公式等都将从不同层面和不同角度描述和解释强化学习的相关理论和方法。数学语言是最为简洁的语言，数学公式是深刻理解强化学习和深度强化学习的有效表示形式。

4.2 马尔可夫决策过程

马尔可夫决策过程是强化学习模型的理论框架。在理解马尔可夫决策过程之前，我们需要了解什么是马尔可夫过程（Markov Process，MP），掌握马尔可夫过程的性质。在随机过程中，如果未来状态只与当前状态有关，而不受历史状态影响，则说明随机过程满足马尔可夫性，即为马尔可夫过程，数学语言描述如下：

> **定义 4.1 马尔可夫过程**
>
> 如果离散随机过程满足：
> - $P(s_{t+1}|s_t) = P(s_{t+1}|s_t, \cdots, s_0)$
>
> 则该离散随机过程为马尔可夫过程。

在马尔可夫过程中，s_t 表示 t 时刻随机过程的状态，$P(s_{t+1}|s_t)$ 表示 t 时刻的状态 s_t 转移到 $t+1$ 时刻的状态 s_{t+1} 的条件概率，$P(s_{t+1}|s_t, \cdots, s_0)$ 表示在历史状态 $s_t, \cdots, s_0$ 条件下转移到 $t+1$ 时刻状态 s_{t+1} 的条件概率。两者相等说明转移概率不受历史状态信息影响，即与历史状态 $s_{t-1}, \cdots, s_0$ 无关，只与当前状态 s_t 有关。

随机过程满足马尔可夫性，能够得到离散状态之间的转移概率矩阵 $\boldsymbol{P}$，具体内容如下：

$$
\begin{array}{cccccc}
& s_1 & s_2 & s_3 & \cdots & s_{n-1} & s_n \\
\begin{matrix} s_1 \\ s_2 \\ s_3 \\ \vdots \\ s_{n-1} \\ s_n \end{matrix} &
\left(\begin{matrix}
p_{11} & p_{12} & p_{13} & \cdots & p_{1,n-1} & p_{1n} \\
p_{21} & p_{22} & p_{23} & \cdots & p_{2,n-1} & p_{2n} \\
p_{31} & p_{32} & p_{33} & \cdots & p_{3,n-1} & p_{3n} \\
\vdots & \vdots & \vdots & \vdots & \ddots & \vdots & \vdots \\
p_{n-1,1} & p_{n-1,2} & p_{n-1,3} & \cdots & p_{n-1,n-1} & p_{n-1,n} \\
p_{n1} & p_{n2} & p_{n3} & \cdots & p_{n,n-1} & p_{nn}
\end{matrix}\right)
\end{array}
$$

状态转移概率矩阵的元素 p_{ij} 表示从状态 s_i 转移到状态 s_j 的概率。状态转移概率矩阵蕴含了马尔可夫随机过程的主要信息，基于状态转移概率矩阵能够对此随机过程进行研究和分析。状态转移概率矩阵有一些基本性质，如：

$$p_{ij} \geqslant 0 \tag{4.1}$$

$p_{ij} = 0$ 说明从状态 s_i 不能转移到状态 s_j。从复杂网络分析的视角看，马尔可夫过程可以建模成复杂网络模型，每个状态为网络中一个节点，状态之间的转移行为可以建模成节点之间的连边。$p_{ij} = 0$ 说明节点 i 和 j 之间没有连边 $i \rightarrow j$，因此状态转移概率矩阵就是有向加权网络的权重矩阵或邻接矩阵。状态转移概率矩阵的另一重要性质如下：

$$\sum_{j=1}^{n} p_{ij} = 1 \qquad (4.2)$$

状态转移概率矩阵在现实生活中随处可见，如城市之间人口流动概率矩阵等。如果随机过程不满足马尔可夫性质，我们可以构建状态之间的复杂高阶网络模型。

在马尔可夫随机过程中，如果在状态转移时能够获得回报或收益，则此随机过程可以表示为马尔可夫回报过程（Markov Reward Process，MRP），定义如下：

> **定义 4.2　马尔可夫回报过程**
>
> 马尔可夫回报过程可以定义为一个四元组 $(\mathcal{S}, P, R, \gamma)$，其中：
> - $\mathcal{S}$ 表示状态集合。
> - $P : \mathcal{S} \times \mathcal{S} \rightarrow [0,1]$ 表示状态转移函数或状态转移矩阵。
> - $R : \mathcal{S} \times \mathcal{S} \rightarrow \mathcal{R}$ 表示回报函数，$\mathcal{R}$ 为连续区间，$R_{\max} \in \mathbb{R}^{+}$（e.g., $[0, R_{\max}]$）。
> - $\gamma \in [0,1)$ 表示折扣系数。

马尔可夫回报过程在马尔可夫过程的基础上增加了一个回报函数 $R : \mathcal{S} \times \mathcal{S} \rightarrow \mathcal{R}$，表示状态 s_i 转移到状态 s_j 可获得回报或收益 R。同样，在马尔可夫回报过程的基础上加入智能体行为 $\mathcal{A}$，则可建模成离散马尔可夫决策过程（Markov Decision Process，MDP），定义如下：

> **定义 4.3　马尔可夫决策过程**
>
> 马尔可夫决策过程可以表示为一个五元组 $(\mathcal{S}, \mathcal{A}, P, R, \gamma)$，其中：
> - $\mathcal{S}$ 表示状态集合。
> - $\mathcal{A}$ 表示动作集合。
> - $P : \mathcal{S} \times \mathcal{A} \times \mathcal{S} \rightarrow [0,1]$ 是状态转移函数，$P(s_t, a_t, s_{t+1})$ 是状态转移概率。
> - $R : \mathcal{S} \times \mathcal{A} \times \mathcal{S} \rightarrow \mathcal{R}$ 是回报函数，$\mathcal{R}$ 为连续区间，$R(s_t, a_t, s_{t+1}) \in \mathcal{R}$，$R_{\max} \in \mathbb{R}^{+}$（e.g., $[0, R_{\max}]$）。
> - $\gamma \in [0,1)$ 表示折扣系数。

马尔可夫决策过程在马尔可夫回报过程的基础上增加了智能体行为动作。因此，模型状态转移函数增加了动作输入变量，可以表示为 $P : \mathcal{S} \times \mathcal{A} \times \mathcal{S} \rightarrow [0,1]$，状态转移函数受到动作行为影响。回报函数或奖励函数也受到动作影响，新增动作变量为输入变量，可以表示为 $R : \mathcal{S} \times \mathcal{A} \times \mathcal{S} \rightarrow \mathcal{R}$，奖励函数表示在状态 s_i 时选择动作 a_i 转移到状态 s_j 后可获得收益 R。随机过程模型越来越复杂，模型可表示的动力学过程也越来越丰富。随机过程模型无论包含了多么复杂的动力学过程和模型设定，满足马尔可夫性质都是模型求解的关键。

4.3　动态规划方法

动态规划（Dynamic Programming，DP）是求解马尔可夫决策过程的经典方法。在求解马尔可夫决策过程前需要对一些基本的概念进行理解。马尔可夫决策过程五元组 $(\mathcal{S}, \mathcal{A}, P,$

$R, \gamma)$ 中，P 表示状态转移概率。当状态转移概率和动作无关时，从当前 t 时刻状态 s 转移到 $t+1$ 时刻状态 s'，其状态转移概率可以写成

$$P_{ss'} = P(S_{t+1} = s' | S_t = s) \tag{4.3}$$

当状态转移概率与动作有关时，$P_{ss'}^a$ 定义为

$$P_{ss'}^a = P(S_{t+1} = s' | S_t = s, A = a) \tag{4.4}$$

其中，S_t 和 S_{t+1} 表示相邻时间 t 和 $t+1$ 时刻环境状态的随机变量，s 为随机变量 S_t 的取值。$P_{ss'}^a$ 表示当前 t 时刻状态 s 情况下智能体选择动作 a 后（$a \in \mathcal{A}$），下一个时刻 $t+1$ 转移到状态 s' 的概率。

4.3.1 策略函数

强化学习的目标是学习策略 π，策略 π 可以建模成一个函数，将随机过程的状态空间映射到动作空间，表示为 $\pi : \mathcal{S} \to \mathcal{A}$。策略 π 与马尔可夫决策过程中的动作空间直接相关，动作影响状态转移和奖励回报。在复杂环境模型已确定的情况下，智能体的策略输出的动作直接影响奖励回报。

一般来说，复杂环境模型包括状态转移函数和回报函数。在问题求解之前，我们需要知道状态转移函数和回报函数，然后通过算法求解最优策略函数 π。策略函数 π 可分成两种类型，一种是随机性策略，表示为

$$\pi : \mathcal{S} \times \mathcal{A} \to [0, 1] \tag{4.5}$$

随机性策略函数 π 输出状态 s 下选择动作 a 的概率。智能体基于动作概率分布进行随机采样，得到最终动作 a。另一种是确定性策略，表示为

$$\pi : \mathcal{S} \to \mathcal{A} \tag{4.6}$$

确定性策略函数 π 直接输出状态 s 下的动作 a。从另一个角度而言，策略函数 π 也可以分成连续型策略和离散型策略。我们以随机策略函数举例分析，将状态转移函数重写为

$$P_{ss'}^\pi = \sum_{a \in A} \pi(a|s) P_{ss'}^a \tag{4.7}$$

其中，$\pi(a|s)$ 表示状态 s 下执行动作行为 a 的概率。状态 s 下智能体可以采取不同的动作行为 a，随机性策略函数 π 输出不同动作行为的概率 $\pi(a|s)$。我们通过遍历所有动作行为，累积求和所有动作的状态转移概率 $P_{ss'}^a$，最终得到了给定策略函数 π 情况下智能体从当前时刻状态 s 转移到下一个状态 s' 的概率 $P_{ss'}^\pi$。

4.3.2 奖励函数

奖励函数或回报函数 R 决定了智能体在环境状态 s 下执行动作 a 后得到的奖励值 R_s^a，可以表示为

$$R_s^a = \mathrm{E}[R_t | S_t = s, A_t = a] \tag{4.8}$$

我们结合策略函数 π，可以计算智能体在当前时刻状态 s 下选择不同动作后获得的期望奖励回报：

$$R_s^\pi = \sum_{a \in A} \pi(a|s) R_s^a \tag{4.9}$$

4.3.3 累积回报

一般来说，马尔可夫决策过程是一个序贯决策过程。智能体从初始状态开始，执行动作，获得即时奖励回报 R_t，然后跳转到下一个状态，重新执行动作，获得新的即时奖励回报 R_{t+1}，如此循环反复 T 次到达终止状态。智能体的终极目标是获得较高的期望累积奖励回报，而不是只关心某次单独行动的即时奖励回报。因此，智能体从当前时刻状态 s 开始直至终止状态所获得的累积奖励回报可定义为

$$G_t = R_t + \gamma R_{t+1} + \gamma^2 R_{t+2} + \cdots + \gamma^T R_{t+T} = \sum_{k=0}^{T} \gamma^k R_{t+k} \tag{4.10}$$

其中，γ 是折扣系数，且 $\gamma \in [0,1)$。强化学习的折扣系数与金融分析中的折扣因子类似。从概率角度理解，离当前时刻越远的行为所获得的奖励存在更大的不确定性，其对当前行动的累积收益影响的权重应该减小。因为 $\gamma < 1$，G_t 不会出现无穷大。智能体在无限长时间的累积收益情况的具体分析如下：

$$G_t = \sum_{k=0}^{\infty} \gamma^k R_{t+k} < R_{\max} \sum_{k=0}^{\infty} \gamma^k = R_{\max} \frac{1}{1-\gamma} \tag{4.11}$$

其中，$R_{\max}$ 表示最大即时奖励值。

4.3.4 状态值函数

我们在累积回报 G_t 基础上，可以定义状态值函数 $V_\pi(s)$。$V_\pi(s)$ 表示从状态 s 出发，智能体基于当前策略函数 π 获得的期望回报，具体数学表示为

$$V_\pi(s) = \mathrm{E}_\pi[G_t|S_t = s] \tag{4.12}$$

状态值函数 $V_\pi(s)$ 是智能体在状态 s 获得累积回报 G_t 的期望，衡量不同状态 s 的价值，可以引导智能体通过状态转移跳转到高价值状态。

对状态值函数 $V_\pi(s)$ 进行简单推导，可以得到：

$$
\begin{aligned}
V_\pi(s) &= \mathrm{E}_\pi[R_t + \gamma R_{t+1} + \gamma^2 R_{t+2} + \gamma^3 R_{t+3} + \cdots|S_t = s] \\
&= \mathrm{E}_\pi[R_t + \gamma(R_{t+1} + \gamma^1 R_{t+2} + \gamma^2 R_{t+3} + \cdots)|S_t = s] \\
&= \mathrm{E}_\pi[R_t + \gamma G_{t+1}|S_t = s] \\
&= \mathrm{E}_\pi[R_t + \gamma V_\pi(S_{t+1})|S_t = s]
\end{aligned}
\tag{4.13}
$$

上式中，S_{t+1} 为随机变量，G_{t+1} 的期望值用状态值函数 $V_\pi(S_{t+1})$ 替换。

4.3.5　状态-动作值函数

同样地，可以定义状态-动作值函数 $Q_\pi(s,a)$。$Q_\pi(s,a)$ 表示智能体从状态 s 出发，基于当前策略函数 π 执行动作 a 能够获得的期望累积回报，衡量了状态 s 下动作 a 的价值，具体数学表达式为

$$Q_\pi(s,a) = \mathrm{E}_\pi[G_t|S_t=s, A_t=a] \tag{4.14}$$

对状态-动作值函数 $Q_\pi(s,a)$ 进行简单推导，可以得到：

$$
\begin{aligned}
Q_\pi(s) &= \mathrm{E}_\pi[R_t + \gamma R_{t+1} + \gamma^2 R_{t+2} + \gamma^3 R_{t+3} + \cdots|S_t=s, A_t=a] \\
&= \mathrm{E}_\pi[R_t + \gamma(R_{t+1} + \gamma^1 R_{t+2} + \gamma^2 R_{t+3} + \cdots)|S_t=s, A_t=a] \\
&= \mathrm{E}_\pi[R_t + \gamma G_{t+1}|S_t=s, A_t=a] \\
&= \mathrm{E}_\pi[R_t + \gamma Q_\pi(S_{t+1})|S_t=s, A_t=a]
\end{aligned}
\tag{4.15}
$$

上式中，S_{t+1} 为随机变量，G_{t+1} 的期望值用动作-状态值函数 $Q_\pi(S_{t+1})$ 替换。

4.3.6　状态-动作值函数与状态值函数的关系

通过状态值函数和状态-动作值函数的定义，可以发现两者之间具有紧密的联系：

$$V_\pi(s) = \sum_{a \in A} \pi(a|s)Q_\pi(s,a) \tag{4.16}$$

上式说明状态 s 的值函数 $V_\pi(s)$ 是在策略函数 π 下执行动作 a 获得累积收益回报的期望值。$\pi(a|s)$ 表示状态 s 下动作 a 的概率，状态-动作值函数 $Q_\pi(s,a)$ 表示状态 s 下动作 a 的期望累积收益，因此，智能体在状态 s 下遍历所有动作并累积期望收益 $\pi(a|s)Q_\pi(s,a)$，得到了状态 s 的价值 $V_\pi(s)$。

我们也可以将两者之间的紧密联系表示为

$$Q_\pi(s,a) = R_s^a + \gamma \sum_{s' \in S} P_{ss'}^a V_\pi(s') \tag{4.17}$$

式 (4.17) 说明，状态-动作值函数等于动作 a 的即时奖励值加上下一个可能状态 s' 的值函数 $V_\pi(s')$ 的加权和 $\sum_{s' \in S} P_{ss'}^a V_\pi(s')$。由于 $V_\pi(s')$ 是下一个时刻状态值，我们需要乘上折扣因子 γ。

将式 (4.17) 代入式 (4.16)，可以得到状态值函数另外一种更加复杂的表示形式：

$$V_\pi(s) = \sum_{a \in A} \pi(a|s)\left(R_s^a + \gamma \sum_{s' \in S} P_{ss'}^a V_\pi(s')\right) \tag{4.18}$$

上式只包含了状态值函数 V_π，无状态-动作值函数 Q_π，此方程是求解状态值函数 $V_\pi(s)$ 的关键。

类似地，将式 (4.16) 代入式 (4.17)，可以得到状态-动作值函数另外一种更加复杂的表示形式：

$$Q_\pi(s,a) = R_s^a + \gamma \sum_{s' \in S} P_{ss'}^a \left(\sum_{a' \in A} \pi(a'|s') Q_\pi(s',a') \right) \tag{4.19}$$

上式只包含了状态-动作值函数 Q_π，无状态值函数 V_π，此方程是求解动作-状态值函数 $Q_\pi(s,a)$ 的关键。

强化学习的主要任务是学习智能体的策略函数，智能体通过策略函数输出动作获得累积收益，并期望最大化累积收益。在策略函数的更新过程中，我们需要考虑状态-动作值函数 Q_π、状态值函数 V_π、状态转移函数 $P : \mathcal{S} \times \mathcal{A} \times \mathcal{S} \to [0,1]$、回报奖励函数 $R : \mathcal{S} \times \mathcal{A} \times \mathcal{S} \to \mathcal{R}$ 等，因此强化学习中智能体策略函数的优化和更新极具挑战。

强化学习与监督学习、无监督学习类似，也需要训练和优化一个从状态空间到动作空间的映射关系，即策略函数。强化学习智能体的策略函数可以用表格、线性函数、非线性函数、前馈神经网络、卷积神经网络、循环神经网络或图神经网络模型表示。

强化学习与监督学习、无监督学习的区别主要在于，强化学习优化和训练策略函数的信号来自于智能体所获得的即时奖励。强化学习的求解过程复杂度更高，训练过程更具挑战性。在实际应用和求解的过程中，我们引入一些模型假设和近似，使得模型求解和优化过程更加具有可行性。我们给出的一些公式并非数学上严格的推导和证明，已对一些公式推导和概念定义做了简化，简化后的推导有利于初学者更快地理解算法原理和求解过程。

4.3.7　Bellman 方程

在马尔可夫回报过程中，关于状态值函数 $V_\pi(s)$ 的 Bellman 方程可以表示为

$$V_\pi(s) = \mathrm{E}_\pi[R_t + \gamma V_\pi(S_{t+1})|S_t = s] \tag{4.20}$$

状态值函数 $V_\pi(s)$ 的 Bellman 方程不包含策略函数和动作。

在马尔可夫决策过程中，关于状态值函数 $V_\pi(s)$ 的 Bellman 方程可以表示为

$$\begin{aligned}
V_\pi(s) &= \sum_{a \in A} \pi(a|s) \left(R_s^a + \gamma \sum_{s' \in S} P_{ss'}^a V_\pi(s') \right) \\
&= \sum_{a \in A} \pi(a|s) R_s^a + \gamma \sum_{a \in A} \pi(a|s) \left(\sum_{s' \in S} P_{ss'}^a V_\pi(s') \right)
\end{aligned} \tag{4.21}$$

将式 (4.9)，即 $R_s^\pi = \sum_{a \in A} \pi(a|s) R_s^a$，代入上式，可以得到：

$$\begin{aligned}
V_\pi(s) &= R_s^\pi + \gamma \sum_{a \in A} \pi(a|s) \left(\sum_{s' \in S} P_{ss'}^a V_\pi(s') \right) \\
&= R_s^\pi + \gamma \sum_{s' \in S} \left(\sum_{a \in A} \pi(a|s) P_{ss'}^a \right) V_\pi(s')
\end{aligned} \tag{4.22}$$

将式 (4.7)，即 $P_{ss'}^{\pi} = \sum_{a \in A} \pi(a|s) P_{ss'}^{a}$，代入上式，可以得到：

$$V_{\pi}(s) = R_s^{\pi} + \gamma \sum_{s' \in S} P_{ss'}^{\pi} V_{\pi}(s') \tag{4.23}$$

针对马尔可夫决策过程状态空间中的每一个状态 $s_1, s_2, \cdots, s_n$，都可以写出类似的 Bellman 方程：

$$V_{\pi}(s_1) = R_{s_1}^{\pi} + \gamma \sum_{s' \in S} P_{s_1 s'}^{\pi} V_{\pi}(s')$$

$$V_{\pi}(s_2) = R_{s_2}^{\pi} + \gamma \sum_{s' \in S} P_{s_2 s'}^{\pi} V_{\pi}(s')$$

$$\vdots \tag{4.24}$$

$$V_{\pi}(s_n) = R_{s_n}^{\pi} + \gamma \sum_{s' \in S} P_{s_n s'}^{\pi} V_{\pi}(s')$$

我们可以将上述方程组改写成矩阵形式：

$$
\begin{bmatrix} V_{\pi}(s_1) \\ V_{\pi}(s_2) \\ V_{\pi}(s_3) \\ \vdots \\ V_{\pi}(s_n) \end{bmatrix} = \begin{bmatrix} R_{\pi}(s_1) \\ R_{\pi}(s_2) \\ R_{\pi}(s_3) \\ \vdots \\ R_{\pi}(s_n) \end{bmatrix} + \gamma \begin{bmatrix} P_{11}^{\pi} & P_{12}^{\pi} & \cdots & P_{1n}^{\pi} \\ P_{21}^{\pi} & P_{22}^{\pi} & \cdots & P_{2n}^{\pi} \\ P_{31}^{\pi} & P_{32}^{\pi} & \cdots & P_{3n}^{\pi} \\ \vdots & \vdots & \cdots & \vdots \\ P_{n1}^{\pi} & P_{n2}^{\pi} & \cdots & P_{nn}^{\pi} \end{bmatrix} \begin{bmatrix} V_{\pi}(s_1) \\ V_{\pi}(s_2) \\ V_{\pi}(s_3) \\ \vdots \\ V_{\pi}(s_n) \end{bmatrix} \tag{4.25}
$$

因此，我们可以进一步用矩阵符号表示：

$$\boldsymbol{V}_{\pi} = \boldsymbol{R}_{\pi} + \gamma \boldsymbol{P}_{\pi} \boldsymbol{V}_{\pi} \tag{4.26}$$

其中，$\boldsymbol{V}_{\pi}$ 和 $\boldsymbol{R}_{\pi}$ 为列向量，$\boldsymbol{P}_{\pi}$ 为状态转移概率矩阵。

求解状态值函数的 Bellman 方程组（4.26），可得：

$$\boldsymbol{V}_{\pi} = (\boldsymbol{I} - \gamma \boldsymbol{P}_{\pi})^{-1} \boldsymbol{R}_{\pi} \tag{4.27}$$

因此，状态值函数 $\boldsymbol{V}_{\pi}$ 可以基于状态转移函数 $P : \mathcal{S} \times \mathcal{A} \times \mathcal{S} \to [0, 1]$ 和回报奖励函数 $R : \mathcal{S} \times \mathcal{A} \times \mathcal{S} \to \mathcal{R}$ 直接求解。

4.3.8 策略迭代算法

在数值计算和数值优化过程中，迭代法是经常使用的有效方法，特别是求解大规模数值计算和优化方法。

1. 策略评估

在马尔可夫决策过程的状态值函数 $\boldsymbol{V}_{\pi}$ 解析公式 $\boldsymbol{V}_{\pi} = (\boldsymbol{I} - \gamma \boldsymbol{P}_{\pi})^{-1} \boldsymbol{R}_{\pi}$ 中，解析解的存在需要矩阵 $(\boldsymbol{I} - \gamma \boldsymbol{P}_{\pi})$ 可逆。对于现实问题，复杂随机过程的状态转移概率矩阵不一定

满足 $(\boldsymbol{I} - \gamma \boldsymbol{P}_\pi)$ 可逆。即使逆矩阵存在，由于马尔可夫决策过程的状态数量多，状态转移矩阵规模大，矩阵求逆计算复杂度较高，超大规模矩阵逆计算在有限时间和有限内存资源条件下也基本不可能完成。因此，我们可以考虑采用数值方法中的迭代方法求解此类问题，迭代公式表示如下：

$$\boldsymbol{V}_{k+1} = \boldsymbol{R}_\pi + \gamma \boldsymbol{P}_\pi \boldsymbol{V}_k \tag{4.28}$$

迭代公式为了求出状态值函数，用等式右边的状态值函数 $\boldsymbol{V}_k$ 计算出等式左边的状态值函数 $\boldsymbol{V}_{k+1}$ 后，继续将 $\boldsymbol{V}_{k+1}$ 代入等式右边，迭代计算状态值函数 $\boldsymbol{V}_{k+2}$，以此类推，循环迭代。迭代公式的矩阵形式展开后可以得到每一个状态值函数迭代公式，即

$$V_{k+1}(s) = \sum_{a \in A} \pi(a|s) \left(R_s^a + \gamma \sum_{s' \in S} P_{ss'}^a V_k(s') \right) \tag{4.29}$$

状态值函数迭代过程为策略评估，即给定策略函数 π，可以估计各个状态值函数。

通常地，状态值函数的初始值都设置成 0，即 $\boldsymbol{V}_0 = 0$。我们通过迭代公式计算状态值函数 $\boldsymbol{V}_k$，直至收敛到 $\boldsymbol{V}^*$，则 $\boldsymbol{V}^*$ 为迭代公式的不动点，且不动点 $\boldsymbol{V}^*$ 必定满足：

$$\boldsymbol{V}^* = \boldsymbol{R}_\pi + \gamma \boldsymbol{P}_\pi \boldsymbol{V}^* \tag{4.30}$$

将式 (4.28) 减去式 (4.30)，可得：

$$\boldsymbol{V}_{k+1} - \boldsymbol{V}^* = \gamma \boldsymbol{P}_\pi (\boldsymbol{V}_k - \boldsymbol{V}^*) \tag{4.31}$$

用 $\boldsymbol{e}_k$ 表示第 k 步数值误差，定义为数值解 $\boldsymbol{V}_k$ 与精确解 $\boldsymbol{V}^*$ 之差：

$$\boldsymbol{e}_k = \boldsymbol{V}_k - \boldsymbol{V}^* \tag{4.32}$$

同样，$\boldsymbol{e}_{k+1}$ 表示第 $k+1$ 步数值误差，定义为第 $k+1$ 步数值解 $\boldsymbol{V}_{k+1}$ 与精确解 $\boldsymbol{V}^*$ 之差：

$$\boldsymbol{e}_{k+1} = \boldsymbol{V}_{k+1} - \boldsymbol{V}^* \tag{4.33}$$

我们将上述两个误差定义公式代入式 (4.31)，可以得到状态值函数的迭代过程中误差迭代公式：

$$\boldsymbol{e}_{k+1} = \gamma \boldsymbol{P}_\pi \boldsymbol{e}_k \tag{4.34}$$

进一步迭代计算可得：

$$\boldsymbol{e}_k = \gamma^k (\boldsymbol{P}_\pi)^k \boldsymbol{e}_0 \tag{4.35}$$

基于状态转移概率矩阵 $\boldsymbol{P}_\pi$ 的性质和折扣系数 $\gamma < 1$，可以得到：

$$\lim_{k \to \infty} \boldsymbol{e}_k = 0 \tag{4.36}$$

即当迭代次数足够多时，误差趋于 0，此时数值解 $\boldsymbol{V}_k$ 收敛到精确解 $\boldsymbol{V}^*$。

2. 策略改进

在马尔可夫决策过程模型框架下，强化学习求解的目标是最优策略。在定义模型值函数后，智能体通过值函数得到最优策略。一般来说，在基于值函数进行策略改进的过程中可以采用贪心策略：

$$\pi_{k+1}(s) = \arg\max_a Q_{\pi_k}(s,a) \tag{4.37}$$

其中，$Q_{\pi_k}(s,a)$ 表示智能体在状态 s 下动作 a 的价值（期望累积收益回报），状态-动作值函数的下标 π_k 表示当前策略函数，具体的状态-动作值函数可以表示为

$$Q_{\pi_k}(s,a) = R_s^a + \gamma \sum_{s' \in S} P_{ss'}^a V_{\pi_k}(s') \tag{4.38}$$

将其代入式 (4.37) 后，可得：

$$\pi_{k+1}(s) = \arg\max_a \left(R_s^a + \gamma \sum_{s' \in S} P_{ss'}^a V_{\pi_k}(s') \right) \tag{4.39}$$

此过程叫作策略改进，基于给定的值函数 $V_{\pi_k}(s)$ 改进策略函数 $\pi_k(s)$，得到更优的策略函数 $\pi_{k+1}(s)$。

值函数 $V_{\pi_k}(s)$ 的下标说明当前值函数是基于策略函数 $\pi_k(s)$ 计算而来，通过 $\boldsymbol{V}_\pi = (\boldsymbol{I} - \gamma \boldsymbol{P}_\pi)^{-1} \boldsymbol{R}_\pi$ 或者不动点迭代算法求解。因此，在策略迭代过程中，值函数依赖策略函数求解，策略函数也依赖值函数求解。初学者在理解过程中容易陷入一种困境，即"鸡生蛋或蛋生鸡"的困境，不清楚在策略迭代过程中是先有策略函数还是先有值函数。其实，在实际计算过程中并不存在这个问题，值函数和策略函数在迭代计算过程中都会设置初始值。值函数初始值一般都设置为 $\boldsymbol{V}_0(s) = \boldsymbol{0}$，每个状态的价值都是一样的。策略函数在实际迭代过程中被初始化为随机策略，即智能体在任何状态 s 时，都随机地从动作空间采样动作。

3. 策略迭代算法伪代码

在马尔可夫决策过程模型框架下，强化学习的目标是获得最优策略函数。我们将通过策略评估和策略改进两步得到最优策略的方法叫作策略迭代算法，策略迭代算法伪代码如 Algorithm 8所示。

在策略迭代算法伪代码 Algorithm 8中，$\mathcal{S}$ 表示状态集合，$\mathcal{A}$ 表示动作集合，$P : \mathcal{S} \times \mathcal{A} \times \mathcal{S} \to [0,1]$ 是状态转移函数，$P(s_t, a_t, s_{t+1})$ 是状态转移概率，$R : \mathcal{S} \times \mathcal{A} \times \mathcal{S} \to \mathcal{R}$ 是回报函数，$\gamma \in [0,1)$ 是折扣系数。在策略迭代算法开始迭代前，需要初始化值函数和策略函数，状态值函数初始化为 $V(s) = 0$，策略函数 π 初始化为随机策略。

策略迭代算法的最外层循环为策略迭代的次数，每一次循环都包含了一次策略评估和一次策略改进。在一次策略迭代过程中，先进行策略评估（第 4 行到第 10 行），然后进行策略改进（第 12 行到第 13 行）。

为了节省策略评估过程中的计算资源，不一定要求严格满足 $V' == V$ 后才停止迭代，可以设置一个阈值，当前后两次值函数差异小于给定阈值即可停止迭代。同样，在判断策

略迭代终止条件时，不一定需要严格满足 $\pi' == \pi$ 后才停止迭代。需要强调的是，伪代码中第 8 行和第 16 行中的两个"迭代"含义不一样，第 8 行代码中的"迭代"是指策略评估迭代求解值函数，第 16 行代码中的"迭代"是指迭代求解策略函数。

Algorithm 8: 策略迭代算法伪代码

    Input: 马尔可夫决策过程五元组 $(\mathcal{S}, \mathcal{A}, P, R, \gamma)$

    Output: 最优策略 π^*

1   初始化状态值函数 $V(s) = 0$，初始化策略函数 π 为随机策略

2   **for** $k = 0, 1, 2, 3, \cdots$ **do**

3   % 策略评估

4   **for** $l = 0, 1, 2, 3, \cdots$ **do**

5   **for** $s \in S$ **do**

6              $V'(s) = \sum_{a \in A} \pi(a|s) \left(R_s^a + \gamma \sum_{s' \in S} P_{ss'}^a V_k(s') \right)$

7   **if** $V' == V$ **then**

8   停止迭代;

9   **else**

10             $V = V'$

11   % 策略改进

12   **for** $s \in S$ **do**

13          $\pi'(s) = \arg\max_{a \in A} \left(R_s^a + \gamma \sum_{s' \in S} P_{ss'}^a V_k(s') \right)$

14   % 策略迭代终止判断

15   **if** $\pi' == \pi$ **then**

16   停止迭代

17   **else**

18          $\pi = \pi'$

19 $\pi^* = \pi'$

4.3.9 值函数迭代算法

值函数迭代算法直接求解马尔可夫决策过程中的值函数，智能体基于值函数选择最优动作。迭代算法直接进行值函数迭代，值函数迭代算法无策略改进过程，值函数迭代更新公式如下：

$$V_{k+1}(s) = \max_{a \in A} \left(R_s^a + \gamma \sum_{s' \in S} P_{ss'}^a V_k(s') \right) \tag{4.40}$$

公式中的 $\max_{a \in A}$ 操作是值函数迭代算法的关键。在值函数迭代过程中并不用进行显示的策略评估，即计算给定策略函数条件下的最优值函数。在值函数迭代过程中，直接使用当前值函数的最大值来更新值函数，此过程类似如下操作：

$$V_{k+1}(s) = \max_{a \in A} Q_k(s, a) \tag{4.41}$$

其中，

$$Q_k(s,a) = R_s^a + \gamma \sum_{s' \in S} P_{ss'}^a V_k(s') \tag{4.42}$$

换言之，值函数迭代算法将策略改进过程融入了值函数迭代过程，其关键操作为值函数更新中的 $\max\limits_{a \in A}$ 操作。迭代过程收敛后得到最终值函数，进而求得最优策略函数：

$$\pi(s) = \arg\max_{a \in A} \left(R_s^a + \gamma \sum_{s' \in S} P_{ss'}^a V_k(s') \right) \tag{4.43}$$

因此，值函数迭代算法中的关键步骤为值函数更新中的 $\max\limits_{a \in A}$ 操作，$\max\limits_{a \in A}$ 操作需要遍历动作空间中的所有动作 a，并选择期望累积收益最大的动作，具体迭代过程如值函数迭代算法伪代码 Algorithm 9所示。

Algorithm 9: 值函数迭代算法伪代码

    Input: 马尔可夫决策过程五元组 $(\mathcal{S}, \mathcal{A}, P, R, \gamma)$

    Output: 最优策略 π^*

1   初始化状态值函数 $V(s) = 0$，以及收敛阈值 Δ_V

2   **for** $k = 0, 1, 2, 3, \cdots$ **do**

3   % 值函数迭代

4   **for** $l = 0, 1, 2, 3, \cdots$ **do**

5   **for** $s \in S$ **do**

6 $V'(s) = \max_{a \in A} R_s^a + \gamma \sum_{s' \in S} P_{ss'}^a V(s')$

7   **if** $|V' - V| < \Delta_V$ **then**

8   停止迭代;

9   **else**

10 $V = V'$

11 % 计算最优策略

12 **for** $s \in S$ **do**

13 $\pi'(s) = \arg\max_{a \in A} R_s^a + \gamma \sum_{s' \in S} P_{ss'}^a V(s')$

为了节省值函数迭代过程中的计算资源，我们不一定要求值函数收敛到最优状态值函数，即不要求严格满足 $V = V^*$ 后才停止迭代。在值函数迭代过程中，我们设置一个阈值 Δ_V，当前后两次迭代中的值函数之差小于给定阈值 Δ_V 即可停止迭代。

对比分析值函数迭代算法伪代码 Algorithm 9和策略迭代算法伪代码 Algorithm 8，可以发现两类算法在本质上是相同的，主要在于值函数迭代算法和策略迭代算法的策略评估在本质上是一致的。在策略迭代算法中，基于当前策略函数计算了所有动作下累积收益的期望作为状态价值（函数值），而值函数迭代算法则直接使用了最大的累积收益作为状态价值。

策略迭代算法和值函数迭代算法都需要将状态转移函数作为输入。在实际应用和研究中，我们一般不知道复杂环境模型的状态转移函数，更没有显式的数学表达式，很难使用值函数迭代和策略迭代算法求解马尔可夫决策过程的最优策略函数。因此，我们需要使用其他的方式解决此类没有状态转移函数的问题。

4.4　蒙特卡洛方法

蒙特卡洛方法又叫作统计模拟方法或者统计实验方法，是一种基于概率和统计的数值模拟方法。很多经典蒙特卡洛方法为复杂问题提供了高效的数值解或者近似解。蒙特卡洛方法的主要思想是在问题空间中进行抽样，通过反复的、大量的随机样本进行统计和分析，得到解的近似值或估计值。

4.4.1　蒙特卡洛估计

如果马尔可夫决策过程不包含模型状态转移函数或不存在显式的状态转移函数等，那么动态规划方法（策略迭代和值函数迭代算法）不具有可行性，只能基于状态值函数或者状态-动作值函数的初始定义分析。假设 T 步动作的状态值函数定义如下：

$$V_\pi(s) = \mathrm{E}_\pi[G_t|S_t = s] = \mathrm{E}_\pi[R_t + \gamma R_{t+1} + \cdots + \gamma^{T-1} R_{t+T-1}|S_t = s] \tag{4.44}$$

一般而言，无穷步动作的状态值函数可定义为

$$\begin{aligned} V_\pi(s) &= \mathrm{E}_\pi[G_t|S_t = s] \\ &= \mathrm{E}_\pi[R_t + \gamma R_{t+1} + \gamma^2 R_{t+2} + \gamma^3 R_{t+3} + \cdots|S_t = s] \\ &= \mathrm{E}_\pi\left[\sum_{k=0}^\infty \gamma^k R_{t+k}|S_t = s\right] \end{aligned} \tag{4.45}$$

同时，状态-动作值函数定义为

$$\begin{aligned} Q_\pi(s,a) &= \mathrm{E}_\pi[G_t|S_t = s, A_t = a] \\ &= \mathrm{E}_\pi[R_t + \gamma R_{t+1} + \gamma^2 R_{t+2} + \gamma^3 R_{t+3} + \cdots|S_t = s, A_t = a] \\ &= \mathrm{E}_\pi\left[\sum_{k=0}^\infty \gamma^k R_{t+k}|S_t = s, A_t = a\right] \end{aligned} \tag{4.46}$$

上述公式基于数学期望定义了状态值函数和状态-动作值函数。在统计分析过程中，期望可以通过随机采样样本的均值进行估计和近似。在实际计算中，我们需要基于策略 π 采样得到一些样本，代入公式中估计出均值大小，近似（估计）值函数的期望值，此为蒙特卡洛方法的重要思想。

因此，我们通过蒙特卡洛方法进行采样，得到一些完整的轨迹数据（Trajectory/Episode）：

$$\text{Episode } 1: \langle s_0, a_{10}, r_{10}, s_{11}, a_{11}, r_{11}, \cdots, s_{1T}, a_{1T}, r_{1T} \rangle$$
$$\text{Episode } 2: \langle s_0, a_{20}, r_{20}, s_{21}, a_{21}, r_{21}, \cdots, s_{2T}, a_{2T}, r_{2T} \rangle$$
$$\text{Episode } 3: \langle s_0, a_{30}, r_{30}, s_{31}, a_{31}, r_{31}, \cdots, s_{3T}, a_{3T}, r_{3T} \rangle \qquad (4.47)$$
$$\vdots$$
$$\text{Episode } n: \langle s_0, a_{n0}, r_{n0}, s_{n1}, a_{n1}, r_{n1}, \cdots, s_{nT}, a_{nT}, r_{nT} \rangle$$

轨迹数据中 r_{it} 表示第 i 条轨迹中 t 时刻即时奖励数值，区别于 t 时刻即时奖励的随机变量 R_t。我们从状态 s_0 开始随机采样了 n 条完整的轨迹数据，运用蒙特卡洛方法估计状态 s_0 的状态值函数。经验轨迹 i 中状态 s_0 对应的累积奖励值为

$$G_i = \sum_{t=0}^{T} r_{it} \qquad (4.48)$$

其中，$i \in \{1, 2, \cdots, n\}$。我们计算 n 条完整轨迹的平均累积回报值作为状态 s_0 的状态值函数的估计：

$$V_\pi(s_0) = \frac{1}{n} \sum_{i=1}^{n} G_i \qquad (4.49)$$

上述 $V_\pi(s)$ 的估计过程简化了对轨迹样本的统计分析。在一般情况下，蒙特卡洛算法采用增量值更新状态值函数：

$$
\begin{aligned}
V_n(s) &= \frac{1}{n} \sum_{i=1}^{n} G_i \\
&= \frac{1}{n} \sum_{i=1}^{n-1} G_i + \frac{1}{n} G_n \\
&= \frac{1}{n}(n-1) \frac{1}{(n-1)} \sum_{i=1}^{n-1} G_i + \frac{1}{n} G_n \qquad (4.50) \\
&= \frac{1}{n}(n-1) V_{n-1}(s) + \frac{1}{n} G_n \\
&= V_{n-1} + \frac{1}{n}(G_n - V_{n-1}(s))
\end{aligned}
$$

因此，我们将公式中 $\frac{1}{n}$ 替换成 α，状态 s 在第 n 次采样后，更新状态值函数：

$$V_n(s) = V_{n-1}(s) + \alpha(G_n - V_{n-1}(s)) \qquad (4.51)$$

其中，α 为机器学习中常用的学习率。

同样，我们也可以估计状态-动作值函数 $Q(s,a)$。我们从状态 s_0 开始选择动作 a_0，然

后随机采样了 n 条完整的轨迹数据，如下所示：

$$\text{Episode } 1: \langle s_0, a_0, r_{10}, s_{11}, a_{11}, r_{11}, \cdots, s_{1T}, a_{1T}, r_{1T} \rangle$$

$$\text{Episode } 2: \langle s_0, a_0, r_{20}, s_{21}, a_{21}, r_{21}, \cdots, s_{2T}, a_{2T}, r_{2T} \rangle$$

$$\text{Episode } 3: \langle s_0, a_0, r_{30}, s_{31}, a_{31}, r_{31}, \cdots, s_{3T}, a_{3T}, r_{3T} \rangle \tag{4.52}$$

$$\vdots$$

$$\text{Episode } n: \langle s_0, a_0, r_{n0}, s_{n1}, a_{n1}, r_{n1}, \cdots, s_{nT}, a_{nT}, r_{nT} \rangle$$

运用蒙特卡洛方法估计状态 s_0 时选择动作 a_0 的状态-动作值函数，计算随机采样的 n 条完整的轨迹数据的平均累积回报：

$$Q_\pi(s_0, a_0) = \frac{1}{n} \sum_{i=1}^{n} G_i \tag{4.53}$$

同样，蒙特卡洛算法采用增量值更新状态-动作值函数：

$$Q_n(s, a) = Q_{n-1}(s, a) + \alpha(G_n - Q_{n-1}(s, a)) \tag{4.54}$$

其中，α 为学习率。获得状态-动作值函数 $Q(s, a)$ 后，可以计算最优化策略函数：

$$\pi(s) = \arg\max_a Q(s, a) \tag{4.55}$$

　　蒙特卡洛强化学习算法也是一个迭代算法，每次采样都使用最新的状态-动作值函数 $Q(s, a)$ 来构建策略函数。在实际采样过程中，为了增加随机采样完整轨迹的多样性，一般并不完全按照最新的状态-动作值函数 $Q(s, a)$ 进行采样，而是采用 ϵ-贪心算法，具体采样策略为

$$\pi(s, a) = \begin{cases} 1 - \epsilon + \dfrac{\epsilon}{|\mathcal{A}|}, & a = \arg\max_a Q(s, a) \\[2mm] \dfrac{\epsilon}{|\mathcal{A}|}, & a \neq \arg\max_a Q(s, a) \end{cases} \tag{4.56}$$

其中，$|\mathcal{A}|$ 表示动作空间 $\mathcal{A}$ 的大小，即动作数量；ϵ 决定了智能体的探索能力，ϵ 越大，智能体的行为随机性越大，探索能力越大。当 $\epsilon = 1$ 时，ϵ-贪心算法就退化成了完全随机采样：

$$\pi(s, a) = \begin{cases} \dfrac{1}{|\mathcal{A}|}, & a = \arg\max_a Q(s, a) \\[2mm] \dfrac{1}{|\mathcal{A}|}, & a \neq \arg\max_a Q(s, a) \end{cases} \tag{4.57}$$

此时，智能体将从动作空间 $\mathcal{A}$ 中等概率采样动作。在实际应用中，ϵ 初始值较大（接近 1），并随着迭代时间衰减到给定的最小值。智能体训练前期可以加大探索能力，多样性的行为增加了搜索全局最优策略的概率；训练后期减少探索能力，有利于智能策略的收敛。

4.4.2　蒙特卡洛强化学习算法伪代码

在线策略蒙特卡洛强化学习算法伪代码如 Algorithm 10所示。

Algorithm 10: 在线策略蒙特卡洛强化学习算法伪代码

    Input: 状态空间 $\mathcal{S}$，动作空间 $\mathcal{A}$，折扣系数 γ，以及环境 Env，初始化的状态-动作值函数
        $Q(s,a) = 0$，智能体采样策略为 ϵ-贪心策略

    Output: 最优策略 π^*

1　**for** $k = 0, 1, 2, 3, \cdots$ **do**

2　 智能体采用 ϵ-贪心策略：

3　

$$\pi(s,a) = \begin{cases} 1 - \epsilon + \dfrac{\epsilon}{|\mathcal{A}|}, & a = \arg\max_a Q(s,a) \\ \dfrac{\epsilon}{|\mathcal{A}|}, & a \neq \arg\max_a Q(s,a) \end{cases} \tag{4.58}$$

    生成完整轨迹样本：$\langle s_0, a_0, r_0, s_1, a_1, r_1, \cdots, s_T, a_T, r_T \rangle$

4　 **for** $t = 0, 1, 2, 3, \cdots, T$ **do**

5　 $G_t = \sum_{k=t}^{T} \gamma^{k-t} r_i$

6　 $Q(s_t, a_t) \leftarrow Q(s_t, a_t) + \alpha(G_t - Q(s_t, a_t))$

7　% 计算最优策略

8　**for** $s \in S$ **do**

9　 $\pi^*(s) = \arg\max_a Q(s,a)$

蒙特卡洛算法思想在众多学习算法中随处可见。经典的马尔可夫链蒙特卡洛方法（Markov Chain Monte Carlo，MCMC）将马尔可夫过程引入蒙特卡洛模拟，抽样分布随模拟的进行而不断变化，实现了动态模拟，弥补了传统的蒙特卡洛方法只能静态模拟的缺陷。MCMC 是一种简单有效的计算方法，在很多领域得到广泛应用，如函数最优化等。

4.5　时序差分学习

时序差分学习（Temporal-Difference Learning，TD Learning）算法是真正意义上的强化学习基础算法，而动态规划和蒙特卡洛算法都是经典的解决马尔可夫决策过程问题的方法。各种学习算法都有自己合适的场景和前提条件，我们简单比较蒙特卡洛强化学习算法和动态规划算法的差异和实用场景。

4.5.1　时序差分学习算法

蒙特卡洛强化学习算法需要对完整轨迹进行采样，而动态规划算法不需要，但是，动态规划算法需要对可能的动作进行遍历。两者的区别类似于图搜索中深度优先搜索和广度优先搜索。蒙特卡洛算法可以不用状态转移函数，直接通过采样数据学习环境信息。动态规划算法需要知道环境状态转移函数，而且面对连续型问题或动作空间和状态空间过大的

情况时，会有"维数灾难"问题，限制了动态规划算法的应用场景。

研究人员在面对无法获知状态转移函数的情况时，一般都会舍弃动态规划方法。但蒙特卡洛算法也有自己的缺陷，鉴于采样的复杂性，智能体无法穷尽所有的轨迹，且采样的难度大、开销大，导致大量资源的消耗。由于蒙特卡洛算法采样的是整条轨迹，状态值函数在估计过程中容易出现方差较大的情况。蒙特卡洛算法的优点是状态值函数的估计是无偏估计，而动态规划算法则运用了自举法（Bootstraping），因而无法保证收敛到无偏估计。面对动态规划和蒙特卡洛方法的诸多问题，我们将介绍经典的强化学习的基础算法，由强化学习之父 Richard Sutton 教授提出的时序差分算法。

4.5.2 时序差分学习算法、动态规划和蒙特卡洛算法比较

我们简单比较时序差分学习算法、动态规划和蒙特卡洛算法这三个方法的状态值函数估计过程。在动态规划方法中，我们有：

$$V_\pi(S_t) = \mathrm{E}_\pi[R_t + \gamma V(S_{t+1})|S_t = s] \tag{4.59}$$

在蒙特卡洛方法中，我们有：

$$V_\pi(S_t) = \mathrm{E}_\pi[G_t|S_t = s] \tag{4.60}$$

在时序差分学习算法中，我们有：

$$V_\pi(S_t) \approx [R_t + \gamma V(S_{t+1})|S_t = s] \tag{4.61}$$

表4.1比较了时序差分学习算法、动态规划和蒙特卡洛算法的区别，分别从估计过程中是否采样、是否使用了自举方法、是否是无偏估计、是否具有高方差、是否需要马尔可夫性等几方面进行了对比分析。

表 4.1 时序差分（TD）、动态规划（DP）和蒙特卡洛（MC 算法）的比较

对比项	动态规划	蒙特卡洛	时序差分
是否采样	无须采样	采样，完整轨迹	采样，不完整轨迹
是否自举	自举	不自举	自举
偏差	无偏差	无偏差	预估 TD 时有偏，真实时无偏
方差	无方差	高方差	低方差
是否依赖马尔可夫	是	否	是

蒙特卡洛估计基于完整轨迹采样数据更新状态值函数，采样多条完整轨迹数据，平均所有轨迹累积回报，近似状态值函数 $V(S)$。一般而言，蒙特卡洛直接根据定义完成估计，简单易懂，且方便编程实现。动态规划基于环境模型及状态转移函数进行计算，不需要采样。蒙特卡洛方法和时序差分学习算法都不依赖于显示的状态转移函数，而是通过采样来获知环境信息和即时回报。蒙特卡洛方法需要完整轨迹数据才能更新状态值函数，而时序差分学习算法可以采样一步或者多步轨迹数据来更新状态值函数。

自举法是指进行估计时使用了自身估计值，如式 (4.59) 和式 (4.61) 所示，等式两边都出现了待估计的状态值函数 $V(S)$。

比较估计偏差方面，动态规划使用了状态转移函数遍历了所有动作或状态情况，因此具有无偏性；蒙特卡洛方法多次采样完整轨迹，不基于自举法，也是无偏估计；时序差分学习算法使用了自举法，当预估的时序差分目标是真实时序差分目标时是无偏估计，否则是有偏估计。

蒙特卡洛方法需要完整轨迹数据更新状态值函数，随机采样的完整轨迹之间差异性较大，因此状态值函数的估计具有高方差；时序差分具有低方差；而动态规划无方差。

动态规划使用了马尔可夫决策过程的状态转移函数，依赖于马尔可夫性；时序差分学习算法基于马尔可夫性进行不完整采样，也依赖于马尔可夫性；蒙特卡洛方法随机采样完整轨迹，随机过程无须满足马尔可夫性。

4.5.3　Q-learning

强化学习目标是训练智能体的智能策略。马尔可夫决策过程是强化学习模型的基本框架，求解智能体最优决策策略，是强化学习的主要任务。强化学习是机器学习的重要分支，继承了机器学习众多算法的基本性质和基础问题。"从哪里学、学什么、如何学"都是强化学习算法需要解决的重要问题。

强化学习算法"从哪里学"？强化学习从智能体轨迹数据中学习，更具体来说，是从智能体和环境交互获得的经验数据中学习。智能体和环境的交互过程，可以看作统计采样的过程。在交互过程中，智能体不断尝试，不断采样，不断学习，不断优化自身策略函数。

强化学习算法"学什么"？强化学习算法学习智能体的最优策略函数。智能体的最优策略能够获得最大化的累积回报收益。

强化学习算法"如何学"是强化学习算法的主题，也是重点内容。我们所介绍的大部分算法都在回答"如何学"的问题。强化学习经典算法——Q-learning 的核心是状态-动作值函数更新公式：

$$Q(s,a) = Q(s,a) + \alpha(r + \gamma \max_{a'} Q(s',a') - Q(s,a)) \tag{4.62}$$

其中，r 表示智能体在状态 s 下选择动作 a 的即时回报，$\max_{a'} Q(s',a')$ 表示智能体跳转至下一个状态 s' 能获得的最大累积回报，此过程需要遍历所有的动作。状态-动作值函数的更新公式 $r + \gamma \max_{a'} Q(s',a')$ 被称作时序差分（TD）目标值。式 (4.62) 与采用增量值更新状态-动作值函数的蒙特卡洛算法类似：

$$Q_n(s,a) = Q_{n-1}(s,a) + \alpha(G_n - Q_{n-1}(s,a)) \tag{4.63}$$

Q-learning 算法将蒙特卡洛算法中 G_n 替换成了 $r + \gamma \max_{a'} Q(s',a')$。$G_n$ 表示一条完整轨迹的累积回报，$r + \gamma \max_{a'} Q(s',a')$ 表示采样一步轨迹数据后估算的状态 s 下动作 a 的累积回报。

我们简单介绍时序差分 Q-learning 算法伪代码，如 Algorithm 11所示。Q-learning 算法不包含环境模型状态转移函数，算法输入参数为状态空间 $\mathcal{S}$、动作空间 $\mathcal{A}$、折扣系数 γ

以及环境 Env。在实际编程实践中，环境模型 Env 是重点构建的模拟系统环境，也是智能体学习的经验数据来源。Q-learning 算法不包含状态转移函数，智能体与环境交互，环境模型接收到智能体的动作后返回下一个状态和即时奖励值。

Algorithm 11: 时序差分 Q-learning 算法伪代码

Input: 状态空间 $\mathcal{S}$，动作空间 $\mathcal{A}$，折扣系数 γ 以及环境 Env，初始化状态-动作值函数
$Q(s,a) = 0$，初始化采样策略为随机策略 $\pi(a|s) = \dfrac{1}{|A|}$

Output: 最优策略 π^*

1 **for** $k = 0, 1, 2, 3, \cdots$ **do**
2 　% 每次循环针对一条轨迹
3 　初始化状态 s
4 　**for** $t = 0, 1, 2, 3, \cdots, T$ **do**
5 　　% 采用 ϵ-贪心策略：
6

$$\pi(s,a) = \begin{cases} 1 - \epsilon + \dfrac{\epsilon}{|\mathcal{A}|}, & a = \arg\max_a Q(s,a) \\[2mm] \dfrac{\epsilon}{|\mathcal{A}|}, & a \neq \arg\max_a Q(s,a) \end{cases} \tag{4.64}$$

　　产生一步轨迹 $\langle s, a, r, s' \rangle$，其中，$a$ 和 r 是基于 ϵ-贪心策略产生的动作和即时奖励，s' 是智能体下一个状态。
7 　　更新状态-动作值函数：$Q(s,a) \leftarrow Q(s,a) + \alpha(r + \gamma \max_{a'} Q(s',a') - Q(s,a))$
8 　　智能体进入下一个状态 $s = s'$
9 　　**if** s 为终止状态 **then**
10 　　　开始下一条轨迹采样

11 % 计算最优策略
12 **for** $s \in S$ **do**
13 　$\pi^*(s) = \arg\max_a Q(s,a)$

环境模型输出状态之间的转移结果，智能体从一个状态跳转至下一个状态，并获得即时奖励值，此为强化学习环境模型的基本框架。为了估计状态-动作值函数 $Q(s,a)$，可初始化状态-动作值函数 $Q(s,a) = 0$，并初始化策略函数为均匀分布，即 $\pi(a|s) = \dfrac{1}{|A|}$。智能体学习和更新策略函数之前，运用初始化的策略函数与环境进行交互，获得经验数据以优化和更新策略函数。

Q-learning 算法的学习过程为迭代过程，智能体不断与环境交互来获得经验数据。在每次循环中，智能体采样一条轨迹，与蒙特卡洛算法不同之处在于，Q-learning 算法不会等到采样一整条轨迹后再进行策略函数或值函数更新。Q-learning 算法中智能体采样一步之后，得到经验数据 $\langle s, a, r, s' \rangle$，其中，$a$ 是基于 ϵ-贪心策略选择的动作，r 和 s' 是环境接收到动作 a 后返回的即时奖励和下一状态。智能体与环境交互所用的 ϵ-贪心策略，具体表示如下：

$$\pi(s,a) = \begin{cases} 1 - \epsilon + \dfrac{\epsilon}{|\mathcal{A}|}, & a = \arg\max_a Q(s,a) \\[2mm] \dfrac{\epsilon}{|\mathcal{A}|}, & a \neq \arg\max_a Q(s,a) \end{cases} \tag{4.65}$$

Q-learning 算法运用公式 $Q(s,a) \leftarrow Q(s,a) + \alpha(r + \gamma \max_{a'} Q(s',a') - Q(s,a))$ 更新状态-动作值函数，智能体进入下一个状态 $s = s'$，重新应用 ϵ-贪心策略选择动作，直到状态 s 为终止状态，并重新开始下一条新轨迹采样。状态-动作值函数 $Q(s,a)$ 迭代更新，逼近最优状态-动作值函数。Q-learning 算法在最优状态-动作值函数基础上构建最优化策略函数：

$$\pi^*(s) = \arg\max_a Q(s,a) \tag{4.66}$$

4.5.4 SARSA

Q-learning 算法是强化学习中最负盛名的算法之一，但 Q-learning 算法也存在很多问题和不足，如过估计（Overestimation）问题。时序差分 SARSA 算法是另一个经典强化学习算法。

我们简单介绍时序差分 SARSA 算法伪代码，如 Algorithm 12所示。SARSA 算法产生的经验样本为五元组，表示为 $\langle s, a, r, s', a' \rangle$，五元组中的字母组合即为 SARSA 算法名称的由来。五元组中 a 是智能体在当前状态 s 下基于 ϵ-贪心策略产生的动作，r 是智能体在当前状态 s 下选择动作 a 获得的即时奖励，s' 是智能体的下一个状态，a' 是智能体在状态 s' 下基于 ϵ-贪心策略产生的下一个动作。

SARSA 算法整体框架与 Q-learning 算法极其相似。SARSA 算法也不需要模型状态转移函数，因此算法的输入为状态空间 $\mathcal{S}$、动作空间 $\mathcal{A}$、折扣系数 γ 以及环境 Env。环境模型 Env 是开发人员或研究者在实际应用过程中需要重点编码的模块。为了估计状态-动作函数，先初始化状态-动作值函数 $Q(s,a) = 0$，并初始化策略函数为完全随机策略，即随机性策略函数满足 $\pi(a|s) = \dfrac{1}{|A|}$。环境模型能够输出状态之间的转移结果，智能体从状态 s 开始，基于当前的状态-动作值函数 $Q(s,a)$ 和 ϵ-贪心策略得到动作 a，跳转至下一个状态 s'，并获得即时奖励值 r。智能体在新状态 s' 下再次基于当前状态-动作值函数 $Q(s,a)$ 和 ϵ-贪心策略选择动作 a'，至此智能体获得了经验样本数据五元组 $\langle s, a, r, s', a' \rangle$。上述过程即为 SARSA 算法的一步迭代流程。

SARSA 算法与 Q-learning 算法的主要区别是状态-动作值函数更新公式：

$$\begin{aligned} \text{SARSA}: \quad & Q(s,a) \leftarrow Q(s,a) + \alpha\left(r + \gamma Q(s',a') - Q(s,a)\right) \\[2mm] \text{Q-learning}: \quad & Q(s,a) \leftarrow Q(s,a) + \alpha\left(r + \gamma \max_{a'} Q(s',a') - Q(s,a)\right) \end{aligned} \tag{4.67}$$

通过对比可以发现，SARSA 算法与 Q-learning 算法中状态-动作值函数更新公式的主要区别在于 TD 目标值不同：SARSA 算法中的 TD 目标值为 $r + \gamma Q(s',a')$，而 Q-learning 算法中的 TD 目标值为 $r + \gamma \max_{a'} Q(s',a')$。Q-learning 算法中的动作 a' 不是智能体真正执行的动作，只是为了在状态 s' 下搜索状态-动作值函数 $Q(s', a')$ 的最大值，而遍历所有动作 a'；而 SARSA 算法中的动作 a' 是智能体基于当前状态-动作值函数 $Q(s, a)$ 和 ϵ-贪心策略选择并执行的动作。

Algorithm 12: 时序差分 SARSA 算法伪代码

Input: 状态空间 $\mathcal{S}$，动作空间 $\mathcal{A}$，折扣系数 γ 以及环境 Env，初始化状态-动作值函数 $Q(s, a) = 0$，初始化智能体采样策略 $\pi(a|s) = \dfrac{1}{|A|}$

Output: 最优策略 π^*

1　**for** $k = 0, 1, 2, 3, \cdots$ **do**
2　　% 每次循环针对一条轨迹
3　　初始化状态 s
4　　**for** $t = 0, 1, 2, 3, \cdots, T$ **do**
5　　　% 采用 ϵ-贪心策略生成轨迹中的一步：
6

$$\pi(s, a) = \begin{cases} 1 - \epsilon + \dfrac{\epsilon}{|\mathcal{A}|}, & a = \arg\max\limits_a Q(s, a) \\[2mm] \dfrac{\epsilon}{|\mathcal{A}|}, & a \neq \arg\max\limits_a Q(s, a) \end{cases} \tag{4.68}$$

　　　产生轨迹 $\langle s, a, r, s', a' \rangle$，其中，$a$ 是基于 ϵ-贪心策略产生的动作，r 是智能体获得的即时奖励，s' 是智能体下一个状态，a' 是智能体在状态 s' 下基于 ϵ-贪心策略产生的下一个动作。
7　　　更新动作值函数：

$$Q(s, a) \leftarrow Q(s, a) + \alpha(r + \gamma Q(s', a') - Q(s, a)) \tag{4.69}$$

　　　智能体进入下一个状态 $s = s'$ 以及 $a = a'$
8　　　**if** s 为终止状态 **then**
9　　　　开始下一条轨迹采样
10　% 计算最优策略
11　**for** $s \in S$ **do**
12　　$\pi^*(s) = \arg\max\limits_a Q(s, a)$

4.6　策略梯度方法

策略迭代算法、值函数迭代算法、Q-learning 算法与 SARSA 算法都是通过估计值函数（状态值函数或者状态-动作值函数）而获得最优化策略。本节我们将介绍直接优化策略函数的强化学习方法，一般为基于策略梯度的强化学习方法。

策略梯度方法同样通过智能体与环境交互，获得轨迹数据并学习和更新策略函数。轨迹 τ 可以表示为

$$\tau = \{s_0, a_0, r_0, s_1, a_1, r_1, s_2, a_2, r_2, \cdots, s_T, a_T, r_T\} \tag{4.70}$$

基于轨迹 τ，可计算智能体的累积回报：

$$R(\tau) = \sum_{t=0}^{T} \gamma^t r_t \tag{4.71}$$

以及轨迹 τ 发生的概率：

$$p_{\boldsymbol{\theta}}(\tau) = p(s_0)\pi_{\boldsymbol{\theta}}(a_0|s_0)p(s_1|s_0,a_0)\pi_{\boldsymbol{\theta}}(a_1|s_1)p(s_2|s_1,a_1)\cdots$$
$$= p(s_0)\prod_{t=0}^{T}\pi_{\boldsymbol{\theta}}(a_t|s_t)p(s_{t+1}|s_t,a_t) \tag{4.72}$$

其中，$p(s_0)$ 表示状态 s_0 出现的概率；$\pi_{\boldsymbol{\theta}}(a|s)$ 为智能体的策略函数，其参数为 $\boldsymbol{\theta}$，表示在给定状态 s 的情况下，策略函数输出动作 a 的概率为 $\pi_{\boldsymbol{\theta}}(a|s)$，智能体基于动作概率 $\pi_{\boldsymbol{\theta}}(a|s)$ 随机采样得到动作 a；$p(s'|s,a)$ 为环境状态转移函数，表示智能体在状态 s 执行动作 a 后跳转到下一个状态 s' 的概率。

智能体与环境交互得到的所有轨迹 τ 的期望收益为

$$\bar{R}_{\boldsymbol{\theta}} = \sum_{\tau} R(\tau)p_{\boldsymbol{\theta}}(\tau) \tag{4.73}$$

基于策略梯度的强化学习的目标是找到最优化的策略函数参数 $\boldsymbol{\theta}$，即最优策略 $\pi_{\boldsymbol{\theta}}$，使得期望累积收益 $\bar{R}_{\boldsymbol{\theta}}$ 最大，用数学语言描述为

$$\pi_{\boldsymbol{\theta}} = \arg\max_{\pi_{\boldsymbol{\theta}}} \bar{R}_{\boldsymbol{\theta}} = \arg\max_{\pi_{\boldsymbol{\theta}}} \sum_{\tau} R(\tau)p_{\boldsymbol{\theta}}(\tau) \tag{4.74}$$

显然，$\bar{R}_{\boldsymbol{\theta}} = \sum_{\tau} R(\tau)p_{\boldsymbol{\theta}}(\tau)$ 是策略梯度方法的目标函数，可采用梯度上升法求解最优参数 $\boldsymbol{\theta}$。

在分析和理解策略梯度算法的过程中，需要用到对数函数求导公式：

$$\boldsymbol{\nabla}\log f(x) = \frac{\boldsymbol{\nabla}f(x)}{f(x)} \tag{4.75}$$

此公式在策略函数推导过程中具有重要的作用，可以改写成：

$$\boldsymbol{\nabla}f(x) = f(x)\boldsymbol{\nabla}\log f(x) \tag{4.76}$$

将函数 $f(x)$ 替换成轨迹 τ 发生的概率 $p_{\boldsymbol{\theta}}(\tau)$，可得：

$$\boldsymbol{\nabla}p_{\boldsymbol{\theta}}(\tau) = p_{\boldsymbol{\theta}}(\tau)\boldsymbol{\nabla}\log p_{\boldsymbol{\theta}}(\tau) \tag{4.77}$$

即

$$\frac{\boldsymbol{\nabla}p_{\boldsymbol{\theta}}(\tau)}{p_{\boldsymbol{\theta}}(\tau)} = \boldsymbol{\nabla}\log p_{\boldsymbol{\theta}}(\tau) \tag{4.78}$$

针对优化问题 $\pi_{\boldsymbol{\theta}} = \arg\max_{\pi_{\boldsymbol{\theta}}} \sum_{\tau} R(\tau)p_{\boldsymbol{\theta}}(\tau)$，我们采用策略梯度方法直接对目标函数 $\bar{R}_{\boldsymbol{\theta}} = \sum_{\tau} R(\tau)p_{\boldsymbol{\theta}}(\tau)$ 求梯度，可得：

$$\boldsymbol{\nabla} \bar{R}_{\boldsymbol{\theta}} = \sum_{\tau} R(\tau) \boldsymbol{\nabla} p_{\boldsymbol{\theta}}(\tau)$$

$$= \sum_{\tau} R(\tau) p_{\boldsymbol{\theta}}(\tau) \frac{\boldsymbol{\nabla} p_{\boldsymbol{\theta}}(\tau)}{p_{\boldsymbol{\theta}}(\tau)} \qquad (4.79)$$

$$= \sum_{\tau} R(\tau) p_{\boldsymbol{\theta}}(\tau) \boldsymbol{\nabla} \log p_{\boldsymbol{\theta}}(\tau)$$

$$= \mathrm{E}_{\tau \sim p_{\boldsymbol{\theta}}(\tau)} \left[R(\tau) \boldsymbol{\nabla} \log p_{\boldsymbol{\theta}}(\tau) \right]$$

公式 $\boldsymbol{\nabla} \bar{R}_{\boldsymbol{\theta}} = \mathrm{E}_{\tau \sim p_{\boldsymbol{\theta}}(\tau)} \left[R(\tau) \boldsymbol{\nabla} \log p_{\boldsymbol{\theta}}(\tau) \right]$ 为策略梯度方法中更新策略函数参数的核心公式，如此转化公式的作用是将目标函数梯度的计算问题，转化成通过蒙特卡洛采样完成梯度估计：

$$\boldsymbol{\nabla} \bar{R}_{\boldsymbol{\theta}} = \mathrm{E}_{\tau \sim p_{\boldsymbol{\theta}}(\tau)} \left[R(\tau) \boldsymbol{\nabla} \log p_{\boldsymbol{\theta}}(\tau) \right] \approx \frac{1}{N} \sum_{i=1}^{n} R\left(\tau_i\right) \boldsymbol{\nabla} \log p_{\boldsymbol{\theta}}\left(\tau_i\right) \qquad (4.80)$$

因此，策略梯度方法的策略函数参数更新公式可写作：

$$\boldsymbol{\theta} \leftarrow \boldsymbol{\theta} + \alpha \boldsymbol{\nabla} \bar{R}_{\boldsymbol{\theta}} \qquad (4.81)$$

其中，α 为学习率，决定了策略函数参数更新的步长大小。

智能体需要最大化累积收益，因此策略梯度方法采用了梯度上升来更新策略函数参数 $\boldsymbol{\theta}$。上述梯度更新公式为完整轨迹层面的策略梯度方法，通过更深入分析可以得到状态和动作层面的策略梯度方法。策略梯度方法的核心公式需要计算 $\boldsymbol{\nabla} \log p_{\boldsymbol{\theta}}(\tau)$，对式 (4.72) 求梯度可得：

$$\boldsymbol{\nabla} \log p_{\boldsymbol{\theta}}(\tau) = \boldsymbol{\nabla} \left(\log p(s_0) + \sum_{t=1}^{T} \log \pi_{\boldsymbol{\theta}}(a_t|s_t) + \sum_{t=1}^{T} \log p(s_{t+1}|s_t,a_t) \right)$$

$$= \boldsymbol{\nabla} \log p(s_0) + \boldsymbol{\nabla} \sum_{t=1}^{T} \log \pi_{\boldsymbol{\theta}}(a_t|s_t) + \boldsymbol{\nabla} \sum_{t=1}^{T} \log p(s_{t+1}|s_t,a_t)$$

$$\qquad (4.82)$$

$$= \boldsymbol{\nabla} \sum_{t=1}^{T} \log \pi_{\boldsymbol{\theta}}(a_t|s_t)$$

$$= \sum_{t=1}^{T} \boldsymbol{\nabla} \log \pi_{\boldsymbol{\theta}}(a_t|s_t)$$

在公式推导过程中有两个关键之处，分别为

$$\boldsymbol{\nabla} \log p(s_0) = \boldsymbol{0} \qquad (4.83)$$

以及

$$\boldsymbol{\nabla} \sum_{t=1}^{T} \log p(s_{t+1}|s_t,a_t) = \boldsymbol{0} \qquad (4.84)$$

状态稳定分布函数 $p(s_0)$ 和环境状态转移函数 $p(s_{t+1}|s_t,a_t)$ 由环境模型 Env 决定，不会因为策略函数的变化而变化，因而与策略函数参数 $\boldsymbol{\theta}$ 无关，其梯度均为 $\boldsymbol{0}$，在公式推导中，只

有策略函数 $\pi_{\boldsymbol{\theta}}(a_t|s_t)$ 包含了参数 $\boldsymbol{\theta}$。此结果是策略梯度算法的关键。将式 (4.82) 代入目标函数梯度公式 (4.80)，可得：

$$
\begin{aligned}
\boldsymbol{\nabla} \bar{R}_{\boldsymbol{\theta}} &= \sum_{\tau} R(\tau) \boldsymbol{\nabla} p_{\boldsymbol{\theta}}(\tau) \\
&= \mathrm{E}_{\tau \sim p_{\boldsymbol{\theta}}(\tau)} \left[R(\tau) \boldsymbol{\nabla} \log p_{\boldsymbol{\theta}}(\tau) \right] \\
&\approx \frac{1}{n} \sum_{i=1}^{n} R\left(\tau^i\right) \boldsymbol{\nabla} \log p_{\boldsymbol{\theta}}\left(\tau^i\right) \\
&= \frac{1}{N} \sum_{i=1}^{n} \sum_{t=1}^{T_i} R\left(\tau^i\right) \boldsymbol{\nabla} \log \pi_{\boldsymbol{\theta}}\left(a_t^i|s_t^i\right)
\end{aligned}
\tag{4.85}
$$

其中，n 为随机采样的完整轨迹数量，变量上标 i 为轨迹编号，T_i 为第 i 条轨迹的长度。式 (4.85) 将计算目标函数梯度问题转化成求数学期望问题，然后用蒙特卡洛估计来求解。策略梯度算法需要计算轨迹累积收益 $R(\tau^i)$，因此需要大量随机采样轨迹数据，根据概率论中大数定律，采样的轨迹数量 n 越大，估计越准确。但在实际应用中，智能体与环境交互的采样过程越频繁，则消耗的计算资源也越多。

为了深刻理解策略梯度算法，我们将策略梯度算法和最大似然估计进行比较，将强化学习问题近似成监督学习问题，对一条完整轨迹数据进行一定转化，变换成二元组集合：

$$
\begin{aligned}
&\langle s_0, a_0 \rangle \\
&\langle s_1, a_1 \rangle \\
&\langle s_2, a_2 \rangle \\
&\langle s_3, a_3 \rangle \\
&\qquad \vdots \\
&\langle s_{T_i}, a_{T_i} \rangle
\end{aligned}
\tag{4.86}
$$

监督学习任务中的训练数据形式为 $\langle x_i, y_i \rangle$，监督学习的目标是学习一个函数，将输入值 x_i 映射为输出值 y_i。强化学习的目标是学习一个策略函数，将输入值状态变量 s_i 映射为动作 a_i。监督学习和强化学习也有类似之处，最大区别在于强化学习优化的目标函数为序贯决策获得的累积收益，决策行为之间互相关联，互相影响。

监督学习的经验数据样本具有独立同分布性质（independent and identically distributed, i.i.d.）。现在流行的机器学习算法大多属于统计学习范畴，因此独立同分布性质在机器学习领域占据重要地位。在概率论和数理统计理论中，随机变量服从同一分布且互相独立，那么这些随机变量服从独立同分布。在最大似然估计中，我们为了最大化经验样本出现的概率，可将样本出现的概率表示为

$$
\prod_{i=1}^{n} \prod_{t=0}^{T_i} \pi_{\boldsymbol{\theta}}\left(a_t^i|s_t^i\right)
\tag{4.87}
$$

似然概率取对数后不影响最大似然估计中的最大化操作，可得：

$$\log \prod_{i=1}^{n} \prod_{t=0}^{T_i} \pi_{\boldsymbol{\theta}} \left(a_t^i | s_t^i\right) \tag{4.88}$$

对数似然概率展开后可以表示为

$$\sum_{i=1}^{n} \sum_{t=1}^{T_i} \log \pi_{\boldsymbol{\theta}} \left(a_t^i | s_t^i\right) \tag{4.89}$$

对比对数似然概率与策略梯度方法，可以发现策略梯度方法中目标函数梯度公式：

$$\sum_{i=1}^{n} \sum_{t=1}^{T_i} R\left(\tau^i\right) \log \pi_{\boldsymbol{\theta}} \left(a_t^i | s_t^i\right) \tag{4.90}$$

中增加了一项 $R\left(\tau^i\right)$。最大似然估计中最大化似然概率和策略梯度算法中最大化累积收益回报非常相似。策略梯度算法在最大似然估计的基础上，进行加权求和，权重为轨迹对应的累积回报 $R\left(\tau^i\right)$，说明优化算法在优化迭代过程中鼓励收益越大的轨迹出现，以获得更高的期望累积收益回报。

我们简单介绍蒙特卡洛策略梯度（REINFORCE）算法伪代码，如 Algorithm 13所示，核心公式为

$$\boldsymbol{\theta} \leftarrow \boldsymbol{\theta} + \alpha G_t \boldsymbol{\nabla} \log \pi_{\boldsymbol{\theta}} \left(a_t | s_t\right) \tag{4.91}$$

蒙特卡洛策略梯度算法最大化智能体的累积收益，采用梯度上升更新策略函数 $\pi_{\boldsymbol{\theta}}(a|s)$ 的参数 $\boldsymbol{\theta}$，其中，α 为学习率，G_t 为状态 s_t 和动作 a_t 对应的累积收益。

Algorithm 13: 蒙特卡洛策略梯度（REINFORCE）算法伪代码

Input: 状态空间 $\mathcal{S}$，动作空间 $\mathcal{A}$，折扣系数 γ 以及环境 Env，可微分策略函数 $\pi_{\boldsymbol{\theta}}(a|s)$，学习率 α

Output: 最优策略 π^*

1 初始化策略函数的参数 $\boldsymbol{\theta}$

2 **for** $n = 0, 1, 2, 3, \cdots$ **do**

3   % 每次循环针对一条轨迹

4   初始化状态 s_0，生成一条轨迹

5

$$\tau = \{s_0, a_0, r_0, s_1, a_1, r_1, s_2, a_2, r_2, \cdots, s_T, a_T, r_T\} \tag{4.92}$$

6   **for** $t = 0, 1, 2, 3, \cdots, T$ **do**

7   计算当前时间步开始到轨迹结束的累积回报 G_t

$$\boldsymbol{\theta} \leftarrow \boldsymbol{\theta} + \alpha G_t \boldsymbol{\nabla} \log \pi_{\boldsymbol{\theta}} \left(a_t | s_t\right) \tag{4.93}$$

8   **if** s 为终止状态 **then**

9   开始下一条轨迹采样

10   **if** $\boldsymbol{\theta}$ 收敛 **then**

11   停止迭代

4.7 应用实践

强化学习智能决策系统有两大重要模块：复杂环境模型（环境）和强化学习算法（智能体）。在实际应用中，基于问题背景构建复杂环境模型是第一要务，应用实践部分的主要内容是构建与智能体交互的环境模型。我们构建交互环境模型前，可以学习一些优秀的强化学习环境集合，如 OpenAI 的 Gym。

强化学习算法研究人员设计新算法和改进现有算法后，需要在公认的基准环境中测试算法性能。强化学习算法应用人员基于现实问题构建环境模型，运用成熟的强化学习算法进行模型训练和测试。开发者和研究人员如果熟悉面向对象编程，将更容易理解环境模型的构建过程。

4.7.1 强化学习的智能交易系统框架

基于强化学习的智能交易系统框架如图4.1所示。该图展示了强化学习智能体进行智能决策的过程，其主要模块为智能体和环境模型（复杂金融市场模型）。图4.1中的金融市场为智能体所处环境，图下方的机器人表示了投资智能体。智能体从环境中得到金融市场状态表示，基于当前状态（马尔可夫假设），进行智能投资决策，做出投资动作，作用于金融市场环境，金融市场环境转移到下一个状态并返回给智能体，同时也反馈对应的即时奖励。

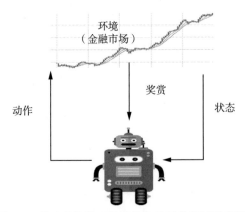

图 4.1 基于强化学习的智能交易系统框架示意图

在强化学习的智能交易系统框架中，金融市场环境模型是智能体交互的对象，融合了现实金融市场的市场信息和演化动力学规律，尽可能真实地模拟仿真现实金融市场。金融市场环境模型的基本框架为马尔可夫决策过程。我们将详细介绍复杂金融市场环境模型的构建过程。

4.7.2 智能交易系统环境模型编程

智能交易模型一直是量化金融的热门方向。相较于游戏环境的强化学习智能体建模，金融市场智能体建模更具挑战性，金融市场环境的复杂度远远高于一般的游戏环境系

统 [162-169]。在游戏环境系统中，即时奖励具有非常明确的数值信号，在金融市场环境中，每一个投资操作都没有非常确定的反馈信号，很难判断一次买入操作在未来所能带来的累积收益回报。因此，在复杂金融市场环境中，智能交易系统建模面临很多挑战，我们将提供一个简化的框架和实例 [170]。

在游戏 Atari 环境中，虽然智能体所需建模的环境比金融市场环境更简单，强化学习智能体也无法轻易达到顶级人类玩家的水平，不但需要很多编程技巧和建模细节，而且需要大量的计算资源辅助和极强的工程落地能力。在智能交易系统中，智能体需要通过学习确定交易时间和交易方向，通过训练智能体在不同市场环境下进行投资决策，期望获得最大化的累积收益回报。基于已训练的投资智能体的投资行为，我们可以构建系统性金融风险指标，对金融市场系统性风险进行识别、测度和预警。金融系统性风险预警的问题可抽象成一个序贯决策问题，基于不同时间的金融市场状态给出预警信号。

1. 金融市场环境中的马尔可夫决策过程

基于马尔可夫决策过程，我们构建强化学习智能交易模型。在金融市场环境中，智能投资的核心是智能体建模和复杂金融市场环境建模，智能体感知金融市场环境变化，做出投资行为决策。金融投资交易问题可以形式化成一个马尔可夫决策过程。

经典的马尔可夫决策过程可以用一个五元组表示 $(\mathcal{S}, \mathcal{A}, P, R, \gamma)$。基于离散马尔可夫决策过程的金融市场环境模型定义如下：

> **定义 4.4　基于离散马尔可夫决策过程的金融市场环境模型**
>
> 基于离散马尔可夫决策过程（Markov Decision Process，MDP) 的金融市场环境模型可以表示为六元组 $(\mathcal{S}, \mathcal{A}, P, R, \gamma, H)$，其中：
> - $\mathcal{S}$ 表示金融市场环境状态集合；
> - $\mathcal{A}$ 表示智能体动作集合；
> - $P : \mathcal{S} \times \mathcal{A} \times \mathcal{S} \to [0, 1]$ 是金融市场环境状态转移函数；
> - $R : \mathcal{S} \times \mathcal{A} \times \mathcal{S} \to \mathcal{R}$ 是金融市场环境回报函数；$\mathcal{R}$ 为连续的区间，$R(s_t, a_t, s_{t+1}) \in \mathcal{R}$，$R_{\max} \in \mathbb{R}^+$ (e.g., $[0, R_{\max}]$)；
> - $\gamma \in [0, 1)$ 是折扣系数；
> - H 是投资期限。

基于离散马尔可夫决策过程的金融市场环境模型在经典马尔可夫决策过程的基础上增加了一个投资期限 H。随着模型越来越复杂，模型可表示的动力学过程也越来越丰富。投资期限 H 简化了模型，有利于投资智能体的建模和训练。在金融市场环境中，基于强化学习的智能交易系统模块如图4.2所示。我们结合图4.2对智能交易系统进一步进行详细分析。

2. 金融市场状态空间

基于离散马尔可夫决策过程的金融市场环境模型六元组中，变量 $\mathcal{S}$ 表示金融市场状态空间。一个简化模型可以采用时间序列数据刻画金融市场状态，包括金融指数时间序列、股票价格时间序列等。金融投资智能体在决策过程中不可能考虑全部金融市场信息，人类投资者也不可能获取并处理所有市场信息，因此，在金融市场环境模型中选取合适的状态变量，对智能体的投资绩效和可靠性具有重要意义[170]。

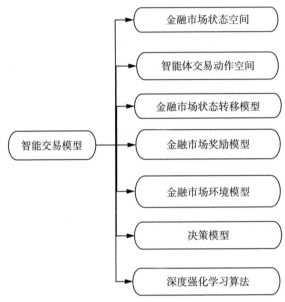

图 4.2　基于强化学习的智能交易系统模块示意图

　　金融市场是一个极其复杂的巨系统，是一个大规模异质个体动态博弈的复杂市场，相较于围棋和一些电子游戏，金融市场的状态和规模都要高出很多量级。人类觉得无比复杂的围棋状态空间，大概是 10^{170} 数量级的规模，但围棋的状态空间毕竟还是有限的，金融市场状态空间却不一样，其状态空间有很多变量是连续的，而且无法精确度量，金融市场中的决策变量数不胜数。不同的交易者考虑不同的数据，基本面交易者会考虑很多财务数据和宏观变量，技术面交易者会考虑更加微观的交易数据。金融市场数据形式千变万化，如价格时间序列、交易网络、非结构化的新颖数据等，都能为个体和机构的投资决策提供市场环境信息和市场状态信息，可以作为投资智能体的决策变量。

　　图4.3给出了金融市场中价格时间序列随时间演化情况。图4.3的训练数据集中，环境模型每次随机截取长度为 H 的时间序列作为一个训练周期（Episode），最大化智能体在一个投资周期上的累积收益回报。在投资智能体建模过程中，测试集与训练集需要严格分开。我们可以通过对价格时间序列的分析构建金融指标作为模型的状态变量。

　　我们简化了金融市场环境模型的设计，提供了入门级的深度强化学习算法应用示例。在本示例中，智能体投资决策变量只考虑了部分技术指标，不包括市场宏观指标、市场情绪指标等数据。在实际应用中，更多高质量的决策数据通常能够提高投资智能体模型的累积投资收益，是智能投资交易系统可以扩展和优化的方向。

3. 智能体动作空间

　　在金融市场环境模型六元组中，A 表示智能体的动作空间，即智能体金融交易动作。智能体基于金融市场环境变量和当前策略函数给出交易动作。一般来说，智能体动作可以分

成两类，一类是连续型，另一类是离散型。如交易智能体的离散型动作 $a \in \mathcal{A}$ 可表示为

$$a = \begin{cases} 1, & \text{buy} \\ 0, & \text{hold} \\ -1, & \text{sell} \end{cases} \tag{4.94}$$

离散型数值 1、0 和 −1 分别表示买入、持有和卖出金融资产。

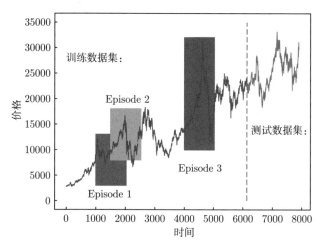

图 4.3　金融市场中价格时间序列随时间演化情况

在实际应用中，金融交易智能体的动作也可以用连续动作空间表示，设定 $a \in [-1, 1]$，其中的 a 表示金融资产的持仓比例或者最大买卖金额比例。当智能交易系统中的最大买卖金额设定为 100 万时，动作 $a = 0.3$ 表示买入 30 万资产，动作 $a = -0.5$ 则表示卖出 50 万资产。动作变量 a 也可以是一个实数向量，以向量元素 a_i 来表示第 i 类金融资产的持仓比例或者最大交易金额比例。

可以将连续空间进行离散化操作，使用离散动作空间建模连续动作。比如 $a \in \{-10, -9, \cdots, 9, 10\}$，其中每一个整数对应一个连续空间的子区间。因此，金融交易智能体的动作既可以选择离散动作，也可以选择连续动作，或者采用两者的混合。

4. 金融市场奖励模型

在金融市场环境模型六元组中，回报函数 $R: \mathcal{S} \times \mathcal{A} \times \mathcal{S} \to \mathcal{R}$ 是智能体进行交互学习的关键。强化学习不同于有监督机器学习算法的表现之一，是强化学习智能体在学习过程中没有度量投资行为好坏的直接信息，需要智能体通过与环境交互获得即时回报进行试错学习。在给定的环境状态变量和动作情况下，智能体转移到下一个环境状态，并获得即时回报 R[170]。

在金融交易智能体模型训练过程中，强化学习环境模型是主要模块，而在金融市场环境模型搭建过程中，设计奖励函数最为关键，奖励函数直接影响智能体的学习效果以及其能达到的智能水平。在给定环境状态变量和动作的情况下，智能体获得合适的奖励信号，能使得智能体有效地学习到高收益的投资策略。强化学习领域为了解决奖励稀疏和奖励延迟

问题而发展了很多奖励塑形（Reward Shaping）技术，在金融交易智能体设计和训练方面具有极大的应用前景。

在金融市场中，智能体的累积奖励来源于投资回报，但也不仅限于投资回报收益。在实际金融投资智能体设计过程中，我们的目标并非只锚定高收益，同时也希望有效控制交易风险，因此，融合交易风险的奖励函数设计也值得深入研究。如何让智能体能够对市场大波动的风险更加敏感，更有效地感知市场风险，需要一个很好的奖励函数设计方案。

在金融市场环境模型六元组中，奖励回报函数 $R(s, a, s')$ 是智能体学习策略函数的重要依据。奖励函数有很多的表示形式，可以由多个部分组成，类似于现实世界中的多目标决策问题。在设计奖励回报函数时，高累积收益的行为需要增加奖励值，达到引导和训练智能体做出更多类似行为的目的。奖励函数 $R(s, a, s')$ 可以定义为投资组合总市值的变化量 [170]：

$$R(s, a, s') = v' - v \tag{4.95}$$

其中，奖励函数 R 表示智能体在金融市场状态 s 下执行动作 a 并转化到下一个状态 s' 后获得的即时奖励值，v' 和 v 分别表示智能体在状态 s' 和 s 时资产市值。奖励函数 $R(s, a, s')$ 也可以定义为智能体动作前后投资组合市值的对数收益率：

$$R(s, a, s') = \log(v') - \log(v) \tag{4.96}$$

在金融理论界和金融实务界，对数收益率更为常用。

5. 金融市场状态转移模型

在金融市场环境模型六元组中，$P : \mathcal{S} \times \mathcal{A} \times \mathcal{S} \to [0, 1]$ 表示金融市场环境的转移函数。在现实世界的复杂金融系统中，我们无法给出市场状态转移函数的显式形式，因而需要构建一个虚拟的市场环境。在虚拟金融市场环境中，模拟环境在接收到智能体输出动作后，跳转到新的金融市场环境状态。

金融市场交易环境模型可以加载现实世界金融市场中的金融资产历史价格数据等市场信息，按照时间顺序进行状态转换，如在 t 时刻金融市场环境模型返回现实金融市场中 t 时刻的金融资产价格或指标数据，在 $t + 1$ 时刻金融市场环境模型返回现实金融市场中 $t + 1$ 时刻的金融资产价格或指标数据作为环境状态信息。

金融市场环境模型与现实金融市场之间的差异直接决定了训练好的智能体在现实世界的泛化能力，即智能体在实际使用时策略函数的获利能力。我们期望尽可能减小金融市场环境模型与现实金融市场之间的差异，最直接的方式就是尽可能收集有效的、即时的、多尺度的金融市场信息作为金融市场环境模型的观测值或者状态变量。

在金融市场环境模型中，状态转移的时间粒度可以重新设计。t 时刻的金融市场状态可以转移到下一个状态，即 $t + \Delta t$ 时刻的状态，Δt 可以是 1 天、3 天、5 天、1 周等，粒度可以更粗或更细。Δt 决定了智能体进行决策的间隔时间或交易频率，也是智能体调仓的最短间隔时间。我们可以设置较大的 Δt 值，以减少金融交易智能体调仓的次数。

6. 金融市场折扣因子和市场摩擦

在金融市场环境模型六元组中，$\gamma \in [0,1)$ 是折扣因子，与金融中折现因子具有类似的含义。智能体在学习过程中每个行为的收益不同，其目标是学习具有最大累积收益的投资行为策略，需要估计不同行为的期望累积收益，离当前行为越远的奖励影响越小，所以采用折扣的累积收益来实现：

$$R = \sum_{t=0}^{H} \gamma^t R_t \tag{4.97}$$

金融市场环境模型越真实，智能体学习到的交易策略就越具有泛化性。因此，在金融市场环境模型中，智能体交易过程必须考虑交易成本，交易成本可设置为固定费用，即每笔交易扣除固定金额。一般而言，金融市场中按照百分比扣除交易费用，例如 1/1000 是每笔交易最常用的交易成本率。如果希望减少智能体交易次数，那么可以增加市场手续费比率，改变奖励函数值，引导智能体减少交易次数。金融交易智能体在训练阶段和测试阶段应该设定不同的奖励函数，测试阶段奖励函数的手续费率可以设定为与实际市场相近的手续费率。

7. 决策模型

智能体获得金融市场环境状态信息，基于交易策略函数转变为智能投资动作。智能体的策略函数的功能就是处理和分析金融市场环境信息，策略函数建模的主要工具是深度神经网络模型，如深度前馈神经网络、卷积神经网络、循环神经网络、图神经网络等。

金融市场环境数据异常复杂且不可穷尽，在市场状态建模过程中只能够对部分可获取的金融市场信息进行分析，智能体投资决策过程如图4.4所示。图4.4左边部分表示金融市场环境的状态信息，可以是金融技术性指标、宏观经济指标、微观经济指标、舆情指标等。图4.4中间部分表示深度神经网络模型，深度学习模型的优劣直接关系到智能体对金融市场环境信息的提取和高层次特征的抽象，提取高价值的信息能获得高质量的决策行为。图4.4右边部分表示金融市场环境信息通过深度神经网络模型后，输出金融资产买卖动作。

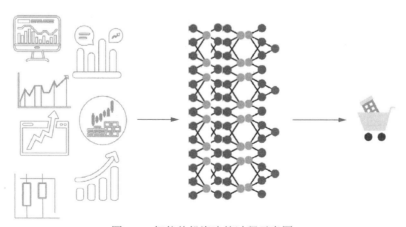

图 4.4　智能体投资决策过程示意图

8. 强化学习算法

强化学习算法近年的发展得到了各个行业的关注和应用。深度强化学习算法在强化学习理论和算法基础上融合了深度神经网络模型（DNN、CNN、RNN 等）。我们基于不同的金融市场状态变量，可以选择合适的深度神经网络模型作为策略函数模型。如何来训练策略函数模型，如何来学习模型参数，如何获得一个优质的金融市场投资决策函数，深度强化学习算法将发挥强大功效来解决此类问题。与强化学习算法一样，深度强化学习算法也多种多样，各有优缺点，因此可以根据模型设定选择合适的深度强化学习算法，如 Deep Q Network（DQN）、置信阈策略优化（Trust Region Policy Optimization，TRPO）、近端策略优化（Proximal Policy Optimization，PPO）、深度确定性策略梯度（Deep Deterministic Policy Gradient, DDPG）方法、Twin Delayed DDPG（TD3）和 Actor-Critic 算法等。

∽ 第 4 章习题 ∽

1. 什么是马尔可夫过程？
2. 什么是马尔可夫回报过程？
3. 什么是马尔可夫决策过程？
4. 强化学习与动态规划的区别有哪些？
5. 强化学习与蒙特卡洛方法的区别有哪些？
6. Q-learning 和 SARSA 的区别是什么？
7. 基于值函数的强化学习算法有哪些优点？
8. 基于值函数的和基于策略的强化学习的区别是什么？

深度强化学习Q网络

5.1　深度 Q 网络

　　智能系统有不同类型，也有不同层次，融入了人类生活的方方面面。计算机科学中的智能可分成计算智能、感知智能、决策智能、认知智能以及通用智能等，其中，计算智能比较常见，如计算器。计算器在科学计算或者超复杂计算方面已经远远超过了人类，更不用说电子计算机。在简单的加减乘除运算方面，学生使用的计算器也能够超过绝大部分人类，特别是超大数之间的乘法和除法让绝大部分人类都望尘莫及。因此，计算智能方面，人类已经远远落后于普通机器。

　　近年来，机器在一些感知智能方面也超过了人类，主要得益于深度学习的蓬勃发展，如人脸识别、图像识别、语音识别、机器翻译等。一直以来，人类在决策智能方面一直遥遥领先于机器，直到 2016 年 AlphaGo 横空出世，智能机器在围棋上打败了围棋世界冠军李世石，使智能机器的决策惊艳全球。AlphaGo 用到的关键技术之一就是深度强化学习。

5.1.1　智能策略

　　强化学习作为解决序贯决策问题的重要方法，其主要任务是学习决策函数或策略函数。强化学习算法从经验数据中学习策略函数，期望获得较高的累积收益。现实世界中的策略具体是什么？策略就是一种有目的、有组织的行动方案。学术界和工业界对策略的定义有很多，有从西方管理学出发的，如格鲁克（W. F. Glueck）认为策略是为了达到组织的基本目标而设计的统一、协调、广泛及整合的计划；也有从古代军事领域出发的，认为策略是所谓的调兵遣将之道等。策略含有计谋、政策、战略的意思。强化学习中的策略就是智能体学习到的一个函数，在不同的环境下能够基于环境状态做出最优行动，获得最高的累积收益。

5.1.2 策略函数与 Q 表格

策略函数表示一个映射关系，从状态空间映射到动作空间。我们将通过简单表格形式的示例，非常直观地理解策略函数的含义。

1. 策略函数简单示例

此示例设定环境非常简单，只有两种状态：下雨和不下雨。智能体的行为也只有两种：带伞和不带伞。假设智能体进行决策时，存在一个基于不同天气状况和智能体动作的收益矩阵，如表 5.1 所示。

表 5.1　基于不同天气和动作的收益矩阵

	下雨	不下雨
带伞	1	−1
不带伞	−2	1

当下雨时，智能体带伞的收益是 1，而不带伞收益是 −2，因此智能体选择带伞的动作；当不下雨时，智能体带伞的收益是 −1，而不带伞的收益是 1，因此智能体选择不带伞的动作。因此，智能体最优策略是下雨带伞，不下雨就不带伞，如表 5.2 所示。

表 5.2　基于不同天气最优策略

天气	最优动作
下雨	带伞
不下雨	不带伞

如果智能体的偏好异于常人，情愿淋雨也不要打伞，对打伞的行为表现出厌恶，则基于智能体行为偏好的收益矩阵可以表示为表 5.3。

表 5.3　厌恶打伞的智能体的收益矩阵

	下雨	不下雨
带伞	−2	−2
不带伞	0	1

厌恶打伞的智能体的最优策略为所有天气状况下都不打伞。因此，最优策略可以简单表示为矩阵形式，如表 5.4 所示。

表 5.4 厌恶打伞的智能体的最优策略

天气	最优动作
下雨	不带伞
不下雨	不带伞

由此可见，智能体的最优策略是由收益矩阵决定的。在强化学习中，收益矩阵可以看作是状态-动作值函数矩阵，也就是 Q 值矩阵。智能体能够基于不同的价值函数导出不同的最优策略。策略函数表示有很多种，最简单直白的方式是强化学习中常用的表格形式，复杂的表示方式包括深度强化学习中的深度神经网络模型等。

2. Q 表格

强化学习中的状态-动作值矩阵决定了智能体最优化策略。在日常生活中，价值矩阵或行为策略时时刻刻影响着人类的行为决策。强化学习智能体的学习任务就是从经验数据中学习到智能体的状态-动作值矩阵或者直接学习到策略函数。智能体的行为偏好反映在状态-动作值矩阵或者深度神经网络之中，智能体基于状态-动作值或者深度神经网络进行行为决策。一般而言，状态-动作值矩阵 (Q-table) 可以表示如下：

$$
\begin{array}{c}
\begin{array}{cccccc}
a_1 & a_2 & a_3 & \cdots & a_{m-1} & a_m
\end{array} \\
\begin{array}{c}
s_1 \\ s_2 \\ s_3 \\ \vdots \\ s_{n-1} \\ s_n
\end{array}
\left(
\begin{array}{cccccc}
Q_{1,1} & Q_{1,2} & Q_{1,3} & \cdots & Q_{1,m-1} & Q_{1,m} \\
Q_{2,1} & Q_{2,2} & Q_{2,3} & \cdots & Q_{2,m-1} & Q_{2,m} \\
Q_{3,1} & Q_{3,2} & Q_{3,3} & \cdots & Q_{3,m-1} & Q_{3m} \\
\vdots & \vdots & \vdots & \ddots & \vdots & \vdots \\
Q_{n-1,1} & Q_{n-1,2} & Q_{n-1,3} & \cdots & Q_{n-1,m-1} & Q_{n-1,m} \\
Q_{n,1} & Q_{n,2} & Q_{n,3} & \cdots & Q_{n,m-1} & Q_{n,m}
\end{array}
\right)
\end{array}
$$

矩阵中的 s_i 表示状态，a_j 表示动作，$Q_{i,j}$ 表示智能体在状态 s_i 情况下执行动作 a_j 的价值或累积奖励回报。如果状态空间维度较高，那么状态数量 n 将是一个非常大的数，同样，如果动作空间维度高，那么动作数量 m 也是一个非常大的数。因此，状态-动作值矩阵规模为 $n \times m$，一般计算机可能无法满足存储超大矩阵的内存需求。

人类面对的现实环境更复杂，人类行为过程也更复杂。人类智能也是基于一个隐含的价值矩阵或价值函数，可以认为是人类个体的价值观，即日常所说的三观之一。个人的价值观决定了个体的行为，如果个体觉得玩游戏价值高于学习的价值，那么将偏好选择玩游戏的行为。强化学习算法的任务是从经验数据中训练和学习一个具有类似人类的"价值观"（价值函数或策略函数）的虚拟智能体。智能体基于不同的环境状态做出符合自身价值观的策略行为，满足了自身偏好，获得较高的累积收益。

3. Q 网络

深度强化学习的任务和强化学习的任务一样，唯一的区别是状态-动作值函数的表现形式不同。动作空间和状态空间维度较大，且在计算资源和存储空间资源有限的情况下，表格不可能完整地表示收益矩阵，因此，我们采用神经网络模型来近似状态-动作值矩阵。深度神经网络模型是一个非线性函数，连续非线性函数的内插性质使得模型能对未曾见过的状态进行估计，而无须像状态-动作值矩阵那样详细地记录每一个状态-动作对的价值。

深度强化学习与强化学习的最大区别在于，深度强化学习将状态-动作值矩阵用深度神经网络模型进行了替换，如图 5.1 所示。

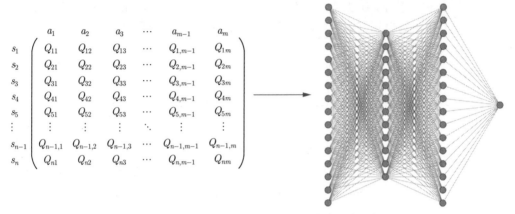

图 5.1 深度神经网络模型替换状态-动作值矩阵示意图

很多深度强化学习算法与强化学习的经典算法具有相同原理，只是将表格学习替换成了深度神经网络学习，因此，深刻理解强化学习经典算法是学习深度强化学习算法的基础。

5.1.3 策略函数与 Q 网络

深度 Q 网络（Deep Q Network，DQN）通过深度神经网络拟合状态-动作值，智能体策略函数用深度 Q 网络表示，能够输出给定状态下每个动作的累积奖励回报，如图 5.2 所示。

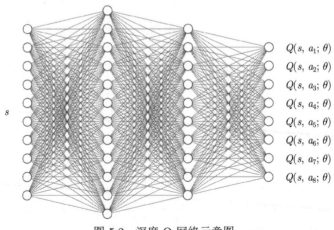

图 5.2 深度 Q 网络示意图

图 5.2 中的深度 Q 网络为深度前馈神经网络模型或称为多层感知机，其网络结构也可以替换成其他深度神经网络模型，如深度卷积神经网络、深度循环神经网络、深度图神经网络等。深度神经网络的复杂结构表示了复杂的非线性的状态-动作值函数 $Q(s,a;\boldsymbol{\theta})$，其中，$\boldsymbol{\theta}$ 为深度神经网络模型参数。深度强化学习算法的主要任务是，基于经验数据来拟合深度神经网络模型参数 $\boldsymbol{\theta}$，获得最优化的状态-动作值函数 $Q(s,a;\boldsymbol{\theta})$。

5.2 DQN 算法介绍

DQN 算法全称是 Deep Q Network，基于经典强化学习算法 Q-learning 演化而来，Q-learning 作为强化学习的重要算法，有着悠久的历史，在强化学习发展和应用过程中发挥了重要作用[171]。Q-learning 算法的核心是学习状态-动作值函数 $Q(s,a)$，智能体基于状态-动作值函数 $Q(s,a)$ 选择给定状态 s 下的最优动作。在 Q-learning 算法中，状态-动作值函数 $Q(s,a)$ 的更新公式为

$$Q(s,a) \leftarrow Q(s,a) + \alpha \left(r + \gamma \max_{a'} Q(s',a') - Q(s,a) \right) \tag{5.1}$$

深度强化学习和经典强化学习的最大区别在于，深度强化学习算法中值函数或策略函数一般使用深度神经网络逼近或近似，用参数化的状态-动作值函数 $Q(s,a;\theta)$ 逼近 $Q(s,a)$，可如下表示

$$Q(s,a) = Q(s,a;\boldsymbol{\theta}) \tag{5.2}$$

深度强化学习算法在更新过程中不直接对状态-动作值函数 $Q(s,a;\boldsymbol{\theta})$ 的数值进行更新，而是更新近似状态-动作值函数 $Q(s,a;\boldsymbol{\theta})$ 的深度神经网络模型参数 $\boldsymbol{\theta}$，可表示为

$$\boldsymbol{\theta}_k = \boldsymbol{\theta}_{k-1} + \Delta\boldsymbol{\theta}_k \tag{5.3}$$

其中，$\boldsymbol{\theta}_k$ 表示第 k 迭代时深度神经网络模型的参数，$\Delta\boldsymbol{\theta}_k$ 表示第 k 迭代时深度神经网络模型参数的更新量或变化量。

5.2.1 经验回放

DQN 算法通过初始化的策略函数与环境交互，获得经验数据迭代更新策略函数。经典的 DQN 算法中有一个关键技术，叫经验回放（Experience Replay）。智能体在与环境交互过程中获得的经验数据会保存在经验池（Replay Buffer）之中，智能体在更新策略函数或值函数时，将从经验池中随机抽样经验样本数据训练模型。DQN 算法在初始化过程中需要设定经验池的容量大小 n，即可以保存的样本数量。经验池中的数据存放形式如下：

$$\langle s_0, a_0, r_0, s_1 \rangle,$$

$$\langle s_1, a_1, r_1, s_2 \rangle,$$

$$\langle s_2, a_2, r_2, s_3 \rangle, \tag{5.4}$$

$$\vdots$$

$$\langle s_n, a_n, r_n, s_n \rangle$$

经验池存储满后，我们可以将旧的经验样本数据剔除，保存新的经验样本数据。在实际编程应用过程中，经验池的数据结构可以用一个先进先出的队列表示。在更新策略函数时，DQN算法一般采用随机抽样或者重要性抽样从经验池中抽样经验数据，训练智能体状态-动作值函数或策略函数。经验样本重要性的定义可以根据具体问题来设定。

5.2.2　目标网络

为了使深度神经网络模型训练过程更加稳定，DQN算法引入了目标网络（Target network）的概念。强化学习 Q-learning 算法的更新公式 (5.1) 迭代收敛时，公式左边等于右边，即：

$$\left(r + \gamma \max_{a'} Q(s', a') \right) - Q(s, a) \to 0 \tag{5.5}$$

DQN算法的训练过程是使状态-动作值 $Q(s, a)$ 趋近 $r + \gamma \max_{a'} Q(s', a')$，即：

$$Q(s, a) \to \left(r + \gamma \max_{a'} Q(s', a') \right) \tag{5.6}$$

DQN算法将 $r + \gamma \max_{a'} Q(s', a')$ 作为 TD 目标值，在智能体进行更新和采样过程中目标值 $r + \gamma \max_{a'} Q(s', a')$ 是不断变化的。随着模型策略函数的更新，目标值 $r + \gamma \max_{a'} Q(s', a')$ 在相同的状态 s' 和动作 a' 下也是变化的，这是因为深度 Q 网络中的状态-动作值 $Q(s, a)$ 被参数化为 $Q(s, a; \boldsymbol{\theta})$，所以只要更新了参数 $\boldsymbol{\theta}$，其他状态 s' 和动作 a' 的状态-动作值也都发生了变化。TD 目标值 $r + \gamma \max_{a'} Q(s', a'; \boldsymbol{\theta})$ 随时都发生着变化，将其作为深度 Q 网络 $Q(s, a; \boldsymbol{\theta})$ 逼近对象并不合适，就如同靠近一个移动和变化的目标难度较大。

为了克服这个问题，DQN算法引入了目标网络。原始网络被称为行为网络（Behavior Network），目标网络的结构与原始状态-动作价值网络 $\boldsymbol{Q}(s, a; \theta)$ 的结构完全一样，具有相同的深度神经网络结构，只是参数值不一样。目标网络表示为 $Q(s, a; \boldsymbol{\theta}^-)$，$\boldsymbol{\theta}^-$ 为目标网络参数。目标网络和行为网络的更新频率不同，为了模型训练的稳定性，DQN算法在一定的更新步骤内保持目标网络不变，用来计算 TD 目标值：

$$y_t = r_t + \gamma \max_{a'} Q(s', a'; \boldsymbol{\theta}^-) \tag{5.7}$$

固定的目标更容易稳定学习过程。在 DQN 算法中引入目标网络的操作就如同初学者学习射飞镖，如果标靶随机移动，初学者很难掌握射中标靶的技能；反之，如果标靶固定，初学者就更容易掌握射中标靶的技能。

5.3　DQN 算法

DQN 算法先初始化状态-动作值函数 $Q(s, a; \boldsymbol{\theta})$ 的参数 $\boldsymbol{\theta}$，然后初始化目标网络，即初始化状态-动作值函数 $Q(s, a; \boldsymbol{\theta}^-)$ 的参数 $\boldsymbol{\theta}^- = \boldsymbol{\theta}$。在与环境交互过程中，智能体采用 ϵ-贪心策略生成轨迹，ϵ-贪心策略表示为

$$\pi(s, a) = \begin{cases} 1 - \epsilon + \dfrac{\epsilon}{|\mathcal{A}|}, & a = \arg\max_a Q(s, a; \boldsymbol{\theta}) \\ \dfrac{\epsilon}{|\mathcal{A}|}, & a \neq \arg\max_a Q(s, a; \boldsymbol{\theta}) \end{cases} \tag{5.8}$$

其中，$|\mathcal{A}|$ 表示动作空间 $\mathcal{A}$ 中动作数量。在智能体基于 ϵ-贪心策略选择动作时，目标网络 $Q(s, a; \boldsymbol{\theta}^-)$ 无须参与计算。

DQN 算法将 ϵ-贪心策略采样得到的经验数据四元组 $\langle s, a, r, s' \rangle$ 存入经验池，经验数据四元组中的 a 是基于 ϵ-贪心策略产生的动作，r 和 s' 是环境模型返回的即时奖励和下一个环境状态。经验池积累了一定数量的经验数据后，智能体可以从经验池中随机采样小批量的经验数据来更新行为网络，首先针对每个四元组 $\langle s_i, a_i, r_i, s_i' \rangle$ 计算 TD 目标值：

$$y_i = r_i + \gamma \max_{a'} Q(s_i', a'; \boldsymbol{\theta}^-) \tag{5.9}$$

同时，TD 误差表示为

$$\delta_i = y_i - Q(s_i, a_i; \boldsymbol{\theta}) = r_i + \gamma \max_{a'} Q(s_i', a'; \boldsymbol{\theta}^-) - Q(s_i, a_i; \boldsymbol{\theta}) \tag{5.10}$$

我们将小批量经验数据代入损失函数，计算 TD 误差的均方和：

$$J(\boldsymbol{\theta}) = \frac{1}{n} \sum_{i=1}^{n} (y_i - Q(s_i, a_i; \boldsymbol{\theta}))^2 \tag{5.11}$$

其中，n 为小批量经验数据大小。损失函数 $J(\boldsymbol{\theta})$ 的梯度为

$$\nabla J(\boldsymbol{\theta}) = -\frac{2}{n} \sum_{i=1}^{n} (y_i - Q(s_i, a_i; \boldsymbol{\theta})) \nabla Q(s_i, a_i; \boldsymbol{\theta}) \tag{5.12}$$

损失函数 $J(\boldsymbol{\theta})$ 越小越好。我们采用梯度下降算法更新深度神经网络模型参数，行为网络参数更新公式为

$$\boldsymbol{\theta} = \boldsymbol{\theta} - \alpha \nabla J(\boldsymbol{\theta}) \tag{5.13}$$

目标网络的参数可以不用频繁更新，待行为网络更新一定步数后，我们更新目标网络参数：

$$\boldsymbol{\theta}^- = \boldsymbol{\theta} \tag{5.14}$$

DQN 算法伪代码 [171] 如 Algorithm 14 所示。

Algorithm 14: DQN 算法伪代码

Input: 状态空间 $\mathcal{S}$，动作空间 $\mathcal{A}$，折扣系数 γ 以及环境 Env

初始化状态-动作值函数 $Q(s, a; \boldsymbol{\theta})$ 的参数 $\boldsymbol{\theta}$

初始化目标网络 $Q(s, a; \boldsymbol{\theta}^-)$ 的参数 $\boldsymbol{\theta}^- = \boldsymbol{\theta}$

Output: 最优策略 π^*

1 **for** $k = 0, 1, 2, 3, \cdots$ **do**

2   % 每次循环针对一条轨迹

3   初始化状态 s

4   **for** $t = 0, 1, 2, 3, \cdots, T$ **do**

5   采用 ϵ-贪心策略产生一步轨迹 $\langle s, a, r, s' \rangle$，并存入经验池

6   **if** 到了需要更新参数的时候 **then**

7   从经验池中随机采样小批量 n 个状态转移序列对 $\langle s, a, r, s' \rangle$，针对每个序列 i 计算 TD 目标值

8   **if** s' 是终止状态 **then**

9      $y_i = r_i$

10   **else**

11     $y_i = r_i + \gamma \max_{a'} Q(s', a'; \boldsymbol{\theta}^-)$

12   计算小批量 n 个状态转换序列的损失函数 $J(\boldsymbol{\theta})$ 及其梯度：

$$\nabla J(\boldsymbol{\theta}) = -\frac{2}{n} \sum_{i=1}^{n} (y_i - Q(s_i, a_i; \boldsymbol{\theta})) \nabla Q(s_i, a_i; \boldsymbol{\theta}) \tag{5.15}$$

   更新网络参数 $\boldsymbol{\theta} = \boldsymbol{\theta} - \alpha \nabla J(\boldsymbol{\theta})$

13   % 参数 $\boldsymbol{\theta}$ 更新 C 次后更新一次 $\boldsymbol{\theta}^-$

14   **if** 间隔 C 步 **then**

15    $\boldsymbol{\theta}^- = \boldsymbol{\theta}$

16 返回最优参数 $\boldsymbol{\theta}$，并得到最优策略 π^*

17 **for** $s \in S$ **do**

18 $\pi^*(s) = \arg\max_{a} Q(s, a; \boldsymbol{\theta})$

DQN 算法中的目标网络增加算法的收敛速度和稳定性，经验池提高样本使用效率，同时也加快智能体训练速度。DQN 算法伪代码包含两个提高 DQN 算法性能的改进，一些改进非常微小，却达到了非常好的效果。对比分析基于深度神经网络逼近的 Q-learning 算法和 DQN 算法的伪代码可以发现，两个算法的主要差异在于参数更新公式。基于深度神经网络逼近的 Q-learning 算法的参数更新公式如下：

$$\boldsymbol{\theta} = \boldsymbol{\theta} + \alpha \left(r_t + \gamma \max_{a'} Q(s', a'; \boldsymbol{\theta}) - Q(s_i, a_i; \boldsymbol{\theta}) \right) \nabla Q(s_i, a_i; \boldsymbol{\theta}) \tag{5.16}$$

经典 DQN 算法的参数更新公式如下：

$$\boldsymbol{\theta} = \boldsymbol{\theta} + \alpha \left(r_t + \gamma \max_{a'} Q(s', a'; \boldsymbol{\theta}^-) - Q(s_i, a_i; \boldsymbol{\theta}) \right) \nabla Q(s_i, a_i; \boldsymbol{\theta}) \tag{5.17}$$

显而易见，两者之间的差异在于，在计算 TD 目标值时，DQN 算法使用了目标网络 $Q(s', a'; \boldsymbol{\theta}^-)$。

同时，我们从另一个角度可以认为，基于经验池采样样本的参数更新与机器学习中监督学习的参数更新类似，都是在拟合状态-动作价值网络 $Q(s', a'; \boldsymbol{\theta})$。监督学习要求训练样本数据满足独立同分布性质，而 DQN 算法经验池中的样本则存在关联关系，通过小批量随机采样，在一定程度上减少了小批量样本之间的相关关系，经验回放机制使得模型训练更加稳定和高效。

DQN 算法融合了目标网络技术和经验回放机制，在训练状态-动作价值网络 $Q(s', a'; \boldsymbol{\theta})$ 后，最优策略 π^* 可以表示为

$$\pi^*(s) = \arg\max_a Q(s, a; \boldsymbol{\theta}) \tag{5.18}$$

5.4　Double DQN

经典 Q-learning 算法和 DQN 算法在估计状态-动作值函数 $Q(s, a)$ 时都存在过估计问题，即得到的状态-动作值函数 Q 值高于真实状态-动作值。

5.4.1　Double DQN 背景

过估计问题的原因有很多，主要是由值函数迭代逼近或优化过程中的最大化操作 $\max_a Q(s, a)$ 引入。

经典 DQN 中的 TD 目标计算公式为

$$y_t = r_t + \gamma \max_{a'} Q(s', a'; \boldsymbol{\theta}^-) \tag{5.19}$$

将 TD 目标计算公式等价变换后，可重写为

$$y_t = r_t + \gamma Q(s', \arg\max_{a'} Q(s', a'; \boldsymbol{\theta}^-); \boldsymbol{\theta}^-) \tag{5.20}$$

因此，DQN 算法中的 TD 目标计算可以分解成两步来进行，第一步为选择最优动作：

$$a^* = \arg\max_{a'} Q(s', a'; \boldsymbol{\theta}^-) \tag{5.21}$$

第二步为计算最优动作 a^* 对应的 TD 目标值：

$$y_t = r_t + \gamma Q(s', a^*; \boldsymbol{\theta}^-) \tag{5.22}$$

在计算 DQN 算法中 TD 目标值的过程中，动作选择和动作价值评估都选择了目标网络 $Q(s', a'; \boldsymbol{\theta}^-)$。为了克服过估计问题，双 Q 网络（Double DQN）算法将动作选择和动作评估做了改进。我们将简要介绍 Double DQN 算法的具体实现 [172]。

5.4.2 双 Q 网络结构

双 Q 网络的思想简单易懂，在智能体训练中计算 TD 目标值时，分离动作选择过程和动作评估过程，使用不同网络进行函数近似。经典 DQN 算法中已经构建了两个网络，即主网络（行为网络）和目标网络，Double DQN 算法使用主网络（行为网络）选择动作：

$$a^* = \arg\max_{a'} Q(s', a'; \boldsymbol{\theta}) \tag{5.23}$$

同时，Double DQN 算法用目标网络进行动作评估，计算最优动作对应的 TD 目标值：

$$y_t = r_t + \gamma Q(s', a^*; \boldsymbol{\theta}^-) \tag{5.24}$$

融合动作选择和动作评估过程，我们可以得到 TD 目标值为

$$y_t = r_t + \gamma Q(s', \arg\max_{a'} Q(s', a'; \boldsymbol{\theta}); \boldsymbol{\theta}^-) \tag{5.25}$$

同样，我们可以得到 TD 误差为

$$\delta_t = r_t + \gamma Q(s', \arg\max_{a'} Q(s', a'; \boldsymbol{\theta}); \boldsymbol{\theta}^-) - Q(s_i, a_i; \boldsymbol{\theta}) \tag{5.26}$$

Double DQN 算法基于 TD 误差进行模型训练，参数更新公式可表示为

$$\boldsymbol{\theta} = \boldsymbol{\theta} + \alpha \left(r_t + \gamma Q(s', \arg\max_{a'} Q(s', a'; \boldsymbol{\theta}); \boldsymbol{\theta}^-) - Q(s_i, a_i; \boldsymbol{\theta}) \right) \nabla Q(s_i, a_i; \boldsymbol{\theta}) \tag{5.27}$$

上式中的梯度 $\nabla Q(s_i, a_i; \boldsymbol{\theta})$ 为 $Q(s_i, a_i; \boldsymbol{\theta})$ 增加的方向，当公式中

$$r_t + \gamma Q(s', \arg\max_{a'} Q(s', a'; \boldsymbol{\theta}); \boldsymbol{\theta}^-) > Q(s_i, a_i; \boldsymbol{\theta}) \tag{5.28}$$

我们最小化损失函数，$Q(s_i, a_i; \boldsymbol{\theta})$ 必须越来越逼近 $r_t + \gamma Q(s', \arg\max_{a'} Q(s', a'; \boldsymbol{\theta}); \boldsymbol{\theta}^-)$，则参数 $\boldsymbol{\theta}$ 朝着 $Q(s_i, a_i; \boldsymbol{\theta})$ 增加的方向更新。我们增加 $Q(s_i, a_i; \boldsymbol{\theta})$，缩小 $Q(s_i, a_i; \boldsymbol{\theta})$ 与目标值 y_t 之间的差距。当公式中

$$r_t + \gamma Q(s', \arg\max_{a'} Q(s', a'; \boldsymbol{\theta}); \boldsymbol{\theta}^-) < Q(s_i, a_i; \boldsymbol{\theta}) \tag{5.29}$$

参数 $\boldsymbol{\theta}$ 朝着 $Q(s_i, a_i; \boldsymbol{\theta})$ 减小的方向更新。我们减小 $Q(s_i, a_i; \boldsymbol{\theta})$，缩小 $Q(s_i, a_i; \boldsymbol{\theta})$ 与目标值 y_t 的差距。

简而言之，Double DQN 算法的关键之处在于融合动作选择和动作评估过程：

$$Q(s', \arg\max_{a'} Q(s', a'; \boldsymbol{\theta}); \boldsymbol{\theta}^-) \tag{5.30}$$

我们将简单分析 Double DQN 算法中双网络 $\boldsymbol{\theta}^-$ 和 DQN 算法中目标网络 $\boldsymbol{\theta}^-$ 之间的异同。

5.4.3　Double DQN 算法伪代码

Double DQN 算法伪代码[172] 如 Algorithm 15 所示。Double DQN 算法伪代码与 DQN 算法的伪代码区别在于第 11 行的 TD 目标计算之中。我们为了代码完整性和便于理解，保留了与 DQN 算法相同的代码。

Algorithm 15: Double DQN 算法伪代码

Input: 状态空间 $\mathcal{S}$，动作空间 $\mathcal{A}$，折扣系数 γ 以及环境 Env

初始化状态-动作值函数 $Q(s, a; \boldsymbol{\theta})$ 的参数 $\boldsymbol{\theta}$

初始化目标状态-动作值函数 $Q(s, a; \boldsymbol{\theta}^-)$ 的参数 $\boldsymbol{\theta}^- = \boldsymbol{\theta}$

初始化经验池。

Output: 最优策略 π^*

1　**for** $k = 0, 1, 2, 3, \cdots$ **do**

2　　% 每次循环针对一条轨迹

3　　初始化状态 s

4　　**for** $t = 0, 1, 2, 3, \cdots, T$ **do**

5　　　采用 ϵ-贪心策略:

$$\pi(s, a) = \begin{cases} 1 - \epsilon + \dfrac{\epsilon}{|\mathcal{A}|}, & a = \arg\max_a Q(s, a; \boldsymbol{\theta}) \\ \dfrac{\epsilon}{|\mathcal{A}|}, & a \neq \arg\max_a Q(s, a; \boldsymbol{\theta}) \end{cases} \tag{5.31}$$

　　　产生一步轨迹 $\langle s, a, r, s' \rangle$，并存入经验池

6　　　**if** 到了需要更新参数的时候 **then**

7　　　　从经验池中随机采样 n 个转换序列，针对每个序列 i 计算 TD 目标值

8　　　　**if** $t + 1$ 是终止状态 **then**

9　　　　　$y_i = r_t$

10　　　　**else**

11　　　　　$y_i = r_t + \gamma Q(s', \arg\max_{a'} Q(s', a'; \boldsymbol{\theta}); \boldsymbol{\theta}^-)$

12　　　　计算 n 个状态转换序列的损失函数，并计算 $J(\boldsymbol{\theta})$ 的梯度:

$$\nabla J(\boldsymbol{\theta}) = -\frac{2}{n} \sum_{i=1}^{n} (y_i - Q(s_i, a_i; \boldsymbol{\theta})) \nabla Q(s_i, a_i; \boldsymbol{\theta}) \tag{5.32}$$

　　　　更新网络参数:

$$\boldsymbol{\theta} = \boldsymbol{\theta} + \alpha (y_i - Q(s_i, a_i; \boldsymbol{\theta})) \nabla Q(s_i, a_i; \boldsymbol{\theta}) \tag{5.33}$$

13　　　**if** 间隔 C 步 **then**

14　　　　$\boldsymbol{\theta}^- = \boldsymbol{\theta}$

15　返回最优参数 $\boldsymbol{\theta}$ 和最优策略 π^*

Double DQN 算法对 DQN 算法做了简单改进，分离了动作选择和动作评估过程，使得算法的性能和稳定性都有提升。Double DQN 算法中的两个网络结构一模一样，只是目标网络参数更新滞后。

5.5 Dueling DQN

深度强化学习算法改进的主要方向是提高算法绩效。DQN 算法改进涉及很多方面，如特征提取、值函数估计、策略输出等方面都能够改进算法绩效。

5.5.1 Dueling DQN 算法框架简介

Dueling DQN 算法对网络结构进行了改进[173]，提升了算法性能，Dueling DQN 网络结构如图 5.3 所示。

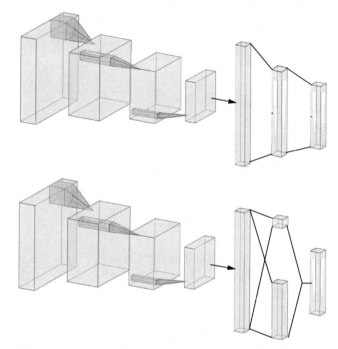

图 5.3　DQN（上）和 Dueling DQN（下）网络结构示意图

5.5.2 Dueling DQN 算法核心思想

Dueling DQN 核心思想是将状态-动作值函数 $Q(s,a;\boldsymbol{\theta})$ 分解成两部分，一部分是状态值函数 $V(s;\boldsymbol{\theta},\boldsymbol{\beta})$，另一部分是在状态值函数基础上选择动作 a 的优势函数 $A(s,a;\boldsymbol{\theta},\boldsymbol{\alpha})$，用公式表示如下：

$$Q(s,a;\boldsymbol{\theta},\boldsymbol{\alpha},\boldsymbol{\beta}) = V(s;\boldsymbol{\theta},\boldsymbol{\beta}) + A(s,a;\boldsymbol{\theta},\boldsymbol{\alpha}) \tag{5.34}$$

状态值函数 $V(s;\boldsymbol{\theta},\boldsymbol{\beta})$ 和优势函数 $A(s,a;\boldsymbol{\theta},\boldsymbol{\alpha})$ 都可以用深度神经网络模型表示，且能够共用部分深度神经网络结构，对应图 5.3 中 Dueling DQN 网络中左边部分结构，对应的模型参数为公共参数 $\boldsymbol{\theta}$。

图 5.3 中 Dueling DQN 网络的最后一层对应 $Q(s,a;\boldsymbol{\theta})$ 值。网络倒数第二层上部分对应状态值函数 $V(s;\boldsymbol{\theta},\boldsymbol{\beta})$，输出一个标量数值，对应状态 s 的价值（期望累积收益）；下部

分对应优势函数 $A(s,a;\boldsymbol{\theta},\boldsymbol{\alpha})$，输出值为当前状态 s 下智能体选择动作 a 的优势。网络倒数第三层以及其他部分为公共部分，对应公共参数 $\boldsymbol{\theta}$，一般为深度卷积神经网络等。公共神经网络将原始输入信息转化为一个特征列向量（公共特征），作为状态值函数 $V(s;\boldsymbol{\theta},\boldsymbol{\beta})$ 和优势函数 $A(s,a;\boldsymbol{\theta},\boldsymbol{\alpha})$ 的输入特征变量。

分离状态值函数 $V(s;\boldsymbol{\theta},\boldsymbol{\beta})$ 和优势函数 $A(s,a;\boldsymbol{\theta},\boldsymbol{\alpha})$ 具有一定的合理性，优势函数 $A(s,a;\boldsymbol{\theta},\boldsymbol{\alpha})$ 可以表示为

$$A(s,a;\boldsymbol{\theta},\boldsymbol{\alpha}) = Q(s,a;\boldsymbol{\theta},\boldsymbol{\alpha},\boldsymbol{\beta}) - V(s;\boldsymbol{\theta},\boldsymbol{\beta}) \tag{5.35}$$

其中，状态值函数 $V(s;\boldsymbol{\theta},\boldsymbol{\beta})$ 是状态-动作值函数 $Q(s,a;\boldsymbol{\theta},\boldsymbol{\alpha},\boldsymbol{\beta})$ 的加权平均值，优势函数 $A(s,a;\boldsymbol{\theta},\boldsymbol{\alpha})$ 可以看作是动作 a 的价值 $Q(s,a;\boldsymbol{\theta},\boldsymbol{\alpha},\boldsymbol{\beta})$ 相较于平均价值 $V(s;\boldsymbol{\theta},\boldsymbol{\beta})$ 的优势值。状态值函数 $V(s;\boldsymbol{\theta},\boldsymbol{\beta})$ 改变后，所有状态 s 的动作值 $Q(s,a;\boldsymbol{\theta},\boldsymbol{\alpha},\boldsymbol{\beta})$ 都将发生变化，如式 (5.34) 所示。

由于式 (5.34) 包含了两类参数 $\boldsymbol{\alpha}$ 和 $\boldsymbol{\beta}$，状态-动作值函数 $Q(s,a;\boldsymbol{\theta},\boldsymbol{\alpha},\boldsymbol{\beta})$ 容易出现无法识别的问题，因为同样的状态-动作值函数 $Q(s,a;\boldsymbol{\theta},\boldsymbol{\alpha},\boldsymbol{\beta})$ 可以由无数种状态值函数 $V(s;\boldsymbol{\theta},\boldsymbol{\beta})$ 和优势函数 $A(s,a;\boldsymbol{\theta},\boldsymbol{\alpha})$ 之和组成。因此，Dueling DQN 很难正确地确定参数 $\boldsymbol{\alpha}$ 和 $\boldsymbol{\beta}$。为了解决此问题，Dueling DQN 算法对优势函数 $A(s,a;\boldsymbol{\theta},\boldsymbol{\alpha})$ 进行限制，将公式改写为

$$Q(s,a;\boldsymbol{\theta},\boldsymbol{\alpha},\boldsymbol{\beta}) = V(s;\boldsymbol{\theta},\boldsymbol{\beta}) + A(s,a;\boldsymbol{\theta},\boldsymbol{\alpha}) - \max_{a'} A(s,a';\boldsymbol{\theta},\boldsymbol{\alpha}) \tag{5.36}$$

可以得到最优动作：

$$a^* = \arg\max_{a'} Q(s,a';\boldsymbol{\theta},\boldsymbol{\alpha},\boldsymbol{\beta}) = \arg\max_{a'} A(s,a';\boldsymbol{\theta},\boldsymbol{\alpha}) \tag{5.37}$$

因此，最优动作 a^* 对应的动作值函数为

$$Q(s,a^*;\boldsymbol{\theta},\boldsymbol{\alpha},\boldsymbol{\beta}) = V(s;\boldsymbol{\theta},\boldsymbol{\beta}) \tag{5.38}$$

在实际应用中，求最大值过程实现难度较大，因此需要用优势函数的平均值代替最大值操作，具体公式如下：

$$Q(s,a;\boldsymbol{\theta},\boldsymbol{\alpha},\boldsymbol{\beta}) = V(s;\boldsymbol{\theta},\boldsymbol{\beta}) + A(s,a;\boldsymbol{\theta},\boldsymbol{\alpha}) - \frac{1}{|A|}\sum_{a'} A(s,a';\boldsymbol{\theta},\boldsymbol{\alpha}) \tag{5.39}$$

此时可以通过采样来求得平均值，无须遍历所有动作，效果较好。相较于 Double DQN 和目标网络设计，Dueling DQN 从网络结构上对 DQN 算法进行了改进，属于模型层面和原理层面的升级改进。

5.6　Distributional DQN

Distributional DQN 算法的主要思想是，智能体在学习过程中学到的不仅仅只是状态-动作价值的一个数值，或者叫作平均值，而是状态-动作价值的分布情况 [174]。以状态-动作

值函数 $Q(s,a;\boldsymbol{\theta})$ 为例，$Q(s,a;\boldsymbol{\theta})$ 是一个标量，可以理解为智能体在状态 s 情况下动作 a 的平均价值。Distributional DQN 算法不同之处在于，智能体在状态 s 情况下动作 a 的状态-动作值函数 $Q(s,a;\boldsymbol{\theta})$ 输出一个概率分布，即动作 a 的价值的概率分布情况。相较于平均值而言，概率分布包含了更多的信息，更有利于智能体决策。图 5.4 给出了状态-动作值函数 $Q(s,a;\boldsymbol{\theta})$ 输出概率分布的简单示意图。

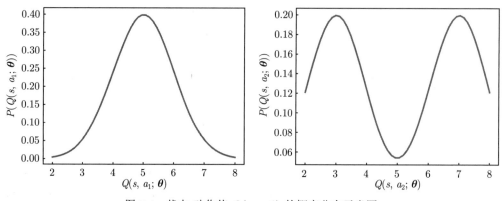

图 5.4 状态-动作值 $Q(s,a;\boldsymbol{\theta})$ 的概率分布示意图

在数理统计分析中，我们通过对随机样本进行统计分析，刻画随机变量的特征属性，包括样本的均值、方差、峰度、偏度等统计量，提供随机变量的统计信息，但统计量并不能刻画概率分布的完整信息。如果能够建模或拟合随机变量的概率分布，那么就能更好地理解随机变量的特征属性，也能够更好地进行智能决策。

图 5.4 的左图和右图分别对应两个动作 a_1 和 a_2 的 Q 值概率分布情况，动作 a_1 和 a_2 的 Q 值平均值都为 5。在经典 DQN 算法中，动作 a_1 和 a_2 的动作价值没有区别，满足 $Q(s,a_1;\boldsymbol{\theta})=Q(s,a_2;\boldsymbol{\theta})=5$。Distributional DQN 算法学习动作 a_1 和 a_2 的 Q 值分布，两者之间的明显差异包含了更多的动作行为信息，能满足更多目标需求。智能体在选择动作过程中，除了选取均值最大的动作，还可以考虑风险偏好等。除了计算 Q 值的均值，我们还可以基于概率分布计算动作价值的方差等特征量，图 5.4 中动作 a_1 的方差小于动作 a_2 的方差，具有不同方差偏好的智能体可以选择不一样的行为动作。

研究人员发现，Distributional DQN 能够有效减少过拟合的出现。深度神经网络模型在输出动作值的概率分布过程中，会对 Q 值的输出范围做一定限制，将动作价值区间划分成给定数量的盒子，有利于模型概率分布的学习。在深度神经网络模型训练过程中，即使出现极大值也能够限定在给定的范围内，在一定程度上减少了过估计程度。

5.7 DQN 的其他改进

在 DQN 算法的改进过程中，有些改进操作能够对采样效率产生影响，有些能够对样本多样性产生影响，也存在一些方法能够同时对采样效率和样本多样性产生影响，提升模型学习和训练效率，提高算法总体性能。

5.7.1 优先级经验回放

基于优先级经验回放（Prioritized Experience Replay）的 DQN 算法的核心是，从经验池随机抽样经验样本时，并不是完全等概率随机抽样所有样本，而是考虑有优先级的随机抽样，那不同样本被抽取的概率不一样 [175]。回顾一下 DQN 算法参数更新公式：

$$\boldsymbol{\theta} = \boldsymbol{\theta} + \alpha \left(r_i + \gamma Q(s_i', \arg\max_{a'} Q(s_i', a'; \boldsymbol{\theta}); \boldsymbol{\theta}^-) - Q(s_i, a_i; \boldsymbol{\theta}) \right) \boldsymbol{\nabla} Q(s_i, a_i; \boldsymbol{\theta}) \tag{5.40}$$

将公式中的 TD 误差用 δ 表示：

$$\delta_i = \left(r_i + \gamma Q(s_i', \arg\max_{a'} Q(s_i', a'; \boldsymbol{\theta}); \boldsymbol{\theta}^-) - Q(s_i, a_i; \boldsymbol{\theta}) \right) \tag{5.41}$$

当然，此处 δ 并非满足 TD 误差的严格定义。在 DQN 算法更新过程中，参数 $\boldsymbol{\theta}$ 更新的幅度不仅和学习率 α 有关，也与 δ 的大小相关。DQN 算法的参数更新公式可重写为

$$\boldsymbol{\theta} = \boldsymbol{\theta} + \alpha \delta_i \boldsymbol{\nabla} Q(s_i, a_i; \boldsymbol{\theta}) \tag{5.42}$$

其中，梯度 $\boldsymbol{\nabla} Q(s_i, a_i; \boldsymbol{\theta})$ 决定了参数更新的方向，学习率 α 和 δ 决定了参数更新的大小。

1. 基于 TD 误差绝对量的样本优先级

当 DQN 算法中的 TD 误差 δ 很小时，参数更新的速度较小，算法收敛较慢。模型训练中过小的 δ 对参数更新几乎没有影响，既浪费了计算资源（计算梯度），也影响了算法效率。为了快速学习到最优参数 $\boldsymbol{\theta}$，可以偏向于对 TD 误差 δ 较大的样本进行采样，即给予 TD 误差 δ 较大的样本更高的优先级 p。状态转移样本 i 的优先级可以表示为

$$p(i) \propto |\delta_i| + \epsilon \tag{5.43}$$

其中，ϵ 为一个极小的正数，使得每一个样本都有可能被采样。从上式可见，样本 i 的优先级正比于 TD 误差的绝对量 $|\delta_i|$。

2. 基于 TD 误差排序的样本优先级

我们在计算样本优先级时，将样本按照 TD 误差 $|\delta|$ 从大到小排序，假设样本 i 的排序为 $\mathrm{rank}(i)$，则状态转移样本 i 的优先级可以表示为

$$p(i) = \frac{1}{\mathrm{rank}(i)} \tag{5.44}$$

相较于基于 TD 误差绝对量的样本优先级，基于排序 $|\delta_i|$ 的样本优先级更加稳定，因为个别样本的 TD 误差绝对量 $|\delta_i|$ 变化对其他样本影响较小。在实际应用中，基于排序的样本优先级对样本异常值不敏感，样本优先级具有稳健性。

3. 基于样本优先级计算采样概率

在模型训练过程中，基于样本优先级 $p(i)$ 确定样本 i 的采样概率：

$$P(i) = \frac{p^\varsigma(i)}{\sum\limits_k p^\varsigma(k)} \tag{5.45}$$

其中，ς 是一个调整系数。当 $\varsigma = 0$ 时，退化至等概率采样，ς 越大采样过程越是偏向于优先级高的样本。

在算法改进过程，一些程序优化设计方案在解决了某些特定问题的同时，也容易引入其他新问题。比如，Dueling DQN 算法分离了状态值函数 $V(s)$ 和优势函数 $A(s,a)$，容易造成训练难收敛或者根本无法收敛的问题。在基于优先级的经验回放机制中，基于样本优先级进行抽样时会引入偏差，有些样本会被大概率重复采样，导致改变收敛结果。因此，David Silver 等人为了弥补优先级采样所引入的算法缺陷，引入了重要性采样：

$$w_i = \left(\frac{1}{N} \frac{1}{P(i)} \right)^\beta \tag{5.46}$$

其中，N 为经验池大小，β 为调整系数。在参数更新过程中，无偏估计在模型收敛时至关重要。如果偏差较大，收敛会高度不稳定，而重要性采样降低了偏差，使得训练效率更高。

4. 基于优先级经验回放机制的 Double DQN 算法的伪代码

融合了优先级经验回放机制的 DQN 算法 [175] 提升了样本效率和训练效率，基于优先级经验回放机制的 Double DQN 算法伪代码如 Algorithm 16 所示。

经验样本优先级计算方式有很多种，如根据加入经验池的时间长短设置优先级，因为一般来说，最新的经验样本更加具有利用价值，而太旧的样本利用价值较低。在实际应用中，考虑优先级回放机制是改进 DQN 算法绩效的一个较好的备选方案，最终效果需要实验验证。Algorithm 16 以基于 TD 误差池对量的样本优先级为例。

5.7.2 噪声网络 DQN

强化学习通过不断试错来学习，试错的过程是智能体与环境不断交互的过程。如何充分地探索环境状态空间，是强化学习需要解决的重要问题。通过充分探索状态空间和动作空间，智能体能够基于环境反馈的信息学习环境的特征属性和动力学演化特征，使得智能体能够有较好的泛化性能。探索和利用问题是强化学习由来已久的重要问题，在深度强化学习中，诸多优秀算法在探索和利用问题方面给出了有效的应对策略和改进方法。为了增加智能体的探索能力，需要训练智能体动作更具多样性，在实际应用中一般使用 ϵ-贪心策略生成轨迹，ϵ-贪心策略使得智能体增加了探索的效果，具体公式如下所示：

$$\pi(s,a) = \begin{cases} 1 - \epsilon + \dfrac{\epsilon}{|\mathcal{A}|}, & a = \arg\max\limits_a Q(s,a;\boldsymbol{\theta}) \\ \dfrac{\epsilon}{|\mathcal{A}|}, & a \neq \arg\max\limits_a Q(s,a;\boldsymbol{\theta}) \end{cases} \tag{5.47}$$

Algorithm 16: 基于优先级经验回放机制的 Double DQN 算法伪代码

Input: 状态空间 $\mathcal{S}$，动作空间 $\mathcal{A}$，折扣系数 γ 以及环境 Env。调整系数 ζ 和 β

初始化状态-动作值函数 $Q(s, a; \boldsymbol{\theta})$ 的参数 $\boldsymbol{\theta}$

初始化目标状态-动作值函数 $Q(s, a; \boldsymbol{\theta}^-)$ 的参数 $\boldsymbol{\theta}^- = \boldsymbol{\theta}$

累计梯度初始化 $\Delta = 0$

Output: 最优策略 π^*

1　**for** $k = 0, 1, 2, 3, \cdots$ **do**

2　　% 每次循环针对一条轨迹

3　　初始化状态 s

4　　**for** $t = 0, 1, 2, 3, \cdots, T$ **do**

5　　　采用 ϵ-贪心策略产生一步轨迹 $\langle s, a, r, s' \rangle$

6　　　将状态转移序列 $\langle s, a, r, s' \rangle$ 存入经验池

7　　　**if** 到了需要更新参数的时候 **then**

8　　　　**for** $i = 1, 2, 3, ..., n$ **do**

9　　　　　从经验池中依概率 $P(i) = \dfrac{p^\zeta(i)}{\sum\limits_k p^\zeta(k)}$ 采样状态转换序列样本 i

10　　　　　计算重要性采样权重 $w_i = \left(\dfrac{1}{N} \dfrac{1}{P(i)} \right)^\beta$

11　　　　　针对每个序列 i 计算 TD 目标值

$$\delta = r_i + \gamma Q \left(s', \arg\max_{a'} Q(s', a'; \boldsymbol{\theta}); \boldsymbol{\theta}^- \right) - Q(s', a'; \boldsymbol{\theta}) \right) \tag{5.48}$$

12　　　　　更新样本 i 的优先级 $p(i) = |\delta| + \epsilon$

13　　　　　累计参数梯度：

$$\Delta \leftarrow \Delta + w_i \delta_i \boldsymbol{\nabla} Q(s_i, a_i; \boldsymbol{\theta}) \tag{5.49}$$

14　　　　更新网络参数

$$\boldsymbol{\theta} = \boldsymbol{\theta} + \alpha \Delta \tag{5.50}$$

　　　　　累计梯度清零：$\Delta = 0$

15　　　**if** 间隔 C 步 **then**

16　　　　$\boldsymbol{\theta}^- = \boldsymbol{\theta}$

17　返回最优参数 $\boldsymbol{\theta}$ 和最优策略 π^*

在一次训练周期（Episode）中，智能体的 ϵ-贪心策略在相同状态 s 下有可能输出不一样的动作 a。在很多现实世界情况下，智能体面对相同的环境，理应做出相同的策略动作。为了增加合理性和智能体探索能力，并在一轮训练中保证智能体在同样的状态下输出相同的最优动作，可以采用噪声网络 DQN 算法。在噪声网络 DQN 算法中，Noise 网络对应状态-动作值函数 $Q(s, a; \boldsymbol{\theta})$ 网络，将噪声加入参数 $\boldsymbol{\theta}$ 中：

$$\boldsymbol{\theta} = \boldsymbol{\theta} + \epsilon_\theta \tag{5.51}$$

在噪声网络 DQN 算法中，深度神经网络参数 $\boldsymbol{\theta}$ 在加入随机噪声后，在一轮训练周期中不

再加入随机噪声，以保证在一轮训练中智能体策略函数是相同的。噪声网络增加了智能体输出动作的多样性，增加探索环境状态空间和动作空间的能力，提高智能体决策水平和模型训练效率。

5.7.3 多步（Multi-step）DQN

DQN 算法的目标是智能体学习状态-动作值函数 $Q(s,a)$，基于蒙特卡洛方法的强化学习算法直接采样完整轨迹数据对状态-动作值函数 $Q(s,a)$ 进行估计。针对每条完整轨迹数据，可以计算从状态 s 开始直至终止状态的轨迹数据中智能体获得的累积奖励回报：

$$G_t = R_t + \gamma R_{t+1} + \gamma^2 R_{t+2} + \gamma^3 R_{t+3} + \cdots = \sum_{k=0}^{T} \gamma^k R_{t+k} \tag{5.52}$$

其中，γ 是折扣系数，且 $\gamma \in [0,1)$。蒙特卡洛方法多次采样完整轨迹数据后，对状态-动作值函数 $Q(s,a)$ 进行估计：

$$Q_\pi(s,a) = \mathrm{E}_\pi[G_t \mid S_t = s, A_t = a] \tag{5.53}$$

在蒙特卡洛方法中，智能体需要采样完整的轨迹数据后才能更新状态-动作值函数 $Q(s,a)$，完整轨迹数据包含了 T 步决策过程。

基于时序差分思想，DQN 算法的主要任务是迭代更新状态-动作值函数 $Q(s,a)$，优化深度神经网络模型参数 $\boldsymbol{\theta}$，得到最优化的状态-动作值函数和最优策略。状态-动作值函数 $Q(s,a;\boldsymbol{\theta})$ 参数 $\boldsymbol{\theta}$ 通过迭代进行拟合，其核心公式为：

$$Q(s,a;\boldsymbol{\theta}) \leftarrow Q(s,a;\boldsymbol{\theta}) + \alpha \left(r + \gamma \max_{a'} Q(s',a';\boldsymbol{\theta}) - Q(s,a;\boldsymbol{\theta}) \right) \tag{5.54}$$

在式 (5.54) 中，TD 目标值 $r + \gamma \max\limits_{a'} Q(s',a';\boldsymbol{\theta})$ 为一步动作的即时奖励值和下一个状态的最优动作值的估计值。在实际模型训练过程中，智能体采样得到一步的即时回报 r 和下一个状态 s'。运用更新公式 $Q(s,a) \leftarrow Q(s,a) + \alpha(r + \gamma \max\limits_{a'} Q(s',a') - Q(s,a))$ 更新之后，智能体进入下一个状态 $s = s'$。为了得到更加准确的状态-动作值函数估计，可以采用多步（Multi-step）DQN 算法，得到 n 步动作的累积回报，以及第 $n+1$ 步的状态 s_{n+1}，得到 n 步 TD 目标值，即

$$y_t = \sum_{t'=t}^{t'=t+n-1} \gamma^{t'-t} r_{t'} + \gamma^n \max_{a_{n+1}} Q(s_{n+1}, a_{n+1}; \boldsymbol{\theta}) \tag{5.55}$$

TD 误差 δ 可以表示为

$$\delta = \left(\sum_{t'=t}^{t'=t+n-1} \gamma^{t'-t} r_{t'} \right) + \gamma^n \max_{a_{n+1}} Q(s_{n+1}, a_{n+1}; \boldsymbol{\theta}) - Q(s,a;\boldsymbol{\theta}) \tag{5.56}$$

将 n 步 TD 误差 δ 代入参数更新公式，可得

$$\boldsymbol{\theta} \leftarrow \boldsymbol{\theta} + \alpha \delta \boldsymbol{\nabla} Q(s,a;\boldsymbol{\theta}) \tag{5.57}$$

深度神经网络模型反复迭代训练即可获得模型最优化参数 $\boldsymbol{\theta}^*$。多步 DQN 模型在训练过程中引入经验回放机制，同样需要保存大量的经验样本，经验池中数据存放形式如下：

$$\langle s, a, \sum_{t'=t}^{t'=t+n-1} \gamma^{t'-t} r_{t'}, s_{n+1} \rangle \tag{5.58}$$

多步 DQN 算法为了使模型训练更加高效，引入了多步蒙特卡洛模拟，增加了估计准确性，但同时也增加了估计方差。当智能体的模拟步数 $n = 1$ 时，多步 DQN 就退化成了一般 DQN 算法；当模拟步数足够大时，多步 DQN 就退化为基于蒙特卡洛估计的强化学习算法。

5.7.4　分布式训练

在深度强化学习中，Asynchronous Advantage Actor-Critic 算法简称 A3C，是一种流行的强化学习框架。这里，我们只简要介绍算法中 Asynchronous 的具体含义[176]，不描述 A3C 算法的细节。A3C 算法的核心是，多个环境中的多个智能体对深度神经网络参数进行异步更新，其算法架构如图 5.5 所示。

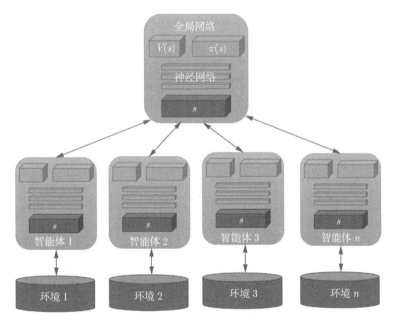

图 5.5　A3C 算法架构示意图

在图 5.5 模型训练过程中，A3C 算法同时模拟了 n 个复杂环境，每个环境中都有智能体与环境交互，n 个智能体同时进行采样，平行的模拟环境同时采样经验数据，极大地提高了样本效率。n 个复杂环境是独立不相关的，同时采样样本间的相关性也较低。除了 n 个与环境交互的智能体，图 5.5 中的 A3C 算法还有一个主智能体，汇总 n 个智能体的样本数据，异步更新模型参数，并共享模型参数。

深度强化学习算法的改进方向之一，是增加智能体探索能力，即智能体对状态空间的高效探索能力。智能体探索的最理想情况是遍历所有环境状态，但在现实复杂环境中不可

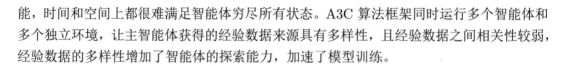

能，时间和空间上都很难满足智能体穷尽所有状态。A3C 算法框架同时运行多个智能体和多个独立环境，让主智能体获得的经验数据来源具有多样性，且经验数据之间相关性较弱，经验数据的多样性增加了智能体的探索能力，加速了模型训练。

5.7.5　DQN 算法改进

在强化学习改进过程中，一些常规操作非常有效，已应用于不同强化学习算法。

1. 智能体探索能力方面

在增强智能体探索能力方面，DQN 算法加入随机因素使得行为动作具有多样性，如 ϵ-贪心策略和噪声网络 DQN 等；A3C 算法并行模拟独立的环境，多个智能体同时采样，也增加了样本的多样性，使得模型训练更加有效。

2. 经验样本使用效率方面

在增加经验样本使用效率方面，经验回放机制非常有效，DQN 算法引入经验池，算法从经验池中重复抽样来训练智能体，增加了样本的利用效率。计算样本的抽样概率，提出基于重要性抽样的经验回放机制，同样也提高了模型训练效率。

3. 梯度更新方面

在梯度更新方面，DQN 算法为了增加学习稳定性和效率，在目标网络和 Double DQN 中分离动作选择和动作评估的设计都改进了学习过程中梯度估计的准确性和更新的稳定性。

4. 算法原理改进方面

在算法原理改进方面，Dueling DQN 改进了深度神经网络结构，对优势函数进行参数优化，改进了智能体算法学习效率和稳定性。Rainbow DQN 融合了诸多改进，也取得了较好的实验效果 [177]。

5.7.6　DQN 算法总结

深度强化学习中的 DQN 算法从经典强化学习 Q-learning 算法演化而来。在强化学习算法的基础上，我们通过深度神经网络模型逼近价值函数和策略函数，拓展了经典强化学习算法的使用范围和智能决策质量。DQN 算法是比较合适深度强化学习入门的基础算法。Q-learning 算法的原理很基础且易解释，使得 DQN 算法普及度和接受度较好，而且从 Q-learning 算法到 DQN 算法的改进非常直接，将 Q 表格（Q Tabular）用 Q 网络（Q Network）进行替换。

在一定程度上，Q-learning 算法和 DQN 算法的差异反映了深度强化学习和强化学习最直接和明显的区别。基于深度神经网络模型强大的泛化能力、非线性拟合能力和表示能力，深度强化学习的动态决策能力和学习能力得到了极大提升，应用领域也得到了极大拓展。但是 Q 表格更新和 Q 网络更新之间的差异，都给深度强化学习的算法设计和模型训练带来了极大挑战。

近年来，DQN 算法的发展也取得了较大进步，特别是在工程应用中取得了举世瞩目的成果，如 DeepMind 的 Alpha 系列智能程序在棋类、游戏、生物等领域的应用。深度挖掘和理解一些深度强化学习算法可以发现，很多算法在强化学习阶段已经有了很好的算法实现和模型架构，如 Double Q-learning 等。

在大规模复杂环境下，经典强化学习算法受限于感知智能的影响，使其应用范围较为狭窄。随着深度学习的蓬勃发展和深度学习模型的大量涌现，深度强化学习算法融合深度学习模型的强大感知智能，提取复杂环境状态特征和学习表示，使得强化学习模型的决策智能得以发挥到更高水平。

近年来，在深度强化学习领域，多智能体强化学习非常具有发展潜力。基于深度强化学习的多智能体学习算法在更加复杂的多人博弈或决策环境中学习和训练，可以解决更加复杂的多主体决策问题。基于 DQN 算法的改进技巧，对多智能体强化学习模型进行适当改进，能提高多智能体模型的训练稳定性和学习效率。

5.8　应用实践

金融市场环境模型构建完成后，智能交易算法的主要任务是基于深度强化学习训练智能体。智能体在复杂金融市场环境中感知市场状态信息并做出智能投资决策，获得累积收益。

5.8.1　智能投资决策系统

1. 智能投资决策系统框架

复杂金融交易环境模型将作为参数输入深度强化学习算法，并迭代训练智能体在给定的金融环境中获得较高的累积收益。基于深度强化学习的智能投资决策系统结构如图 5.6 所示。

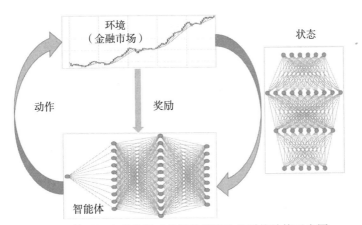

图 5.6　基于深度强化学习的智能投资决策系统结构示意图

2. 金融交易环境模型

基于深度强化学习的智能投资决策系统应用深度强化学习算法训练智能体进行投资决策。一般来说，在纯粹的深度强化学习应用中，需要重点建模和编程的对象是与智能体交互的环境模型，复杂环境建模基于现实问题和应用场景进行抽象和模型化。在基于深度强化学习的智能投资决策系统中，复杂市场环境建模至关重要，直接影响了智能体在实际应用中的投资收益情况。

与机器学习模型类似，训练基于深度强化学习的智能投资决策模型前需要准备好测试数据和训练数据，进行模型选择时还需要验证数据。基于深度强化学习的智能投资决策中智能体训练过程如图 5.6 所示。我们为了保证训练数据和测试数据严格的分离，对时间序列进行了划分，比如 2010 年 01 月 01 日至 2015 年 12 月 31 日的价格时间序列为训练集；2016 年 01 月 01 日至 2016 年 03 月 31 日价格时间序列为测试集。

为了增加训练环境的多样性，我们将训练时间序列窗口进行了随机定位，使得在每次训练的投资周期内训练数据集都不一样，防止过拟合，保证模型训练环境的多样性和模型的泛化性能。每次训练都是随机截取了长度为 H 的时间序列作为一个投资周期内智能体的决策变量，训练时最大化智能体投资周期内的累积收益回报。但是，随机化训练的时间窗口使得模型训练过程不稳定，训练难度加大。

我们可以考虑更多的金融市场技术指标作为智能体决策变量，如移动平均收敛散度（Moving Average Convergence Divergence，MACD）和相对强弱指数（Relative Strength Index，RSI）等 [170]。我们只提供深度强化学习实践的入门基本知识，并验证所提供的系统框架和模块化设计思路具有可行性和有效性，因此在示例中，在智能体投资收益效果方面没有进行过多的追求和精细化设计。初学者在实践和系统改进中可以考虑更多的影响因素和环境变量，为智能体决策提供高质量的金融市场决策变量。优质的市场环境数据和完善的交易信息是高质量投资决策的保障。

3. 深度神经网络模型

在基于深度强化学习的智能投资决策系统中，深度神经网络模型是其重要组成部分，如 DQN 算法中的值函数需要用到深度前馈神经网络、卷积神经网络、循环神经网络等；深度神经网络模型训练将用到 TensorFlow 和 Tensorboard 平台；智能体的交互对象是复杂市场环境模型 Env。我们在已有应用实践的基础上，使用类似于搭建积木及模块化系统设计的方法，将各个模块整合在一起，构建基于复杂金融市场环境和自动化学习的深度强化学习智能体。

4. 深度强化学习模型

基于深度强化学习的智能投资决策系统的核心是智能投资决策的智能体，智能体的核心是智能交易策略函数，而策略函数一般由深度学习模型或深度神经网络模型表示，因此基于深度强化学习方法训练深度神经网络模型是核心的核心。智能体与复杂金融环境模型交互获得模型训练数据。环境模型需要结合金融市场环境进行模拟，定义智能体决策变量，设计智能体与环境交互过程，完成智能体的投资决策函数的训练。深度强化学习的算法原理是应用实践的基础，基于开源软件包，只需少量的算法编程就能实现非常强大的深度强化学习算法功能。复杂市场环境模型已经在 4.7 节编程实践部分完成，只需要进行模型调用即可。基于深度强化学习的智能投资决策系统的构建过程就是模块拼装过程。在模型更新和改进过程中，需要深刻理解模块化系统的设计思想，针对不同模型分别进行模型改进和性能提升，然后从整体上进行融合优化，重复模块迭代优化，重复模型迭代更新，优化智能投资决策系统。

5.8.2　核心代码解析

在深度强化学习算法实践应用中，我们可以学习开源代码库中的优秀算法，包括了算法原理、编程实现细节和编程技巧，提高对深度强化学习算法的理解。我们只提供了算法基础原理和基础实践，因此对深度强化学习算法编程实现要求较低。我们简单介绍训练交易智能体的 DQN 算法核心代码。在开源代码库中存在很多优秀的深度强化学习算法实现，本实例主要使用 Stable-Baselines 代码库。

```
1   #函数类输入参数及其默认值介绍
2   #(class) DQN(policy, env, gamma=0.99, learning_rate=0.0005, buffer_size=50000, exploration_
        fraction=0.1, exploration_final_eps=0.02, train_freq=1, batch_size=32, double_q=True,
        learning_starts=1000, target_network_update_freq=500, prioritized_replay=False, prioritized
        _replay_alpha=0.6, prioritized_replay_beta0=0.4, prioritized_replay_beta_iters=None,
        prioritized_replay_eps=0.000001, param_noise=False, verbose=0, tensorboard_log=None, _
        init_setup_model=True, policy_kwargs=None, full_tensorboard_log=False)
3   #policy: (DQNPolicy or str) 策略模型，基于输入数据可以选用不同的深度神经网络，如MlpPolicy、
        CnnPolicy、LnMlpPolicy等
4   #env: (Gym environment or str) 智能体交互环境（如复杂市场环境模型）
5   #gamma: (float) 折扣因子
6   #learning_rate: (float) 优化器学习率
7   #buffer_size: (int) 经验回放缓冲区大小
8   #explore_fraction: (float) 探索率，即衰减期占训练期的比例
9   #explore_final_eps: (float) 随机动作概率epsilon最终值
10  #train_freq: (int) 多少步之后更新模型
11  #batch_size: (int) 每次从经验回放缓冲区中采样的样本数量
12  #double_q: (bool) 是否开启Double Q学习
13  #learning_starts: (int) 收集多少步的样本后开始更新参数
14  #target_network_update_freq: (int) 更新目标网络参数的间隔步数
15  #priorityd_replay: (bool) 是否使用优先级经验回放机制
16  #priorityd_replay_alpha: 优先级经验回放的alpha 参数，alpha为0对应于均匀分布
17  #priorityd_replay_beta0: (float) 优先级经验回放的beta参数
18  #priorityd_replay_beta_iters: (int) 迭代次数，beta 将从初始减少至1
19  #priorityd_replay_eps: (float) 确定优先级时添加的epsilon
20  #param_noise: (bool) 是否将噪声应用于网络参数
21  #verbose: (int) 0表示无，1表示显示训练信息，2表示Tensorflow调试
```

```
22  #tensorboard_log: (str) Tensorboard 日志位置
23  #_init_setup_model: (bool) 是否在创建实例时构建网络
24  #full_tensorboard_log: (bool) 使用Tensorboard 时启用额外的日志记录
25
26  #导入stable_baselines 深度强化学习算法DQN
27  from stable_baselines import DQN
28  #设置深度强化学习算法DQN参数
29  model = DQN('MlpPolicy',env_train,learning_rate=0.0001,param_noise=False,verbose=0,
        tensorboard_log='log')
30  #DQN训练timesteps步
31  model.learn(total_timesteps=timesteps)
```

深度强化学习 DQN 算法的参数是模型学习和训练的关键。DQN 算法的输入参数 Policy 设定了 DQN 算法值函数的神经网络模型结构，面对不同的环境状态变量，可采用不同的深度神经网络模型结构，如深度卷积神经网络 CnnPolicy、LnMlpPolicy 等。参数 env 是深度强化学习算法中智能体交互的环境模型，是智能体进行学习、训练和实际应用的关键。learning_rate 为学习率，是机器学习过程中需要调节的首要参数。

5.8.3　模型训练

Tensorboard 与 TensorFlow 记录和分析模型训练过程中参数变化情况。Tensorboard 记录的日志数据对模型的训练、程序的调整、参数的调优都很有帮助。图 5.7 给出模型在 30 万次迭代训练过程中损失函数变化曲线，横坐标为迭代步数，纵坐标为损失函数值。

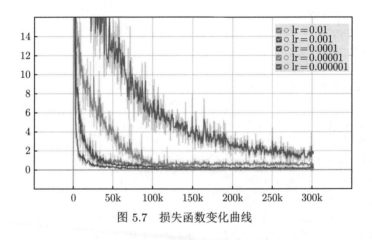

图 5.7　损失函数变化曲线

随着深度强化学习模型训练迭代次数的增加，损失函数先是显著下降，但后期下降不明显，且存在一定波动，损失函数的波动代表了模型收敛的稳定性。图 5.7 中不同实线对应着学习率 learning_rate 取不同值的情况，可以看出，在五种学习率 learning_rate 情况下，损失函数的衰减规律类似。

DQN 算法的损失函数基于 TD 误差定义。在模型训练初期，TD 误差波动较大；在模

型训练后期，TD 误差趋近于 0，越来越小，模型趋于收敛。我们结合 DQN 算法原理可知，TD 误差定义为

$$\delta = r_t + \gamma Q(s', \arg\max_{a'} Q(s', a'; \boldsymbol{\theta}); \boldsymbol{\theta}^-) - Q(s, a; \boldsymbol{\theta}) \tag{5.59}$$

TD 误差 δ 越接近 0，说明 TD 目标值趋于满足公式：

$$r_t + \gamma Q(s', \arg\max_{a'} Q(s', a'; \boldsymbol{\theta}); \boldsymbol{\theta}^-) \approx Q(s, a; \boldsymbol{\theta}) \tag{5.60}$$

则状态-动作值函数 $Q(s, a; \boldsymbol{\theta})$ 估计越准确。

图 5.7 展示了模型训练和模型收敛情况，模型收敛是深度强化学习训练的基础。我们期望基于深度神经网络模型的策略函数收敛到能在投资决策过程中获得较高累积收益的最优策略函数。智能体在单个训练周期内的累积收益情况能够衡量投资策略的盈利能力。

图 5.8 给出了模型训练过程中智能体在单个投资周期内的累积收益变化曲线。随着模型训练的迭代次数的增加，智能体的投资策略获得的累积收益越来越高，但也存在着较大的波动。由于环境在训练过程中变化较大，每次都是随机截取智能体所处环境长度为 H 的时间序列作为一个投资周期内智能体投资决策的变量信息，智能体最大化投资周期内累积收益回报。在训练过程中，随机确定训练区间能够提升模型泛化能力，但也增加了模型训练难度。在模型改进过程中，可以考虑先在固定的训练区间进行训练，然后随机化选取训练区间继续训练，使得模型在初始启动时能够有一个较好且稳定的策略函数，再随机化环境模型，这与 OpenAI 的域随机化（Domain Randomization）方法类似。

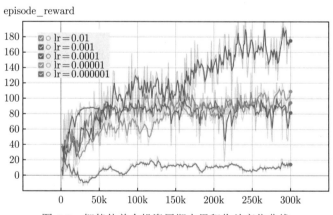

图 5.8 智能体单个投资周期内累积收益变化曲线

我们的 DQN 算法的基本参数都是默认参数值，图 5.8 中的不同实线对应着学习率 learning_rate 取不同值的情况，在五种情况下，累积收益值的变化规律有着较大差异。图 5.7 的收敛性只能保证模型状态-动作值函数参数的收敛性，不能保证算法最终收敛到最优的状态-动作函数或策略函数。图 5.8 显示,对于这五种情况,学习率 learning_rate 为 0.0001 时智能体累积收益最好，但图 5.8 中对应学习率 learning_rate 为 0.0001 的智能体策略函

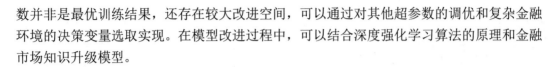

数并非是最优训练结果，还存在较大改进空间，可以通过对其他超参数的调优和复杂金融环境的决策变量选取实现。在模型改进过程中，可以结合深度强化学习算法的原理和金融市场知识升级模型。

5.8.4　模型测试

在智能模型部署前，在测试环境中测试模型至关重要。图 5.9 给出了模型在测试集中的性能，即智能体投资收益情况。为了保证模型测试的有效性，我们将测试集与训练集进行严格分离。如果测试模型具有良好的泛化性能，就可以将模型应用于不同的市场。在我们的示例中，训练集为 2010 年 01 月 01 日至 2015 年 12 月 31 日价格时间序，测试集为 2016 年 01 月 01 日至 2016 年 03 月 31 日价格时间序列。模型测试结果如图 5.9 所示。

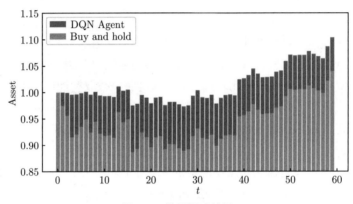

图 5.9　模型测试结果

在图 5.9 中，深色直方图表示深度强化学习智能体（DQN Agent）投资策略在不同时刻的资产价值情况，浅色直方图表示买入持有策略（Buy and hold）在不同时刻的资产价值变化情况。可以发现，深度强化学习智能体的投资策略显著好于买入持有策略。在实际应用和分析中，我们需要进行更多的测试和指标分析，如年化收益、夏普率、最大回撤等。在我们的实例中，模型多处做了简化。在实际应用中，需要对不同模块进行更加细致的建模和设计，如环境状态空间设计中尽可能多地加入市场信息，市场信息不仅仅局限于技术指标，还可以加入更多的财务信息、宏观经济指标、市场情绪指标等。我们可以对模型超参数进行调优，在计算条件允许的情况下，可进行网格搜索等超参数优化方法，找到更加合适的超参数，以提升模型的智能投资收益能力。同时，我们也可以设计奖励函数，可以考虑更多的投资决策目标，如考虑投资者的风险偏好，对一些高风险行为进行惩罚，将此风险偏好建模到奖励函数中，使得智能体模型在投资决策过程中避免高风险的投资行为。

模型改进是一个系统工程，各个模块间关联耦合，对单独模块的改进也需要考虑模块间的数据交互和逻辑关联，整合优化，逐步提高，持续迭代，使得智能决策系统越来越具有实用性。

～◇ 第 5 章习题 ◇～

1. DQN 算法有哪些局限性？
2. DQN 算法与 Q-learning 算法之间的区别和联系是什么？
3. 简述 DQN 算法中经验回放机制。
4. DQN 算法中目标网络的用途是什么？
5. DQN 算法中 ϵ-贪心策略的用途是什么？
6. DQN 算法有哪些改进算法？
7. 运用 DQN 实现一个智能交易强化学习系统。

第 6 章

深度策略优化方法

- ❑ 值函数
- ❑ 策略函数
- ❑ 策略梯度
- ❑ 梯度优化
- ❑ 梯度上升
- ❑ 确定性策略
- ❑ 随机性策略
- ❑ 信赖域策略优化
- ❑ PPO

6.1 策略梯度方法简介

深度强化学习算法的主要任务是训练智能体的策略函数。

6.1.1 DQN 的局限

在经典 DQN 算法中，智能体学习状态-动作值函数 $Q(s,a;\boldsymbol{\theta})$，其中，$s$ 为状态-动作值函数输入状态，a 为状态-动作值函数输入动作，$\boldsymbol{\theta}$ 是表示状态-动作值函数的深度神经网络参数。状态-动作值函数的输出值是智能体在状态 s 下动作 a 的期望累积收益（价值），即 $Q(s,a;\boldsymbol{\theta})$。但是，状态-动作值函数不是智能体的策略函数，或者说不是智能体策略函数的直接表示形式。在 DQN 算法中，智能体的策略函数遍历状态-动作值函数 $Q(s,a;\boldsymbol{\theta})$ 的所有动作 a，计算并搜索价值最大的动作 a^* 作为最优动作。因此，DQN 算法在状态-动作值函数的基础上，通过取最大值操作 $\arg\max$ 获得策略函数：

$$a^* = \arg\max_{a'} Q(s,a';\boldsymbol{\theta}) \tag{6.1}$$

在面对连续动作空间时，上式中取最大值操作的可行性较低且效率较低，因此在一些特殊的实际应用场景中，经典的 DQN 算法存在一些局限。

经典的 DQN 算法适用于离散动作空间，较难应用于连续动作空间。在复杂系统环境中存在大量的连续动作空间问题。比如在机器人控制领域存在大量的连续动作，机器人智能体的部分输出动作是定义在实数域上的变量，如坐标位置、旋转角度、运动速度等；投资智能体的动作也可以设计成连续值，如股票仓位比例等。近年来，深度强化领域专家学者对经典 DQN 算法进行了改进，改进后的 DQN 算法也能够完成连续动作空间任务，扩大了 DQN 算法的适用范围。

在经典 DQN 算法中，取最大值操作不够"soft"，如果存在两个动作的价值非常接近，最大值操作总会选择价值稍微大一点的动作作为最优输出，但其实第二大的状态-动作值 $Q(s, a; \boldsymbol{\theta})$ 对应的动作也足够好。如果次优的动作也有较大的机会被选择到，那么就能够增加动作的多样性，提高智能体对状态空间和动作空间的探索能力，有利于提高智能体训练和学习的效率。虽然 DQN 算法采用 ϵ-贪心策略增加智能体探索能力，但面对复杂系统环境时仍然远远不够，存在较大的改进空间。

经典 DQN 算法的状态-动作值 $Q(s, a; \boldsymbol{\theta})$ 表示在随机性策略方面存在局限。在经典的手头剪刀布游戏中，最优化策略是随机策略，即每次三个动作的输出概率是一样的，都是三分之一。但经典 DQN 算法的取最大值操作源于贪心算法，取最大价值的动作，没有随机性，不能表示随机性策略。与之不同，策略梯度算法无须通过值函数来确定策略函数，而是让智能体直接学习策略函数，计算策略函数梯度，直接更新策略网络参数。

6.1.2　策略梯度方法分类

深度强化学习的主要任务是学习智能策略，是否可以直接在经验数据集上优化策略函数？答案是肯定的。在经验数据集上，策略函数直接输出动作或者动作的概率分布。

1. 策略函数的表示

策略函数的表示形式首选依然是深度神经网络模型，包括深度前馈神经网络、深度卷积神经网络、深度循环神经网络、深度图神经网络等。图 6.1 展示了一个深度前馈神经网络模型的随机性策略函数示意图。

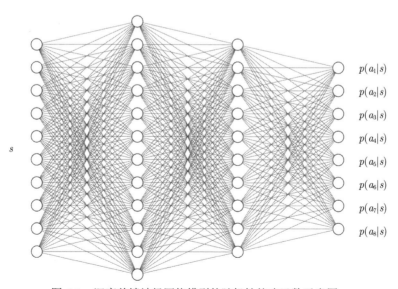

图 6.1　深度前馈神经网络模型的随机性策略函数示意图

2. 随机性策略函数

在图 6.1 中，深度神经网络模型的输入变量为智能体所处环境状态 s，输出为动作空间中 8 个动作的概率分布 $p(a_i|s)$，其中，$i \in \{1, 2, 3, \cdots, 8\}$。智能体基于动作概率分布进行随机采样，就能够得到随机性动作。一般地，随机性策略可以表示为

$$p(a|s) = \pi_{\boldsymbol{\theta}}(a|s; \boldsymbol{\theta}) \tag{6.2}$$

智能体基于策略函数的动作概率分布随机采样动作，输出动作具有随机性，同时也增加了动作的多样性，增强了智能体探索能力，提高了模型学习效率。

3. 确定性策略函数

在高维动作空间中，随机性策略也存在一些局限，智能体需要直接输出动作值。因此与随机性策略函数相似，我们能够构建确定性策略函数，如图 6.2 所示。

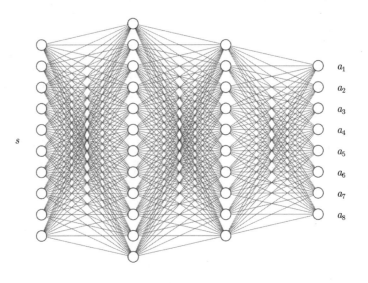

图 6.2 确定性策略函数示意图

在图 6.2 中，确定性策略函数的神经网络模型的输入为状态 s，输出为动作空间中的 8 个维度的动作 a_i，其中，$i \in \{1, 2, 3, \cdots, 8\}$。

确定性策略函数的输出值不是概率值，无须随机采样动作空间，适用于连续动作空间。确定性策略函数输出动作 a_i（$i \in \{1, 2, 3, \cdots, 8\}$）与随机性策略不一样。图 6.1 中随机性策略函数的 8 个动作是 8 个离散动作，比如游戏动作空间中向上移动（a_1）、向下移动（a_2）、不动（a_3）等 8 个动作；而图 6.2 中确定性策略函数的输出动作 a_i（$i \in \{1, 2, 3, \cdots, 8\}$）是指 8 个动作空间维度中的 8 个连续动作，比如机器人控制中的移动速度（a_1）、角度（a_2）、角速度（a_3）等。一般地，确定性策略可以表示成

$$a = \pi_{\boldsymbol{\theta}}(s; \boldsymbol{\theta}) \tag{6.3}$$

随机性策略梯度算法和确定性策略梯度算法各有优缺点，各有适用的实际场景。在一些特定的实际场景中，我们能够选择合适的算法，提高智能体决策性能。本章主要介绍随机性策略梯度算法，下一章将介绍确定性策略梯度算法。

6.2 随机性策略梯度算法

深度强化学习算法的基本原理与强化学习算法基本一致。在模型构建过程中，深度强化学习的策略函数用深度神经网络表示，环境状态可以是更加复杂的结构化或非结构化数据，通过深度神经网络进行特征提取，建模的其他各方面都与强化学习基本类似，包括智能体与环境的交互模式、参数更新模式和算法原理等。

深度强化学习算法的主要任务是训练智能策略函数，即训练一个深度神经网络模型基于环境状态变量输出智能决策行为动作变量。策略函数的目标是输出智能决策行为来获得最大化累积收益。我们将简单回顾强化学习目标函数的定义和优化过程。

6.2.1 轨迹数据

机器学习、深度学习、强化学习、深度强化学习等智能算法的策略函数都基于大量样本数据来拟合参数、优化参数。在深度强化学习中，智能体与环境交互获得经验数据，保存为经验轨迹数据 τ，轨迹数据包含了智能体动作、环境状态、即时奖励信息、下一个状态等，如 $\tau = \{s_i, a_i, r_i, s_{i+1}\}$，$i \in \{0, 1, \cdots, T\}$。轨迹数据拼接和展开后可表示为

$$s_0, a_0, r_0, s_1, a_1, r_1, \cdots, s_T, a_T, r_T \tag{6.4}$$

轨迹数据中的 s_0 表示环境模型初始状态，s_T 表示环境模型终止状态，a_i 表示智能体动作，r_i 表示智能体在环境状态 s_i 下执行动作 a_i 后获得的即时奖励回报。在深度强化学习模型中，智能体与环境模型循环交互，智能体在循环迭代的互动过程中采集大量的轨迹数据，并训练智能策略函数。

6.2.2 目标函数

深度强化学习的目标是训练智能体策略函数获得最大化累积收益。因此，深度强化学习模型中最简单和最直接的目标函数可以定义为智能体的无折扣累积奖励回报。智能体从轨迹 τ 中获得的累积回报为

$$R(\tau) = \sum_{t=0}^{T} r_t \tag{6.5}$$

在深度强化学习过程中，智能体所获得的距离当前时刻越远的即时奖励在求和时的权重越小，即对当前状态的期望累积收益影响较小。在强化学习中，折扣因子与金融资产折扣具有相似的含义。投资人当前时刻收到的 100 万和 10 年后收到的 100 万价值是不一样的，10 年后的 100 万折扣到当前时刻将少于 100 万。因此，我们考虑具有折扣系数 $\gamma < 1$ 的

累积回报:

$$R(\tau) = \sum_{t=0}^{T} \gamma^t r_t \tag{6.6}$$

在概率论视角下,距离当前时刻越远的即时奖励具有更大的不确定性,其对当前状态的期望累积收益的影响也越小,因此折扣系数的设计非常重要。同时,我们考虑无限长时间的累积收益情况,折扣系数的设计使得累积收益 $R(\tau)$ 也是有界的,不会出现无穷大,即满足:

$$R(\tau) = \sum_{t=0}^{\infty} \gamma^t r_t < r_{\max} \sum_{t=0}^{\infty} \gamma^t = r_{\max} \frac{1}{1-\gamma} \tag{6.7}$$

式中,$r_{\max}$ 表示即时奖励值的最大值。当 $\gamma = 0.99$ 时,$R(\tau) = 100 r_{\max}$,累积收益 $R(\tau)$ 的上界为 100 步内均获得最大奖励值的情况。

6.2.3 梯度计算

马尔可夫决策过程是深度强化学习模型的基础模型框架,智能体从初始状态 s_0 开始,基于策略函数 $\pi_{\boldsymbol{\theta}}(a_t|s_t)$ 与环境模型交互,获得轨迹数据 τ 的概率可以表示为

$$\begin{aligned} p_{\boldsymbol{\theta}}(\tau) &= p(s_0)\pi_{\boldsymbol{\theta}}(a_0|s_0)p(s_1|s_0,a_0)\pi_{\boldsymbol{\theta}}(a_1|s_1)p(s_2|s_1,a_1)\cdots \\ &= p(s_0)\prod_{t=0}^{T}\pi_{\boldsymbol{\theta}}(a_t|s_t)p(s_{t+1}|s_t,a_t) \end{aligned} \tag{6.8}$$

其中,$p(s_0)$ 表示初始状态 s_0 出现的概率;$\pi_{\boldsymbol{\theta}}(a|s)$ 为智能体随机性策略函数,即智能体在环境状态 s 下做出动作 a 的概率,$\boldsymbol{\theta}$ 为策略函数模型参数;$p(s'|s,a)$ 为环境状态转移函数,即环境在状态 s 情况下接收到智能体动作 a 后跳转到新状态 s' 的概率。对 $p_{\boldsymbol{\theta}}(\tau)$ 取对数,可得

$$\log p_{\boldsymbol{\theta}}(\tau) = \log p(s_0) + \sum_{t=0}^{T} \log \pi_{\boldsymbol{\theta}}(a_t|s_t) + \sum_{t=0}^{T} \log p(s_{t+1}|s_t,a_t) \tag{6.9}$$

深度强化学习智能体与环境循环交互,获得大量的轨迹数据。智能体到达终止状态后,将重新随机选择初始状态,继续与环境交互,采样轨迹数据。智能体与环境交互得到大量的轨迹数据 τ 以及累积收益 $R(\tau)$,因此,智能体的期望累积收益可以表示为

$$J(\boldsymbol{\theta}) = \sum_{\tau} R(\tau)p_{\boldsymbol{\theta}}(\tau) \tag{6.10}$$

深度强化学习的目标是找到最优化的策略函数参数 $\boldsymbol{\theta}$,即最优策略 $\pi_{\boldsymbol{\theta}}$,使得智能体所获得的期望累积收益 $J(\boldsymbol{\theta})$ 最大。因此,深度强化学习问题可以形式化为优化问题:

$$\pi_{\boldsymbol{\theta}}^* = \arg\max_{\pi_{\boldsymbol{\theta}}} J(\boldsymbol{\theta}) = \arg\max_{\pi_{\boldsymbol{\theta}}} \sum_{\tau} R(\tau)p_{\boldsymbol{\theta}}(\tau) \tag{6.11}$$

针对该优化问题，可采用策略梯度方法。直接对目标函数求梯度，可得

$$
\begin{aligned}
\nabla J(\boldsymbol{\theta}) &= \sum_{\tau} R(\tau) \nabla p_{\boldsymbol{\theta}}(\tau) \\
&= \sum_{\tau} R(\tau) p_{\boldsymbol{\theta}}(\tau) \frac{\nabla p_{\boldsymbol{\theta}}(\tau)}{p_{\boldsymbol{\theta}}(\tau)} \\
&= \sum_{\tau} R(\tau) p_{\boldsymbol{\theta}}(\tau) \nabla \log p_{\boldsymbol{\theta}}(\tau) \\
&= \mathrm{E}_{\tau \sim p_{\boldsymbol{\theta}}(\tau)} \left[R(\tau) \nabla \log p_{\boldsymbol{\theta}}(\tau) \right] \\
&= \mathrm{E}_{\tau \sim p_{\boldsymbol{\theta}}(\tau)} \left[R(\tau) \nabla \left(\log p(s_0) + \sum_{t=0}^{T} \log \pi_{\boldsymbol{\theta}}(a_t | s_t) + \sum_{t=0}^{T} \log p(s_{t+1} | s_t, a_t) \right) \right] \\
&= \mathrm{E}_{\tau \sim p_{\boldsymbol{\theta}}(\tau)} \left[R(\tau) \nabla \left(\sum_{t=0}^{T} \log \pi_{\boldsymbol{\theta}}(a_t | s_t) \right) \right] \\
&= \mathrm{E}_{\tau \sim p_{\boldsymbol{\theta}}(\tau)} \left[R(\tau) \left(\sum_{t=0}^{T} \nabla \log \pi_{\boldsymbol{\theta}}(a_t | s_t) \right) \right]
\end{aligned}
\tag{6.12}
$$

由于状态概率分布、环境状态转移概率与策略函数参数 $\boldsymbol{\theta}$ 无关，因此它们的梯度均为 0。因此，在公式推导过程中用到了这两个比较关键的等式：

$$
\nabla \left(\log p(s_0) \right) = 0 \tag{6.13}
$$

和

$$
\nabla \left(\sum_{t=1}^{T} \log p(s_{t+1} | s_t, a_t) \right) = 0 \tag{6.14}
$$

我们展开分析一些公式推导细节，深入理解公式 (6.12) 的结果。在推导过程中，目标函数梯度 $\nabla J(\theta)$ 转换成了策略函数对数的梯度，使用了以下等式

$$
\frac{\nabla p_{\boldsymbol{\theta}}(\tau)}{p_{\boldsymbol{\theta}}(\tau)} = \nabla \log p_{\boldsymbol{\theta}}(\tau) \tag{6.15}
$$

式 (6.12) 中的梯度计算结果除了在算法编程实现时能够带来极大的便利，同时在理论上也具有更好的解释。目标函数 $J(\boldsymbol{\theta})$ 在最大化的过程中迭代更新参数 $\boldsymbol{\theta}$，有效地减少一些发生概率特别大的经验轨迹 $p_{\boldsymbol{\theta}}(\tau)$ 对参数 $\boldsymbol{\theta}$ 更新的影响。

在策略梯度算法中，目标函数梯度公式 (6.12) 包含了两类参数更新公式。一类是基于整体轨迹层面的梯度：

$$
\nabla J(\boldsymbol{\theta}) = \mathrm{E}_{\tau \sim p_{\boldsymbol{\theta}}(\tau)} \left[R(\tau) \nabla \log p_{\boldsymbol{\theta}}(\tau) \right] \tag{6.16}
$$

另一类是基于单步轨迹的梯度：

$$
\nabla J(\boldsymbol{\theta}) = \mathrm{E}_{\tau \sim p_{\boldsymbol{\theta}}(\tau)} \left[R(\tau) \left(\sum_{t=0}^{T} \nabla \log \pi_{\boldsymbol{\theta}}(a_t | s_t) \right) \right] \tag{6.17}
$$

我们从整体轨迹的层面能够很好地理解策略梯度更新的实际含义。在最大化 $J(\boldsymbol{\theta})$ 的过程中，参数 $\boldsymbol{\theta}$ 更新的权重正比于轨迹的累积收益 $R(\tau)$。将强化学习与监督学习联系起来，式 (6.16) 中的 $\nabla \log p_{\boldsymbol{\theta}}(\tau)$ 的期望即为最大似然估计中最大似然概率，策略梯度算法在此基础上增加了权重系数 $R(\tau)$，即累积收益越大的轨迹数据中的动作将被给予更大的发生概率。

6.2.4 更新策略

策略梯度算法基于目标函数梯度更新策略函数参数 $\boldsymbol{\theta}$。深度强化学习模型在训练过程中最大化目标函数，即智能体的期望累积收益，因此，我们可采用梯度上升优化算法，迭代优化策略函数参数，直到得到最大化期望累积收益。策略梯度算法中的策略函数参数更新公式为

$$\boldsymbol{\theta}_{t+1} = \boldsymbol{\theta}_t + \alpha \nabla J(\boldsymbol{\theta}_t) \tag{6.18}$$

其中，α 为学习率，控制参数更新的步长。参数更新的步长太小会导致更新速度较慢，参数更新的步长太大会导致算法不稳定。简单的推导和计算可以发现，策略梯度算法将目标函数优化问题简化成计算策略函数梯度问题，而与环境转换函数等无关，这极大便利了算法编程实现。

6.3 随机性策略梯度定理

智能体策略函数可分为随机性策略函数和确定性策略函数。随机性策略函数输出给定状态 s 下选择动作 a 的概率 $\pi(s,a)$，确定性策略函数在给定状态 s 下直接输出动作 $a = \pi(s)$。

6.3.1 随机性策略梯度定理介绍

策略梯度定理（Policy Gradient Theorem）描述如下：

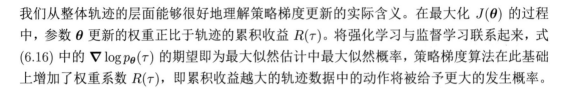

定理 6.1　策略梯度定理

给定状态空间 $\mathcal{S}$，动作空间 $\mathcal{A}$，折扣系数 γ，以及环境 Env。初始化状态-动作值函数 $Q(s,a;\boldsymbol{w})$ 的参数 $\boldsymbol{w}$。初始化策略函数 $\pi(s,a;\boldsymbol{\theta})$ 的参数 $\boldsymbol{\theta}$。最优化目标函数设定为

$$J(\pi_{\boldsymbol{\theta}}) = \int_{\mathcal{S}} \mu_{\pi}(s) \int_{\mathcal{A}} \pi(a|s;\boldsymbol{\theta}) Q(s,a;\boldsymbol{w}) \mathrm{d}a\mathrm{d}s \tag{6.19}$$

目标函数梯度为

$$\nabla_{\boldsymbol{\theta}} J(\pi_{\boldsymbol{\theta}}) = \mathrm{E}_{s\sim\mu_{\pi}(s),a\sim\pi_{\boldsymbol{\theta}}}\left[\nabla_{\boldsymbol{\theta}} \log \pi(a|s;\boldsymbol{\theta}) Q(s,a;\boldsymbol{w})\right] \tag{6.20}$$

其中，$\mu_{\pi}(s)$ 表示测量函数为 π 时状态 s 出现的概率。策略梯度定理中的目标函数可以是平均累积奖励形式或起始状态价值形式。马尔可夫决策过程中的最大化目标函数是典型的最优化问题。策略函数参数的梯度估计与状态分布和状态转移过程无关，这极大地简化了

目标函数的优化过程。我们将简要介绍策略梯度定理的推导情况，加深理解目标函数优化过程、策略梯度估计过程以及编程实践过程。

6.3.2　随机性策略梯度定理分析

在智能体与环境交互的过程中，目标函数可以是平均累积奖励，最大化平均累积奖励需要优化智能体策略函数 $\pi_\theta(a|s;\boldsymbol{\theta})$ 的参数 $\boldsymbol{\theta}$。我们将目标函数定义为

$$J(\boldsymbol{\theta}) = \sum_s \mu_{\pi_{\boldsymbol{\theta}}}(s) \sum_a \pi_{\boldsymbol{\theta}}(a|s) R_s^a \tag{6.21}$$

其中，$\pi_{\boldsymbol{\theta}}(a|s)$ 为策略函数 $\pi_{\boldsymbol{\theta}}(a|s;\boldsymbol{\theta})$ 的简化表达式，$\mu_{\pi_{\boldsymbol{\theta}}}(s)$ 表示策略函数为 $\pi_{\boldsymbol{\theta}}$ 时状态 s 出现的概率，R_s^a 表示智能体在状态 s 情况下选择动作 a 的期望累积奖励回报。因此，目标函数 $J(\boldsymbol{\theta})$ 表示智能体基于策略函数 $\pi_{\boldsymbol{\theta}}$ 的期望累积回报。深度强化学习的目标是最大化目标函数 $J(\boldsymbol{\theta})$，确定参数 $\boldsymbol{\theta}$ 的最优值，使得智能体累积回报最大，获得最优的策略函数 $\pi_{\boldsymbol{\theta}}$。我们采用梯度上升算法，优化求解参数 $\boldsymbol{\theta}$，目标函数 $J(\boldsymbol{\theta})$ 的梯度为

$$\boldsymbol{\nabla} J(\boldsymbol{\theta}) \approx \sum_s \mu(s) \sum_a Q(s,a) \boldsymbol{\nabla} \pi_{\boldsymbol{\theta}}(a|s) \tag{6.22}$$

其中，$Q(s,a)$ 为状态-动作值函数 $Q(s,a;w)$ 的简化表达式。

梯度公式进行了一定的简化，与强化学习中策略梯度算法一致，$\mu_{\pi_{\boldsymbol{\theta}}}(s)$ 不受策略函数 $\pi_{\boldsymbol{\theta}}$ 的影响，因此与参数 $\boldsymbol{\theta}$ 无关。同时，R_s^a 用状态-动作值函数 $Q(s,a)$ 替换，状态-动作值函数 $Q(s,a)$ 是 R_s^a 的估计值，也与参数 $\boldsymbol{\theta}$ 无关。在目标函数 $J(\boldsymbol{\theta})$ 的梯度公式中直接对策略函数 $\pi_{\boldsymbol{\theta}}(a|s)$ 求梯度即可，然后运用对数函数导数公式进行下一步的推导：

$$\frac{\boldsymbol{\nabla}_{\boldsymbol{\theta}} \pi_{\boldsymbol{\theta}}(a|s)}{\pi_{\boldsymbol{\theta}}(a|s)} = \boldsymbol{\nabla}_{\boldsymbol{\theta}} \log(\pi_{\boldsymbol{\theta}}(a|s)) \tag{6.23}$$

式 (6.23) 可以改写成

$$\boldsymbol{\nabla}_{\boldsymbol{\theta}} \pi_{\boldsymbol{\theta}}(a|s) = \pi_{\boldsymbol{\theta}}(a|s) \boldsymbol{\nabla}_{\boldsymbol{\theta}} \log(\pi_{\boldsymbol{\theta}}(a|s)) \tag{6.24}$$

将上述公式代入目标函数梯度公式，可以得到：

$$\begin{aligned} \nabla_{\boldsymbol{\theta}} J(\boldsymbol{\theta}) &\propto \sum_s \mu(s) \sum_a Q(s,a) \boldsymbol{\nabla}_{\boldsymbol{\theta}} \pi_{\boldsymbol{\theta}}(a|s) \\ &= \sum_s \mu(s) \sum_a Q(s,a) \pi_{\boldsymbol{\theta}}(a|s) \boldsymbol{\nabla}_{\boldsymbol{\theta}} \log(\pi_{\boldsymbol{\theta}}(a|s)) \\ &= \mathrm{E}_{s\sim\mu(s),a\sim\pi_{\boldsymbol{\theta}}(s,a)} \boldsymbol{\nabla}_{\boldsymbol{\theta}} \log(\pi_{\boldsymbol{\theta}}(a|s)) Q(s,a) \end{aligned} \tag{6.25}$$

目标函数的梯度公式将一个求和问题转化成基于蒙特卡洛估计的简单采样问题，极大简化了算法实现，也能够提供一定的训练效率保障。

6.4 策略梯度优化几种实现方法

策略梯度算法可以从理论上进行不同角度和不同层面的理解和解释，而在实际编程实现过程中如何有效而稳定地训练智能体，仍然是一个具有挑战的问题。

6.4.1 策略梯度优化理论

策略梯度定理保证了算法的有效性，策略梯度算法在实际应用过程中会遇到很多问题，如方差较大、算法不稳定、收敛速度慢等问题。因此，可以优化策略梯度计算过程：

$$\nabla_{\boldsymbol{\theta}} J(\boldsymbol{\theta}) \propto \mathrm{E}_{s\sim\mu(s),a\sim\pi_{\boldsymbol{\theta}}(s,a)} \nabla_{\boldsymbol{\theta}} \log(\pi_{\boldsymbol{\theta}}(a|s,\boldsymbol{\theta}))Q(s,a)$$
$$\propto \mathrm{E}_{\tau\sim\pi_{\boldsymbol{\theta}}} \nabla_{\boldsymbol{\theta}} \log(\pi_{\boldsymbol{\theta}}(a|s,\boldsymbol{\theta}))Q(s,a) \tag{6.26}$$

策略梯度优化算法和最大似然估计方法具有相似的部分，我们可以进行类比，策略梯度优化算法可以看作是最大似然估计进行了加权处理，因而权重的计算就显得至关重要。策略梯度定理中的权重值为 $Q(s,a)$，说明对于动作价值更大的动作，应该给予更大的选择概率。我们将讨论不同权重情况下策略梯度优化方法的优劣。将权重函数用 Φ_t 表示，策略梯度优化算法可以表示如下：

$$\nabla_{\boldsymbol{\theta}} J(\boldsymbol{\theta}) \propto \mathrm{E}_{s\sim\mu(s),a\sim\pi_{\boldsymbol{\theta}}(s,a)} \sum_{t-0}^{T} \nabla_{\boldsymbol{\theta}} \log(\pi_{\boldsymbol{\theta}}(a_t|s_t,\boldsymbol{\theta}))\Phi_t \tag{6.27}$$

其中，策略梯度定理中的权重函数表示为

$$\Phi_t = Q(s,a) \tag{6.28}$$

6.4.2 完整轨迹的累积奖励回报

强化学习中的 REINFORCE 算法考虑了整条轨迹 τ 的累积收益，将其作为衡量单个动作优劣的权重值，权重函数 Φ_t 可以表示为

$$\Phi_t = R(\tau) = \sum_{t'=0}^{T} r_{\pi_{\boldsymbol{\theta}}}(s_{t'},a_{t'},s_{t'+1}) \tag{6.29}$$

针对完整轨迹：

$$s_0,a_0,r_0,s_1,a_1,r_1,\cdots,s_t,a_t,r_t,s_{t+1},a_{t+1},r_{t+1},\cdots,s_T,a_T,r_T \tag{6.30}$$

权重函数 Φ_t 可以表示为

$$\Phi_t = \sum_{t=0}^{T} r_t \tag{6.31}$$

6.4.3 部分轨迹的累积奖励回报

策略梯度算法的目标函数为智能体期望累积奖励回报,采用梯度上升方法进行参数的迭代优化。智能体在策略参数更新过程中,将提高累积回报较大的轨迹 τ 中所有动作的发生概率。算法实现过程简单易操作,但是采样整条轨迹存在一定困难,且会消耗大量的计算资源和存储资源,因为可以使用部分轨迹的累积奖励回报作为目标函数。

基于模型的马尔可夫性,动作 a_t 的累积收益与动作 $\{a_0, a_1, \cdots, a_{t-1}\}$ 均无关,只与动作 a_{t+1}、动作 a_{t+2} 等有关,如下所示:

$$s_0, a_0, r_0, s_1, a_1, r_1, \cdots, \boxed{s_t, a_t, r_t, s_{t+1}, a_{t+1}, r_{t+1}, \cdots, s_T, a_T, r_T} \tag{6.32}$$

轨迹中状态 s_t 和动作 a_t 的累积收益只和动作 a_t 的后续发生的动作的即时奖励回报有关。同理,动作 a_{t+1} 的累积收益与动作 $\{a_0, a_1, \cdots, a_t\}$ 也都无关,只与动作 a_{t+2}、动作 a_{t+3} 等有关,如下所示:

$$s_0, a_0, r_0, s_1, a_1, r_1, \cdots, s_t, a_t, r_t, \boxed{s_{t+1}, a_{t+1}, r_{t+1}, \cdots, s_T, a_T, r_T} \tag{6.33}$$

因此,为了更加准确地度量动作的期望累积收益,将权重函数 Φ_t 设定为

$$\Phi_t = \sum_{t'=t}^{T} r_{\pi_\theta}(s_{t'}, a_{t'}, s_{t'+1}) = \sum_{t'=t}^{T} r_t \tag{6.34}$$

式 (6.34) 表明,动作 a_t 之前产生的即时奖励回报不需要算在当前动作的累积收益之中,更加准确的状态-动作值有助于策略函数的高效学习和优化。

6.4.4 常数基线函数

在策略梯度优化算法中,为了减少策略优化过程中梯度估计的方差,提高智能体训练过程的稳定性和高效性,可设定基线函数为常数 b,并将权重函数 Φ_t 设定为累积收益函数减去基线函数:

$$\Phi_t = \sum_{t'=t}^{T} r_{\pi_\theta}(s_{t'}, a_{t'}, s_{t'+1}) - b \tag{6.35}$$

在策略优化过程中,不同的状态和动作累积收益减去相同的基线函数 b 后,能够在一定程度上减少梯度估计的方差。

6.4.5 基于状态的基线函数

考虑到复杂环境状态价值的差异性,为了进一步减小策略函数优化过程中梯度估计的方差,我们可将基线函数设定为状态的函数,用 $b(s_t)$ 表示。因此,权重函数 Φ_t 变为

$$\Phi_t = \sum_{t'=t}^{T} r_{\pi_\theta}(s_{t'}, a_{t'}, s_{t'+1}) - b(s_t) \tag{6.36}$$

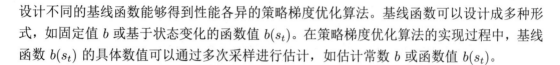

设计不同的基线函数能够得到性能各异的策略梯度优化算法。基线函数可以设计成多种形式，如固定值 b 或基于状态变化的函数值 $b(s_t)$。在策略梯度优化算法的实现过程中，基线函数 $b(s_t)$ 的具体数值可以通过多次采样进行估计，如估计常数 b 或函数值 $b(s_t)$。

6.4.6　基于状态值函数的基线函数

考虑到在一些深度强化学习算法中我们需要估计状态值函数 $V(s_t)$，因此也可以将状态值函数 $V(s_t)$ 作为基线函数。基于状态值函数的基线函数 $V(s_t)$ 与基于状态的基线函数 $b(s_t)$ 的区别在于，在计算过程中，基线函数 $b(s_t)$ 是一个数，或是一个列表函数，每个状态 s_t 都对应一个数值 $b(s_t)$，而状态值函数 $V(s_t)$ 可以是一个深度神经网络模型函数，作为状态的累积收益的估计值。策略梯度优化算法将状态值函数 $V(s_t)$ 作为基线函数，可得到新的权重函数 Φ_t，即

$$\Phi_t = \sum_{t'=t}^{T} r_{\pi_\theta}(s_{t'}, a_{t'}, s_{t'+1}) - V(s_t) \tag{6.37}$$

一般而言，权重函数 Φ_t 由两部分组成：一部分为状态-动作值的估计值，即状态-动作的期望累积收益；另一部分为基线函数。状态-动作值决定了策略梯度更新的准确性和偏差，而基线函数能减少策略梯度估计的方差。

6.4.7　基于自举方法的梯度估计

策略梯度优化算法可以从基线函数设计方面出发进行优化和改进，也可以通过优化和改进状态-动作的累积收益的估计值来实现。在策略梯度优化过程中，更准确的期望累积收益的估计值能减小策略梯度估计的偏差，同时也会使策略梯度更新更加高效。

我们将优化累积收益的估计值。权重公式中的 $\sum_{t'=t}^{T} r_{\pi_\theta}(s_{t'}, a_{t'}, s_{t'+1})$ 表示一次完整轨迹的部分累积收益的计算值，与蒙特卡洛采样一致，我们需要计算部分轨迹采样的累积收益值。基于完整轨迹的蒙特卡洛采样的策略函数在训练过程容易不稳定，具有较大方差。因此，我们可以借鉴自举方法和 TD 方法，用深度神经网络模型估计累积收益，用 $r_{\pi_\theta}(s_t, a_t, s_{t+1}) + V(s_{t+1})$ 表示。如此，可以将权重函数 Φ_t 写作

$$\Phi_t = [r_{\pi_\theta}(s_t, a_t, s_{t+1}) + V(s_{t+1})] - V(s_t) \tag{6.38}$$

6.4.8　基于优势函数的策略梯度优化

策略梯度定理用深度神经网络估计状态-动作值函数 $Q_{\pi_\theta}(s_t, a_t)$，其权重函数 Φ_t 为 $Q_{\pi_\theta}(s_t, a_t)$。为了减小方差，将基线函数设定为状态值函数 $V(s_t)$，可得

$$\Phi_t = A_{\pi_\theta}(s_t, a_t) = Q_{\pi_\theta}(s_t, a_t) - V_{\pi_\theta}(s_t) \tag{6.39}$$

式 (6.39) 中的 $A_{\pi_\theta}(s_t, a_t)$ 为优势函数，与 Dueling DQN 算法中的优势函数类似。策略梯度算法中的优势函数估计的详细实例可以参见 Schulman 等的通用优势估计（Generalized

Advantage Estimation，GAE）相关文献资料[178]。我们通过设定不同的累积收益估计方法和基线函数方法可以得到不同的策略梯度算法，这些算法具有不同的学习效果，适用于不同的现实问题和应用场景。

6.5　深度策略梯度优化算法

深度强化学习算法是具有强大功能的先进智能学习算法，已经在不同领域处理不同复杂问题中取得了非常耀眼的成果。纵观深度强化学习的诸多优秀算法，算法复杂度和理解难度都远远大于其他经典的机器学习算法。

深度强化学习算法也可以看作是一些经典机器学习算法和统计方法的结合体，融合了很多先进的统计算法和机器学习算法的思想和技巧，如监督学习、最大似然估计、蒙特卡洛估计等，使得深度强化学习在动态决策问题中能够具有超越经典学习算法的效果。这里简要介绍深度策略梯度优化算法（Deep Policy Gradient，DPG）。

在深度策略梯度优化算法的具体实现过程中，梯度计算公式记作

$$\boldsymbol{\nabla_\theta} J(\boldsymbol{\theta}) = \mathrm{E}_{s_0 \sim \mu(s_0), a \sim \pi_\theta(s,a)} \sum_{t=0}^{T} \boldsymbol{\nabla_\theta} \log(\pi_\theta(a_t|s_t)) A_{\pi_\theta}(s_t, a_t) \tag{6.40}$$

其中，E 表示数学期望，$\pi_\theta(s,a)$ 表示策略函数，参数 $\boldsymbol{\theta}$ 表示策略函数模型参数，$\mu(s_0)$ 表示状态概率分布，$A_{\pi_\theta}(s_t, a_t)$ 表示优势函数，记作

$$A(s_t, a_t) = R_t - V(s_t) = \sum_{t'=t}^{T} r_{\pi_\theta}(s_{t'}, a_{t'}, s_{t'+1}) - V(s_t) \tag{6.41}$$

式 (6.41) 中的 $R_t = \sum_{t'=t}^{T} r_{\pi_\theta}(s_{t'}, a_{t'}, s_{t'+1})$ 为累积收益值，$V(s_t)$ 为状态值函数，此处作为基线函数，用于减小梯度估计的方差。

我们需要确定状态值函数 $V(s_t)$ 来辅助更新策略函数参数，采用深度神经网络模型近似状态值函数 $V(s_t)$，设定状态值函数的深度网络模型为 $V_{\boldsymbol{w}}(s_t)$，其中，$\boldsymbol{w}$ 为深度网络模型参数。状态值函数 $V(s_t)$ 作为状态 s_t 的价值估计，理想情况是能够趋近状态 s_t 的期望累积收益 R_t。因此，我们构建状态价值函数 $V_{\boldsymbol{w}}(s_t)$ 的损失函数：

$$J_V(\boldsymbol{w}) = \frac{1}{|\mathcal{D}_k|T} \sum_{\tau \in \mathcal{D}_k} \sum_{t=0}^{T} (V_{\boldsymbol{w}}(s_t) - R_t)^2 \tag{6.42}$$

式 (6.42) 中的 $|\mathcal{D}_k|$ 为第 k 次迭代中参数更新数据集 $\mathcal{D}_k$ 的大小，T 为一条轨迹样本 τ 的长度。我们采用回归方法估计状态值函数的参数 $\boldsymbol{w}$，拟合状态价值函数 $V_{\boldsymbol{w}}(s_t)$ 和累积收

益 R_t，最小化状态价值函数 $V_{\boldsymbol{w}}(s_t)$ 的损失函数：

$$\min \frac{1}{|\mathcal{D}_k|T} \sum_{\tau \in \mathcal{D}_k} \sum_{t=0}^{T} (V_{\boldsymbol{w}}(s_t) - R_t)^2 \tag{6.43}$$

我们运用梯度下降算法更新状态价值函数 $V_{\boldsymbol{w}}(s_t)$ 的参数：

$$\boldsymbol{w}_{k+1} = \boldsymbol{w}_k - \alpha_{\boldsymbol{w}} \frac{1}{|\mathcal{D}_k|T} \sum_{\tau \in \mathcal{D}_k} \sum_{t=0}^{T} (V_{\boldsymbol{w}}(s_t) - R_t) \boldsymbol{\nabla}_{\boldsymbol{w}_k} V_{\boldsymbol{w}}(s_t) \tag{6.44}$$

其中，$\alpha_{\boldsymbol{w}}$ 为状态值函数学习率。我们运用回归方法拟合的状态价值函数 $V_{\boldsymbol{w}}(s_t)$ 和轨迹数据采样得到的累积收益 R_t，共同计算优势函数 $A_{\pi_{\boldsymbol{\theta}_k}}(s_t, a_t) = R_t - V(s_t)$，然后计算策略梯度：

$$\nabla_{\boldsymbol{\theta}_k} J(\boldsymbol{\theta}_k) = \frac{1}{|\mathcal{D}_k|} \sum_{\tau \in \mathcal{D}_k} \sum_{t=0}^{T} \boldsymbol{\nabla}_{\boldsymbol{\theta}_k} \log(\pi_{\boldsymbol{\theta}_k}(a_t|s_t, \boldsymbol{\theta}_k)) A_{\pi_{\boldsymbol{\theta}_k}}(s_t, a_t) \tag{6.45}$$

最后，我们更新策略函数参数 $\boldsymbol{\theta}$，更新公式为

$$\boldsymbol{\theta}_{k+1} = \boldsymbol{\theta}_k + \alpha \boldsymbol{\nabla}_{\boldsymbol{\theta}} J(\boldsymbol{\theta}_k) \tag{6.46}$$

其中，α 为学习率，$\boldsymbol{\theta}_k$ 为第 k 迭代过程中策略函数的参数。深度策略梯度优化算法伪代码如 Algorithm 17 所示。

在深度策略梯度优化算法的第 k 次迭代中，智能体基于当前策略函数 $\pi_{\boldsymbol{\theta}_k}$ 进行智能决策，选择动作。智能体与环境交互过程记录得到经验数据 $\mathcal{D}_k = \{\tau_i\}$。我们通过当前动作的轨迹数据迭代优化目标函数，进行状态值函数参数更新和策略函数参数更新，最大化智能体的期望累积收益。深度策略梯度优化算法伪代码 Algorithm 17 的主要输入参数为状态空间、动作空间、折扣系数、环境模型，以及深度神经网络模型参数，包括状态值函数网络和策略函数网络。

在算法伪代码 Algorithm 17 第 2 行中，智能体基于当前策略 $\pi_{\boldsymbol{\theta}_k}$ 与环境交互，获得轨迹集合 $\mathcal{D}_k = \{\tau_i\}$，在收集一定数量的经验数据后，可以计算策略函数参数更新的统计量。在算法伪代码第 3 行中，我们计算轨迹集合 $\mathcal{D}_k = \{\tau_i\}$ 中每一条轨迹中状态的累积收益 R_t。伪代码第 4 行计算优势函数值 $A(s_t, a_t)$，第 5 行计算策略函数梯度，第 6 行更新策略函数参数 $\boldsymbol{\theta}$，第 7 行运用回归方法估计状态值函数 $V_{\boldsymbol{w}}(s_t)$ 的参数 $\boldsymbol{w}$，拟合状态价值函数 $V_{\boldsymbol{w}}(s_t)$ 和累积收益 R_t，第 8 行对状态值函数参数 $\boldsymbol{w}$ 进行更新。

在算法伪代码 Algorithm 17 中，策略梯度算法的更新过程以状态值函数作为辅助，并充当基线函数，能够加快学习效率并增加训练稳定性。纯粹的策略函数学习算法只需要学习一个策略函数，如 REINFORCE 算法。在伪代码 Algorithm 17 中，除了学习策略函数还需要学习状态值函数，进而将状态值函数作为梯度更新中权重项的一部分，这虽然一定程度上增加了模型训练的难度，但是也增加了训练稳定性和学习效率。

Algorithm 17: 深度策略梯度优化算法伪代码

Input: 状态空间 $\mathcal{S}$，动作空间 $\mathcal{A}$，折扣系数 γ 以及环境 Env

初始化状态值函数 $V_{\boldsymbol{w}}(s)$ 的参数 $\boldsymbol{w}$

初始化策略函数 $\pi_{\boldsymbol{\theta}}(s,a)$ 的参数 $\boldsymbol{\theta}$

Output: 最优策略函数 $\pi_{\boldsymbol{\theta}}(s,a)$

1　**for** $k = 0, 1, 2, 3, \cdots$ **do**

2　　智能体基于策略 $\pi_{\boldsymbol{\theta}_k}$ 与环境交互，获得轨迹集合 $\mathcal{D}_k = \{\tau_i\}$

3　　计算每一条轨迹中状态的累积收益：$R_t = \sum\limits_{t'=t} r_{\pi_{\boldsymbol{\theta}}}(s_{t'}, a_{t'}, s_{t'+1})$

4　　计算优势函数值：$A(s_t, a_t) = R_t - V(s_t) = \sum\limits_{t'=t}^{T} r_{\pi_{\boldsymbol{\theta}}}(s_{t'}, a_{t'}, s_{t'+1}) - V(s_t)$

5　　计算梯度公式：

$$\nabla_{\boldsymbol{\theta}_k} J(\boldsymbol{\theta}_k) = \frac{1}{|\mathcal{D}_k|} \sum_{\tau \in \mathcal{D}_k} \sum_{t=0}^{T} \nabla_{\boldsymbol{\theta}_k} \log(\pi_{\boldsymbol{\theta}_k}(a_t|s_t)) A_{\pi_{\boldsymbol{\theta}_k}}(s_t, a_t) \tag{6.47}$$

6　　更新策略函数参数：

$$\boldsymbol{\theta}_{k+1} = \boldsymbol{\theta}_k + \alpha \nabla_{\boldsymbol{\theta}_k} J(\boldsymbol{\theta}_k) \tag{6.48}$$

7　　拟合状态价值函数和累积收益，使用回归方法估计状态值函数参数 $\boldsymbol{w}$，最小化目标函数：

$$\min \frac{1}{|\mathcal{D}_k|T} \sum_{\tau \in \mathcal{D}_k} \sum_{t=0}^{T} (V_{\boldsymbol{w}}(s_t) - R_t)^2 \tag{6.49}$$

8　　更新状态值函数参数：

$$\boldsymbol{w}_{k+1} = \boldsymbol{w}_k - \alpha_{\boldsymbol{w}} \frac{1}{|\mathcal{D}_k|T} \sum_{\tau \in \mathcal{D}_k} \sum_{t=0}^{T} (V_{\boldsymbol{w}_k}(s_t) - R_t) \nabla_w V_{\boldsymbol{w}_k}(s_t) \tag{6.50}$$

6.6　置信阈策略优化算法

在深度策略梯度优化算法伪代码 Algorithm 17 中，智能体训练所使用的经验数据来源于策略函数，属于 On-policy 算法，强化学习中经典的 SARSA 算法也属于这种类型。这里介绍一个 Off-policy 算法：置信阈策略优化（Trust Region Policy Optimization，TRPO）算法 [179]。在 Off-policy 算法优化策略函数的过程中，智能体采样的行为策略和优化的目标策略是不相同的。智能体采样的行为策略网络和优化的策略网络一样时的强化学习算法称为 On-policy 算法，采样的行为策略网络和优化的策略网络不一样时称为 Off-policy 算法。

6.6.1　置信阈策略优化算法介绍

深度策略梯度优化算法伪代码 Algorithm 17 中，优化智能体累积收益时，采用了梯度上升方法更新策略函数参数。深度策略梯度优化算法的目标函数为智能体的期望累积收益：

$$J_{\boldsymbol{\theta}}(\boldsymbol{\theta}) = \sum_{\tau \in \mathcal{D}_k} \sum_{t=0}^{T} \pi_{\boldsymbol{\theta}}(a_t|s_t) A_{\pi_{\boldsymbol{\theta}}}(s_t, a_t) \tag{6.51}$$

基于策略梯度定理，目标函数的梯度计算公式为

$$\nabla_{\boldsymbol{\theta}} J(\boldsymbol{\theta}) = \mathrm{E}_{s_0 \sim \mu(s_0), a \sim \pi_{\boldsymbol{\theta}}(s,a)} \sum_{t=0}^{T} \nabla_{\boldsymbol{\theta}} \log(\pi_{\boldsymbol{\theta}}(a_t|s_t)) A_{\pi_{\boldsymbol{\theta}}}(s_t, a_t) \tag{6.52}$$

其中，E 表示期望，$\pi_{\boldsymbol{\theta}}(s,a)$ 表示策略函数，$\boldsymbol{\theta}$ 表示策略函数参数，$\mu(s_0)$ 表示状态概率分布，$A_{\pi_{\boldsymbol{\theta}}}(s_t, a_t)$ 表示优势函数。计算数学期望 E 的关键是智能体动作采样公式 $a \sim \pi_{\boldsymbol{\theta}}(s,a)$，说明智能体基于当前优化的策略函数 $\pi_{\boldsymbol{\theta}}(s,a)$ 执行采样动作。

在置信阈策略优化算法中，智能体采样的行为策略网络 $\pi_{\boldsymbol{\theta}_k}$ 和优化的策略网络 $\pi_{\boldsymbol{\theta}}$ 不一样。在策略函数参数更新过程中，策略梯度估计会存在一定的偏差，为了减少策略梯度估计的偏差，我们引入重要性采样方法：

$$J_{\boldsymbol{\theta}}(\boldsymbol{\theta}) = \sum_{\tau \in \mathcal{D}_k} \sum_{t=0}^{T} \left[\pi_{\boldsymbol{\theta}_k}(a,s) \frac{\pi_{\boldsymbol{\theta}}(a,s)}{\pi_{\boldsymbol{\theta}_k}(a,s)} A_{\pi_{\boldsymbol{\theta}}}(s_t, a_t) \right] \tag{6.53}$$

将式 (6.53) 的离散情况的策略梯度优化算法的目标函数改写成连续情况，用数学期望形式表示为

$$J_{\boldsymbol{\theta}}(\boldsymbol{\theta}) = \mathrm{E}_{s,a \sim \pi_{\boldsymbol{\theta}_k}(s,a)} \left[\frac{\pi_{\boldsymbol{\theta}}(a,s)}{\pi_{\boldsymbol{\theta}_k}(a,s)} A_{\boldsymbol{\theta}_k}(s_t, a_t) \right] \tag{6.54}$$

同样，我们采用策略梯度优化方法，对目标函数进行迭代优化，找到最优策略函数 $\pi_{\boldsymbol{\theta}}$。

6.6.2 重要性采样

置信阈策略优化算法使用了重要性采样技术。重要性采样方法能够得到无偏估计，但也引入了其他问题，如方差增大或不稳定。为了深入理解和分析置信阈策略优化算法，需要分析一些重要性采样技巧。一般而言，目标函数的数学期望值可以表示为

$$\mathrm{E}_{x \sim p}[f(x)] = \int f(x) p(x) \mathrm{d}x \tag{6.55}$$

式 (6.55) 一般采用蒙特卡洛估计，基于概率分布函数 $p(x)$ 进行随机采样，用随机采样的 x 估计均值：

$$\mathrm{E}_{x \sim p}[f(x)] \approx \frac{1}{N} \sum_{i=1}^{N} f(x_i) \tag{6.56}$$

在实际应用过程中，概率分布函数 $p(x)$ 很难获得，采样难度较大，采样效率也较低，因此一般需要进行重要性采样。

在式 (6.55) 右边乘上 $1 = \dfrac{q(x)}{q(x)}$ 后，可得

$$\int f(x)p(x)\mathrm{d}x = \int f(x)\frac{p(x)}{q(x)}q(x)\mathrm{d}x = \mathrm{E}_{x\sim q}\left[f(x)\frac{p(x)}{q(x)}\right] \tag{6.57}$$

式 (6.57) 中的概率分布函数 $q(x)$ 一般为简单的概率分布函数，等式变换后，我们可以基于概率分布 $q(x)$ 进行随机采样。此变换在实际应用中非常重要，因为在大多数情况下原始的概率分布函数 $p(x)$ 非常复杂或者无法进行期望求解，为此可以用较为简单的概率分布函数 $q(x)$ 进行采样，同样可以得到无偏估计：

$$\mathrm{E}_{x\sim p}[f(x)] = \mathrm{E}_{x\sim q}\left[f(x)\frac{p(x)}{q(x)}\right] \tag{6.58}$$

式 (6.58) 将原先基于概率分布 $p(x)$ 采样的问题转化成了基于概率分布 $q(x)$ 采样的问题。基于不同概率分布采样得到的期望或均值是相等的，重要性采样计算结果同样是无偏估计。

重要性采样方法在工程项目和商业分析中应用广泛。引入重要性采样方法后同样能得到无偏估计，可以方便计算估计值。在实际应用过程中，不同的采样过程得到的估计值的方差不一样。由方差的定义可知：

$$\begin{aligned}
\mathrm{Var}_{x\sim p}[f(x)] &= \int [f(x) - \mathrm{E}_{x\sim p}[f(x)]]^2 p(x)\mathrm{d}x \\
&= \mathrm{E}_{x\sim p}\left[f(x)^2\right] - 2\mathrm{E}_{x\sim p}[f(x)]\int f(x)p(x)\mathrm{d}x + (\mathrm{E}_{x\sim p}[f(x)])^2 \\
&= \mathrm{E}_{x\sim p}\left[f(x)^2\right] - 2\mathrm{E}_{x\sim p}[f(x)]\mathrm{E}_{x\sim p}[f(x)] + (\mathrm{E}_{x\sim p}[f(x)])^2 \\
&= \mathrm{E}_{x\sim p}\left[f(x)^2\right] - (\mathrm{E}_{x\sim p}[f(x)])^2
\end{aligned} \tag{6.59}$$

同样，重要性采样方法计算的估计值的方差可以表示为

$$\begin{aligned}
\mathrm{Var}_{x\sim q}\left[f(x)\frac{p(x)}{q(x)}\right] &= \mathrm{E}_{x\sim q}\left[\left(f(x)\frac{p(x)}{q(x)}\right)^2\right] - \left(\mathrm{E}_{x\sim q}\left[f(x)\frac{p(x)}{q(x)}\right]\right)^2 \\
&= \int q(x)\left(f(x)\right)^2 \frac{(p(x))^2}{(q(x))^2}\mathrm{d}x - \left(\int q(x)\left[f(x)\frac{p(x)}{q(x)}\right]\mathrm{d}x\right)^2 \\
&= \int p(x)\left(f(x)\right)^2 \frac{p(x)}{q(x)}\mathrm{d}x - \left(\int p(x)\left[f(x)\right]\mathrm{d}x\right)^2 \\
&= \mathrm{E}_{x\sim p}\left[f(x)^2\frac{p(x)}{q(x)}\right] - (\mathrm{E}_{x\sim p}[f(x)])^2
\end{aligned} \tag{6.60}$$

重要性采样得到的方差 (6.60) 与原始方差 (6.59) 存在差异，唯一的差别是式 (6.60) 中多了一项 $\dfrac{p(x)}{q(x)}$。显然，比值 $\dfrac{p(x)}{q(x)}$ 太大容易导致较大的方差。换言之，当采样动作的行为策

略网络 $\pi_{\boldsymbol{\theta}_k}$ 和优化的策略网络 $\pi_{\boldsymbol{\theta}}$ 之间差异较大时，容易造成模型方差增大，训练不稳定，并影响收敛速度。

策略优化算法在经过算法设计和改进后，在实际应用过程中仍会存在一些性能、稳定性、收敛性等方面的问题。所以，在工程实践中需要一些技巧和方法对算法进行更进一步的优化改进或简化，从而有效地训练深度神经网络模型，得到具有较高绩效的智能体。

6.6.3 置信阈策略优化算法核心技巧

在重要性采样中，乘数项 $\dfrac{p(x)}{q(x)}$ 太大将导致估计值方差过大。置信阈策略优化算法针对重要性采样方法的问题进行了优化和改进，在原始目标函数的基础上增加了约束条件，将原始的无约束优化问题转化成了有约束的优化问题：

$$J_{\boldsymbol{\theta}}(\theta) = \mathrm{E}_{s,a\sim\pi_{\boldsymbol{\theta}_k}}\left[\frac{\pi_{\boldsymbol{\theta}}(a,s)}{\pi_{\boldsymbol{\theta}_k}(a,s)}A_{\boldsymbol{\theta}_k}(s_t,a_t)\right] \tag{6.61}$$

$$s.t. \quad \mathrm{KL}\left(\pi_{\boldsymbol{\theta}}||\pi_{\boldsymbol{\theta}_k}\right) < \delta$$

使得目标函数 $J_{\boldsymbol{\theta}}(\boldsymbol{\theta})$ 在优化过程中更稳定，也使得迭代过程更加高效。

在上式中，$\mathrm{KL}\left(\pi_{\boldsymbol{\theta}}||\pi_{\boldsymbol{\theta}_k}\right)$ 表示 Kullback-Leibler 散度（KL-divergence）。在深度强化学习中 KL 散度有着广泛应用，我们在定义交叉熵损失函数时介绍过 KL 散度的概念。KL 散度衡量了两个概率分布 $p(x)$ 和 $q(x)$ 的距离：

$$\begin{aligned}\mathrm{KL}(p||q) &= \mathrm{E}_{x\sim p}\left[\log\frac{p(x)}{q(x)}\right] \\ &= \mathrm{E}_{x\sim p}\left[\log p(x) - \log q(x)\right]\end{aligned} \tag{6.62}$$

这里可以认为 $p(x)=\pi_{\boldsymbol{\theta}}$，而 $q(x)=\pi_{\boldsymbol{\theta}_k}$。置信阈策略优化方法中目标函数的约束条件可以写为

$$\mathrm{KL}(\pi_{\boldsymbol{\theta}}||\pi_{\boldsymbol{\theta}_k}) = \mathrm{E}_{x\sim\pi_{\boldsymbol{\theta}}}\left[\log\pi_{\boldsymbol{\theta}} - \log\pi_{\boldsymbol{\theta}_k}\right] < \delta \tag{6.63}$$

约束条件保证了行为策略网络 $\pi_{\boldsymbol{\theta}_k}$ 和优化的策略网络 $\pi_{\boldsymbol{\theta}}$ 之间差异不会太大，从而在一定程度上控制了策略梯度估计的方差不会太大。

6.6.4 置信阈策略优化算法伪代码

置信阈策略优化算法 [179] 伪代码如 Algorithm 18 所示。在算法伪代码 Algorithm 18 中，$\mathrm{KL}\left(\pi_{\boldsymbol{\theta}}||\pi_{\boldsymbol{\theta}_k}\right) < \delta$ 表示行为策略和目标优化策略之间的距离，而不是行为策略函数参数和目标优化策略函数参数之间的距离，因为 $\mathrm{KL}\left(\pi_{\boldsymbol{\theta}}||\pi_{\boldsymbol{\theta}_k}\right) < \delta$ 与 $||\boldsymbol{\theta} - \boldsymbol{\theta}_k|| < \delta$ 显然是不同的。

Algorithm 18: 置信阈策略优化算法伪代码

Input: 状态空间 $\mathcal{S}$，动作空间 $\mathcal{A}$，折扣系数 γ 以及环境 Env

初始化状态值函数 $V_{\boldsymbol{w}}(s)$ 的参数 $\boldsymbol{w}$

初始化策略函数 $\pi_{\boldsymbol{\theta}}(s,a)$ 的参数 $\boldsymbol{\theta}$

Output: 最优策略函数 $\pi_{\boldsymbol{\theta}}(s,a)$

1　**for** $k=0,1,2,3,\cdots$ **do**

2　　智能体基于策略 $\pi_{\boldsymbol{\theta}_k}$ 与环境交互，获得轨迹集合 $\mathcal{D}_k=\{\tau_i\}$

3　　计算每一条轨迹中状态的累积收益 $R_t=\sum\limits_{t'=t} R_{\pi_{\boldsymbol{\theta}}}(s_{t'},a_{t'},s_{t'+1})$

4　　计算优势函数值 $A(s_t,a_t)=R_t-V(s_t)=\sum\limits_{t'=t}^{T} R_{\pi_{\boldsymbol{\theta}}}(s_{t'},a_{t'},s_{t'+1})-V(s_t)$

5　　计算梯度公式：

$$\nabla_{\boldsymbol{\theta}_k}J(\boldsymbol{\theta}_k)=\frac{1}{|\mathcal{D}_k|}\sum_{\tau\in\mathcal{D}_k}\sum_{t=0}^{T}\nabla_{\boldsymbol{\theta}_k}\log(\pi_{\boldsymbol{\theta}_k}(a_t|s_t))A_{\pi_{\boldsymbol{\theta}_k}}(s_t,a_t) \tag{6.64}$$

6　　运用共轭梯度算法计算：

$$x_k=\boldsymbol{H}_k^{-1}\nabla_{\boldsymbol{\theta}_k}J(\boldsymbol{\theta}_k) \tag{6.65}$$

　　其中，$\boldsymbol{H}_k$ 为样本平均 KL 散度的 Hessian 矩阵。

7　　更新梯度参数，运用线性搜索最优步长：

$$\boldsymbol{\theta}_{k+1}=\boldsymbol{\theta}_k+\alpha^j\sqrt{\frac{2\delta}{x_k^T\boldsymbol{H}_kx_k}}x_k \tag{6.66}$$

8　　采用回归估计状态值函数参数 $\boldsymbol{w}$，拟合状态价值函数：

$$\min\frac{1}{|\mathcal{D}_k|T}\sum_{\tau\in\mathcal{D}_k}\sum_{t=0}^{T}(V_{\boldsymbol{w}}(s_t)-R_t)^2 \tag{6.67}$$

9　　状态价值函数参数更新公式：

$$\boldsymbol{w}_{k+1}=\boldsymbol{w}_k-\alpha_{\boldsymbol{w}}\frac{1}{|\mathcal{D}_k|T}\sum_{\tau\in\mathcal{D}_k}\sum_{t=0}^{T}(V_{\boldsymbol{w}}(s_t)-R_t)\nabla V_{\boldsymbol{w}}(s_t) \tag{6.68}$$

　　置信阈策略优化算法伪代码 Algorithm 18 中的具体实现细节可以参考文献 [179] 中的详细介绍和证明。置信阈策略优化算法的理论基础充实，但复杂度较高，如算法中样本平均 KL 散度的 Hessian 矩阵计算以及 Hessian 矩阵求逆等操作，都具有较高的时间复杂度和空间复杂度。近端策略优化（Proximal Policy Optimization，PPO）对此进行了改进、简化和优化。

6.7 近端策略优化算法

在置信阈策略优化算法的实现过程中，迭代优化和计算参数 θ 用到了 Hessian 矩阵及其逆矩阵。大规模数值计算过程中的矩阵是否可逆是一个大问题，且大样本矩阵的计算过程和求逆矩阵是一个复杂和耗费资源的过程，严重影响优化算法效率，因此置信阈策略优化算法虽然具有较好的理论性质和准确度，但在实际应用过程中使用较少。近端策略优化（Proximal Policy Optimization，PPO）算法是置信阈策略优化算法的简化和改进，其算法效能能够满足大部分强化学习任务的需求，是一个被广泛使用的深度强化学习算法[180]。

6.7.1 近端策略优化算法介绍

近端策略优化算法在刚提出时，将置信阈策略优化算法的约束项 $\mathrm{KL}\left(\pi_{\boldsymbol{\theta}}||\pi_{\boldsymbol{\theta}'}\right) < \delta$ 转换成了目标函数中的正则项，将带约束的优化问题转换成了无约束优化问题，使得模型优化在训练过程中更加容易实现，该版近端策略优化算法一般被称为 PPO1。我们将重点介绍更加简洁的 PPO 版本，一般被称为 PPO2。PPO2 算法在计算上做了进一步简化，但模型优化效果较好，适用于大规模优化问题。

为了算法描述的完整性和可读性，我们将从策略梯度优化算法目标函数的定义开始介绍。虽然 PPO2 算法的大部分内容与 PGD 和 TRPO 算法非常近似，但是 PPO2 算法伪代码中没有省略与其他算法重复的部分。算法伪代码的完整性提供了代码可读性和逻辑连贯性，便于理解和学习。

6.7.2 近端策略优化算法核心技巧

深度强化学习算法的目标是最大化智能体的期望累积收益，即目标函数 $J_{\boldsymbol{\theta}}$，策略梯度优化算法在迭代优化过程中的关键步骤是计算目标函数梯度。在策略梯度优化算法中，基于完整轨迹的累积收益的目标函数为

$$J_{\boldsymbol{\theta}} = \mathrm{E}_{\tau \sim \pi_{\boldsymbol{\theta}}(\tau)} \pi_{\boldsymbol{\theta}}(\tau) R(\tau) \tag{6.69}$$

其中，$R(\tau)$ 为轨迹样本 τ 的累积收益。为了增加智能体的学习效率和稳定性，可以用优势函数 $A_{\theta}(s_t, a_t)$ 辅助策略函数更新，目标函数梯度可以重写为

$$\nabla J_{\boldsymbol{\theta}} = \mathrm{E}_{(s_t, a_t) \sim \pi_{\boldsymbol{\theta}}} \left[\nabla \log \pi_{\boldsymbol{\theta}}\left(a_t, s_t\right) A_{\boldsymbol{\theta}}\left(s_t, a_t\right) \right] \tag{6.70}$$

通过重要性采样技术对智能体采样过程进行改进，策略梯度优化算法的目标函数梯度可以重写为

$$\nabla J_{\boldsymbol{\theta}} = \mathrm{E}_{(s_t, a_t) \sim \pi_{\boldsymbol{\theta}_k}} \left[\frac{\pi_{\boldsymbol{\theta}}\left(s_t, a_t\right)}{\pi_{\boldsymbol{\theta}_k}\left(s_t, a_t\right)} \nabla \log \pi_{\boldsymbol{\theta}}\left(a_t, s_t\right) A_{\boldsymbol{\theta}}\left(s_t, a_t\right) \right] \tag{6.71}$$

近端策略优化算法是基于 KL 散度进行有约束的目标函数优化，编程实现复杂且计算复杂度高。PPO2 算法对此进行了简化，将目标函数公式转化为

$$J_{\boldsymbol{\theta}_k}(\boldsymbol{\theta}) \approx \sum_{(s_t,a_t)\sim\pi_{\boldsymbol{\theta}_k}} \min\left(\frac{\pi_{\boldsymbol{\theta}}(a_t|s_t)}{\pi_{\boldsymbol{\theta}_k}(a_t|s_t)}A_{\boldsymbol{\theta}_k}(s_t,a_t),\right.$$
$$\left.\text{clip}\left(\frac{\pi_{\boldsymbol{\theta}}(a_t|s_t)}{\pi_{\boldsymbol{\theta}_k}(a_t|s_t)}, 1-\varepsilon, 1+\varepsilon\right)A_{\boldsymbol{\theta}_k}(s_t,a_t)\right) \tag{6.72}$$

其中，min 为取最小值函数，clip 函数为裁剪函数。clip 函数可以表述为分段函数形式，具体形式为

$$\text{clip}\left(\frac{\pi_{\boldsymbol{\theta}}(a_t|s_t)}{\pi_{\boldsymbol{\theta}_k}(a_t|s_t)}, 1-\varepsilon, 1+\varepsilon\right) = \begin{cases} 1-\varepsilon, & \frac{\pi_{\boldsymbol{\theta}}(a_t|s_t)}{\pi_{\boldsymbol{\theta}_k}(a_t|s_t)} < 1-\varepsilon \\ 1+\varepsilon, & \frac{\pi_{\boldsymbol{\theta}}(a_t|s_t)}{\pi_{\boldsymbol{\theta}_k}(a_t|s_t)} > 1+\varepsilon \\ \frac{\pi_{\boldsymbol{\theta}}(a_t|s_t)}{\pi_{\boldsymbol{\theta}_k}(a_t|s_t)}, & \text{其他} \end{cases} \tag{6.73}$$

式 (6.73) 中的 clip 函数对策略函数的比值 $\frac{\pi_{\boldsymbol{\theta}}(a_t|s_t)}{\pi_{\boldsymbol{\theta}_k}(a_t|s_t)}$ 进行了限定，使得比值的范围为 $[1-\varepsilon, 1+\varepsilon]$。在实际应用中，我们一般取 $\varepsilon = 0.2$，以提高策略函数参数更新的稳定性和训练效率。PPO2 算法的目标函数中有一个 min 函数，如此构造的目标函数具有非常高的技巧性，难以直观地理解目标函数的性质和作用。为此，我们可分成两种情况进行讨论，从而细致地分析和理解 PPO2 算法的目标函数。

当 $A_{\boldsymbol{\theta}_k}(s_t,a_t) > 0$ 时，动作的优势函数为正，我们需要鼓励更多的此类具有优势的动作，即提高动作选择概率 $\pi_{\boldsymbol{\theta}}(a_t,s_t)$。为了提高模型训练的稳定性，动作选择概率 $\pi_{\boldsymbol{\theta}}(a_t,s_t)$ 不能大幅增大，新的策略函数 $\pi_{\boldsymbol{\theta}}(a_t,s_t) > (1+\varepsilon)\pi_{\boldsymbol{\theta}_k}(a_t,s_t)$ 时需要对策略函数进行限制，使得 $\pi_{\boldsymbol{\theta}}(a_t,s_t)$ 不超过 $(1+\varepsilon)\pi_{\boldsymbol{\theta}_k}(a_t,s_t)$，因此需要使用最小值函数 min，而原始目标函数则变成

$$J_{\boldsymbol{\theta}_k}(\boldsymbol{\theta}) \approx \sum_{(s_t,a_t)\sim\pi_{\boldsymbol{\theta}_k}} \min\left(\frac{\pi_{\boldsymbol{\theta}}(a_t|s_t)}{\pi_{\boldsymbol{\theta}_k}(a_t,s_t)}, 1+\varepsilon\right)A_{\boldsymbol{\theta}_k}(s_t,a_t) \tag{6.74}$$

当 $A_{\boldsymbol{\theta}_k}(s_t,a_t) < 0$ 时，动作的优势函数为负，我们需要减小动作选择概率 $\pi_{\boldsymbol{\theta}}(a_t,s_t)$。为了提高模型训练的稳定性，动作选择概率 $\pi_{\boldsymbol{\theta}}(a_t,s_t)$ 不能大幅减小，新的策略函数 $\pi_{\boldsymbol{\theta}}(a_t,s_t) < (1-\varepsilon)\pi_{\boldsymbol{\theta}_k}(a_t,s_t)$ 时需要进行限制，使得 $\pi_{\boldsymbol{\theta}}(a_t,s_t)$ 不小于 $(1-\varepsilon)\pi_{\boldsymbol{\theta}_k}(a_t,s_t)$。因此，我们需要一个最大值函数 max，则新旧策略函数比值满足：

$$\max\left(\frac{\pi_{\boldsymbol{\theta}}(a_t|s_t)}{\pi_{\boldsymbol{\theta}_k}(a_t,s_t)}, 1-\varepsilon\right) \tag{6.75}$$

因为 $A_{\boldsymbol{\theta}_k}(s_t,a_t) < 0$，所以新旧策略函数比值满足：

$$\min \left(\left(\frac{\pi_{\boldsymbol{\theta}} \left(a_t | s_t \right)}{\pi_{\boldsymbol{\theta}_k} \left(a_t, s_t \right)}, 1 - \varepsilon \right) A_{\boldsymbol{\theta}_k} \left(s_t, a_t \right) \right) \tag{6.76}$$

目标函数可以表示成

$$J_{\boldsymbol{\theta}_k}(\boldsymbol{\theta}) \approx \sum_{(s_t, a_t) \sim \pi_{\boldsymbol{\theta}_k}} \min \left(\left(\frac{\pi_{\boldsymbol{\theta}} \left(a_t | s_t \right)}{\pi_{\boldsymbol{\theta}_k} \left(a_t, s_t \right)}, 1 - \varepsilon \right) A_{\boldsymbol{\theta}_k} \left(s_t, a_t \right) \right) \tag{6.77}$$

式 (6.77) 中 $\frac{\pi_{\boldsymbol{\theta}} \left(a_t | s_t \right)}{\pi_{\boldsymbol{\theta}_k} \left(a_t, s_t \right)} > 0$，即 $\pi_{\boldsymbol{\theta}} \left(a_t | s_t \right)$ 最大变化情况是将动作选择概率减小到 0。最后，通过策略梯度更新参数：

$$\begin{aligned}
\boldsymbol{\theta}_k = \arg \max_{\boldsymbol{\theta}} \sum_{(s_t, a_t) \sim \pi_{\boldsymbol{\theta}_k}} \min \Bigg(& \frac{\pi_{\boldsymbol{\theta}} \left(a_t | s_t \right)}{\pi_{\boldsymbol{\theta}_k} \left(a_t | s_t \right)} A_{\boldsymbol{\theta}_k} \left(s_t, a_t \right), \\
& \text{clip} \left(\frac{\pi_{\boldsymbol{\theta}} \left(a_t | s_t \right)}{\pi_{\boldsymbol{\theta}_k} \left(a_t | s_t \right)}, 1 - \varepsilon, 1 + \varepsilon \right) A_{\boldsymbol{\theta}_k} \left(s_t, a_t \right) \Bigg)
\end{aligned} \tag{6.78}$$

PPO2 算法相较于 TRPO 算法在代码实现过程中极大简化了编程工作量，也使得策略更新过程中前后两次策略差异 $\frac{\pi_{\boldsymbol{\theta}} \left(a_t | s_t \right)}{\pi_{\boldsymbol{\theta}_k} \left(a_t, s_t \right)}$ 控制在了给定的范围 $[1 - \varepsilon, 1 + \varepsilon]$ 中。一般来说，我们取 $\varepsilon = 0.2$，将前后策略差异 $\frac{\pi_{\boldsymbol{\theta}} \left(a_t | s_t \right)}{\pi_{\boldsymbol{\theta}_k} \left(a_t, s_t \right)}$ 控制在 $[0.8, 1.2]$ 中 [180]，从而在一定程度上保证策略更新过程的稳定性和有效性。

6.7.3 近端策略优化算法（PPO2）伪代码

通过对比分析策略梯度优化算法的异同点可以发现，在算法改进过程中，近端策略优化算法将置信阈策略优化算法的约束项 $KL \left(\pi_{\boldsymbol{\theta}} || \pi_{\boldsymbol{\theta}'} \right) < \delta$ 变成了目标函数中的正则项，PPO2 算法继续改进，引入了 clip 函数，将前后两次策略的比值限定在区间 $[1 - \varepsilon, 1 + \varepsilon]$ 中，增强了算法稳定性和学习效率。伪代码 Algorithm 19 简单描述了近端策略优化算法 PPO2 的核心步骤 [180]。

PPO2 算法是 OpenAI 大规模深度强化学习项目中的默认算法，PPO2 算法性能之优秀可见一斑。相较于 TRPO 和第一代 PPO 算法，PPO2 算法的实现更加简单，且性能突出，因此也得到了很多项目研究人员的青睐。近端策略优化算法（PPO2）伪代码 19 的核心代码是第 5 行中的策略函数参数更新公式，其他部分与经典策略梯度算法类似。在策略函数参数更新过程中，需要值函数辅助更新策略梯度，通过回归方法对值函数进行拟合。值函数的拟合效果直接影响了策略函数参数的更新效果，因此值函数的引入有利有弊，对算法实现和模型训练都提出了新问题和新挑战。

在深度强化学习原理入门和实践过程中，我们需要对算法和代码有深入的理解和掌握，在实际工程应用时才会有更大的灵活性。因此，我们不但需要对开源代码进行深入分析和解读，也需要对原始文献进行深入学习和理解 [180]。

Algorithm 19: 近端策略优化算法（PPO2）伪代码

Input: 状态空间 $\mathcal{S}$，动作空间 $\mathcal{A}$，折扣系数 γ 以及环境 Env

初始化状态值函数 $V_{\boldsymbol{w}}(s)$ 的参数 $\boldsymbol{w}$

初始化策略函数 $\pi_{\boldsymbol{\theta}}(s, a)$ 的参数 $\boldsymbol{\theta}$

Output: 最优策略函数 $\pi_{\boldsymbol{\theta}}(s, a)$

1 **for** $k = 0, 1, 2, 3, \cdots$ **do**

2 　智能体基于策略 $\pi_{\boldsymbol{\theta}_k}$ 与环境交互，获得轨迹集合 $\mathcal{D}_k = \{\tau_i\}$

3 　计算每一条轨迹中状态的累积收益：$R_t = \sum\limits_{t'=t} R_{\pi_{\boldsymbol{\theta}}}(s_{t'}, a_{t'}, s_{t'+1})$

4 　计算优势函数值：$A(s_t, a_t) = R_t - V(s_t) = \sum\limits_{t'=t}^{T} R_{\pi_{\boldsymbol{\theta}}}(s_{t'}, a_{t'}, s_{t'+1}) - V(s_t)$

5 　策略梯度优化算法更新参数：

$$
\boldsymbol{\theta}_{k+1} = \arg\max_{\boldsymbol{\theta}} \sum_{(s_t, a_t) \sim \pi_{\boldsymbol{\theta}_k}} \min \left(\frac{\pi_{\boldsymbol{\theta}}(a_t|s_t)}{\pi_{\boldsymbol{\theta}_k}(a_t|s_t)} A_{\boldsymbol{\theta}_k}(s_t, a_t), \right.
$$
$$
\left. \text{clip}\left(\frac{\pi_{\boldsymbol{\theta}}(a_t|s_t)}{\pi_{\boldsymbol{\theta}_k}(a_t|s_t)}, 1 - \varepsilon, 1 + \varepsilon \right) A_{\boldsymbol{\theta}_k}(s_t, a_t) \right) \tag{6.79}
$$

6 　采用回归估计状态值函数参数 $\boldsymbol{w}$，拟合状态价值函数：

$$
\min \frac{1}{|\mathcal{D}_k| T} \sum_{\tau \in \mathcal{D}_k} \sum_{t=0}^{T} (V_{\boldsymbol{w}}(s_t) - R_t)^2 \tag{6.80}
$$

7 　状态值函数参数更新公式：

$$
\boldsymbol{w}_{k+1} = \boldsymbol{w}_k - \alpha_{\boldsymbol{w}} \frac{1}{|\mathcal{D}_k| T} \sum_{\tau \in \mathcal{D}_k} \sum_{t=0}^{T} (V_{\boldsymbol{w}}(s_t) - R_t) \nabla V_{\boldsymbol{w}}(s_t) \tag{6.81}
$$

6.8　应用实践

在智能交易系统中，深度强化学习智能体和复杂市场环境模型是智能系统的核心，智能体与环境模型的交互过程决定了智能体训练和学习的最终效果。智能体交互的核心是策略函数，深度强化学习的难点在于，智能体优化的目标是策略函数，而智能体采样轨迹数据也需要基于当前的策略函数。深度强化学习智能体算法能够适应不同的环境，具有不同的学习效果。

我们运用新的深度强化学习算法进行模型训练和学习时，绝大部分智能交易系统模块无须修改，就如同汽车更换发动机，并不需要对汽车的每个模块都进行替换，但是需要对系统各个模块之间的交互变量进行适应性修改，并全局考虑，整合优化，以提升智能交易策略的累积收益率。我们的示例将运用 PPO2 算法对智能体进行训练，替换此前智能交易系统中的 DQN 算法。在智能交易模型训练前理解 PPO2 算法的关键参数以及算法原理，可使我们在实践运用过程中取得更高的效率。

6.8.1　模型参数

PPO2 核心算法代码以及在智能交易系统中应用 PPO2 算法的示例代码如下所示。开源代码库中有很多优秀的深度强化学习算法实现，本实例主要使用 stable-baselines 代码库。

```
1  #(class) PPO2(policy, env, gamma=0.99, n_steps=128, ent_coef=0.01, learning_rate=0.00025, vf_
       coef=0.5, max_grad_norm=0.5, lam=0.95, nminibatches=4, noptepochs=4, cliprange=0.2,
       cliprange_vf=None, verbose=0, tensorboard_log=None, _init_setup_model=True, policy_
       kwargs=None, full_tensorboard_log=False, seed=None, n_cpu_tf_sess=None)
2  #部分参数描述
3  #policy: 深度神经网络表示策略模型 (MlpPolicy, CnnPolicy, CnnLstmPolicy等)
4  #env: (Gym environment or str) 复杂金融市场环境模型
5  #gamma: (float) 折扣因子
6  #n_steps: (int) 每次更新中每个环境运行的步数
7  #ent_coef: (float) 目标函数中熵损失对应的系数
8  #learning_rate: (float or callable) 学习率，也可以是一个函数
9  #vf_coef: (float) 目标函数中值函数损失对应的系数
10 #max_grad_norm: (float) 梯度裁剪的最大值
11 #lam: (float) 用于广义优势估计器偏差与方差权衡的因子
12 #nminibatches: (int) 每次更新的训练批量数
13 #noptepochs: (int) 优化时的Epoch数量
14 #cliprange: (float or callable) 裁剪参数，可以是函数
15 #cliprange_vf: (float or callable) 值函数的裁剪参数，可以是一个函数
16 #verbose: (int) 0 表示无训练信息，1 表示显示训练信息，2 表示Tensorflow 调试
17 #tensorboard_log: (str) Tensorboard 日志文件目录
18 #_init_setup_model: (bool) 是否在创建实例时构建网络
19 #policy_kwargs: (dict) 创建策略网络模型的附加参数
20 #full_tensorboard_log: (bool) 使用 Tensorboard时是否启用额外的日志记录
21
22 #从stable_baselines导入PPO2算法
23 from stable_baselines import PPO2
24 #设定深度神经网络模型主要参数
25 policy_kwargs = dict(act_fun=tf.nn.tanh, net_arch=[256,128,64,32])
26 #设定算法主要参数
27 model = PPO2('MlpPolicy', env_train, gamma=0.99, n_steps=128, ent_coef=0.001, learning_rate
       =0.0001, vf_coef=0.5, verbose=0, tensorboard_log='log')
28 #模型迭代训练timesteps次
29 model.learn(total_timesteps=timesteps)
```

在核心代码中，深度强化学习算法 PPO2 的输入参数是模型训练的关键。PPO2 算法输入参数 MlpPolicy 设定了 PPO2 值函数和策略函数的神经网络模型结构，面对不同的环

境状态变量，可采用不同的深度神经网络模型，如卷积神经网络 CnnPolicy、多层感知机 MlpPolicy 等。在本示例中，我们重新构建了深度神经网络模型结构，通过字典型参数 policy_kwargs 传递了策略网络模型的附加参数，语句 "policy_kwargs = dict(act_fun=tf.nn.tanh, net_arch = [256, 128, 64, 32])" 设定了深度神经网络模型激活函数为 tanh，且神经网络模型中有 4 个隐藏层，隐藏层神经元数量分别为 256、128、64 和 32。

参数 env_train 是深度强化学习算法 PPO2 训练智能体的环境模型，与 DQN 算法的环境模型类似，但是动作空间需要调整。DQN 算法适用于离散动作空间，PPO2 算法可使用连续动作空间。learning_rate 为学习率，是机器学习过程中需要调节的重要参数。

PPO2 算法中的损失函数由三部分组成，分别为策略函数损失、价值函数损失和熵损失函数。熵损失函数度量了输出动作的概率分布的熵，熵越大，策略函数输出动作的不确定性越大，动作更具多样性。模型总损失函数中的策略函数损失权重系数为 1，vf_coef 表示值函数损失权重系数，ent_coef 表示熵损失的权重系数。模型总损失函数为三类损失函数的加权和。在模型改进和优化过程中，可以尝试调节其他 PPO2 算法的输入参数，探索更优的智能体策略函数。

6.8.2　模型训练

Tensorboard 记录了深度强化学习模型训练过程中神经网络结构和参数的变化情况。Tensorboard 的记录结果有助于模型训练、程序调试、参数调优等。在本实例中，我们对学习率 learning_rate 和熵损失权重系数 ent_coef 进行了调优，其他参数采用了默认参数设置。熵损失权重系数 ent_coef 选取了 0.01、0.001、0.0001 和 0.00001 四种情况，实验发现 ent_coef 取 0.001 时智能体的累积收益最高。另一方面，学习率 learning_rate 取 0.0001 时智能体累积收益最高。需要强调的是，本示例模型并非最优训练结果，还存在较大改进空间，我们可以结合自身对算法和金融市场的理解，对模型进行改进和升级。

6.8.3　模型测试

在对金融市场环境建模时，我们在数据处理过程中将训练集和测试集进行了严格的划分，训练集为 2010 年 01 月 01 日至 2015 年 12 月 31 日价格时间序列，测试集为 2016 年 01 月 01 日至 2016 年 03 月 31 日价格时间序列。我们在测试集中测试智能体投资收益情况，结果如图 6.3 所示。

图 6.3 中最底下的虚线表示买入持有策略在不同时刻的资产价值变化情况，其他 8 条线分别表示 8 个 PPO2 智能体投资策略的资产价值变化情况。可以发现，8 个 PPO2 智能体投资策略均显著好于买入持有策略，在三个月内的收益率高出买入持有策略约 5%。在实际应用中，我们需要分析更多的收益指标，如年化收益、夏普率、最大回撤等。本示例的智能交易系统模型还存在较大改进空间，可以从重新构建环境状态、智能体学习参数调优等方面进行改进。

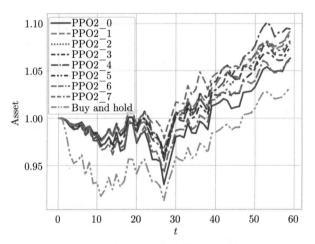

图 6.3　智能体投资收益情况测试结果

第 6 章习题

1. 确定性策略函数和随机性策略函数的区别是什么？

2. 简述随机性策略梯度定理。

3. 策略梯度优化算法中基线函数的作用是什么？

4. TRPO 算法和 PPO 算法主要区别是什么？

5. PPO1 和 PPO2 的主要区别是什么？

6. 研究深度神经网络结构对智能体投资收益的影响。

7. 运用策略梯度优化算法实现一个智能交易强化学习系统。

第 7 章

深度确定性策略梯度方法

内容提要

- ❏ 确定性策略梯度
- ❏ 梯度优化
- ❏ 梯度上升
- ❏ 值函数
- ❏ 策略函数
- ❏ 软更新
- ❏ 孪生网络
- ❏ 延迟更新

- ❏ 神经网络模型
- ❏ 确定性策略梯度定理
- ❏ 确定性策略
- ❏ 随机性策略
- ❏ 连续动作空间
- ❏ 离散动作空间
- ❏ 深度确定性策略梯度算法
- ❏ 孪生延迟确定性策略梯度算法

7.1 确定性策略梯度方法应用场景

深度强化学习智能体面对的环境复杂且多样。复杂环境具有不可观察性、随机性、连续性、模型不可知等性质，我们需要建立合适的深度强化学习模型进行信息处理和智能决策。复杂系统环境多数具有随机性的特点，如石头剪刀布游戏中的最优策略就是随机性策略。在一些应用场景中，动作空间维度非常高且动作是连续变量，如在机器人领域，机器人手臂旋转的角度是连续变量，而且机器人手臂又有很多自由度（动作空间维度），同时机器人的很多部位都必须活动，同样也会增加动作空间维度，构成了高维连续动作空间决策问题。

针对高维连续动作空间决策问题，即使我们将连续空间转变为离散化动作空间，使用 DQN 算法训练智能体也是异常困难的。因此，连续动作空间可以使用确定性策略优化梯度（Deterministic Policy Gradient）方法。为了适应高维状态空间和高维动作空间，深度确定性策略梯度（Deep Deterministic Policy Gradient，DDPG）方法引入了深度神经网络模型来建模确定性策略函数和值函数。在学习确定性策略梯度算法之前，可以先对随机性策略梯度算法进行学习和理解，这有助于深刻理解 DDPG 算法。在应用实践中，我们需要能够分析和理解基于值函数的 DQN 算法、基于策略梯度的随机性策略梯度算法以及确定性策略梯度算法的主要区别和相似之处。众多深度强化学习算法各有优缺点，各类算法都有对应的适用场景，并不存在一个最优的算法能够在所有的环境中都显著优于其他算法。

计算机领域有一个非常著名的定理，叫作没有免费午餐定理（No Free Lunch，NFL）。没有免费午餐定理的意思是，没有某个机器学习算法可以在任何问题中总是最优的或最准确的，无论采用何种学习算法，至少存在一个目标函数使得随机选择算法是更好的算法。没有免费午餐定理表明，脱离实际问题背景讨论算法的优劣是毫无意义的。

深度学习和深度强化学习算法之间存在互相学习和互相促进的关系。深度强化学习中的很多深度学习技巧同样能很好地提升算法效率、模型稳定性以及模型泛化性能。深度强化学习算法原理和神经网络结构在设计上也存在着交叉融合和互相学习，如深度确定性策略梯度（DDPG）算法和行动者-批评家（AC）算法具有同样的算法设计思想。

7.2 策略梯度方法比较

复杂环境特征直接影响深度强化学习算法的选择和策略函数的建模。在应用深度强化学习算法解决实际复杂问题时，建模之初，必须对环境特征进行细致的分析。深入分析环境特征结构和演化规律，确定复杂环境是属于完全可观察的或部分可观察的、单智能体或多智能体、确定的或随机的、静态或动态、状态空间离散或连续、动作空间离散或连续、环境模型已知或未知。

图 7.1 给出了基于值函数的深度 Q 网络（图 7.1（a））、随机性策略梯度算法的策略网络（图 7.1（b））和确定性梯度算法的策略网络（图 7.1（c））的结构示意图。深度 Q 网络中深度神经网络的输出是状态-动作值 $Q(s,a;\boldsymbol{\theta})$。在 DQN 算法中，智能体在状态 s 下选择具有最大价值的动作 a^* 作为最优动作输出，隐式的策略函数为

$$a^* = \arg\max_{a'} Q(s,a';\boldsymbol{\theta}) \tag{7.1}$$

随机性策略函数的输入参数为状态 s，输出为 8 个动作的概率分布 $p(a_i|s)$，其中，$i \in \{1,2,3,\cdots,8\}$。智能体基于策略函数网络模型输出的概率分布进行随机采样，得到随机性策略动作，随机性策略可以表示为

$$p(a|s) = \pi_{\boldsymbol{\theta}}(a|s) \tag{7.2}$$

其中，$\pi_{\boldsymbol{\theta}}(a|s)$ 表示策略函数网络模型，$\boldsymbol{\theta}$ 为神经网络模型参数。

确定性策略网络模型可以表示为

$$a = \pi_{\boldsymbol{\theta}}(s) \tag{7.3}$$

其中，$\pi_{\boldsymbol{\theta}}(s)$ 表示确定性策略函数网络模型，$\boldsymbol{\theta}$ 为神经网络模型参数。

对比三类模型可以发现，其主要区别是深度神经网络模型输出层的结构不同。随机性策略网络模型从输出状态-动作值 $Q(s,a;\boldsymbol{\theta})$ 变成了动作的概率 $p(a_i|s)$ 或者动作 a，其他部分基本没有变化。而且，深度神经网络结构可以根据输入状态和问题环境模型进行调整。

在图 7.1 中，深度神经网络模型作为深度强化学习的重要组成部分，为智能决策提供有效的特征提取和特征转化功能。在各类深度强化学习系统中，深度神经网络模型有着非

常类似的拓扑结构，但由于具体复杂问题存在差异，深度神经网络模型的输出也有所差异。借鉴一些流行的机器学习算法，如迁移学习和预训练等方法，在深度强化学习模型中可以直接使用已经训练好的深度神经网络模型来提取复杂环境的状态信息，如此可以提高模型的训练效率和智能决策绩效，同时也降低了模型的训练难度。

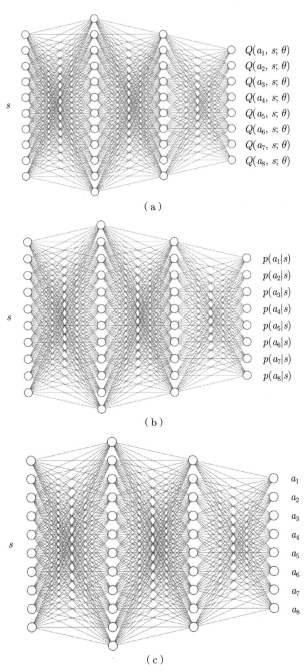

图 7.1　值函数、随机性策略函数和确定性策略函数示意图

7.3　确定性策略函数的深度神经网络表示

深度强化学习在强化学习的基础上融合深度神经网络模型，将深度神经网络模型的感知智能和强化学习的决策智能发挥到了极致。深度神经网络模型就是一个功能强大的模块结构，可以嵌入深度强化学习的各个功能模块中，如状态-动作值函数、策略函数、环境状态特征提取模块等。在面向对象的程序设计和编程语言中，模块化、抽象化、搭积木的思想极大简化了复杂系统建模。随着工艺和技术的进步，玩具积木的思想已经融合了功能性模块，比如车轮模块可以放到不同模型中实现车轮的功能。

互联网行业流行一句话叫"不要重复造轮子"，通过模块化抽象和构建，能够加快系统的建模和实现。但是，从深入理解和学习领域知识而言，特别是对于初学者而言，"重复造轮子"是理解和掌握深度强化学习算法的最好实践训练。

在深度强化学习模型中，典型的深度神经网络模块可以嵌入强化学习模型中以提升模型性能，如基于值函数的 DQN 算法的状态-动作值函数、基于策略梯度算法的策略函数、基于环境模型的状态转移函数和回报函数等。深度神经网络模型强大的表示能力和特征提取能力使得强化学习模型的决策能力在复杂环境下发挥作用，深度强化学习才有了如此优秀的、震撼人心的成果。

我们以智能投资为例，图 7.2 展示了确定性策略网络结构示意图，说明如何在智能体建模中应用确定性策略。简单起见，投资智能体采用最简单的动作，即买、卖和持有，分别用数字 1、−1 和 0 代替。面对离散动作空间，我们可以采用 DQN 算法进行智能体训练。但一般来说，智能体在投资过程中需要控制好仓位，因此可以直接让投资智能体输出的动作为仓位比例，建模成连续的动作空间，可以用 $a \in [-1, 1]$ 来表示，动作 a 可以表示持仓比例或者最大买卖金额比例。当最大买卖金额为 10 万元时，动作 $a = 0.1$ 表示买入 1 万元资产，动作 $a = -0.1$ 表示卖出 1 万元资产。

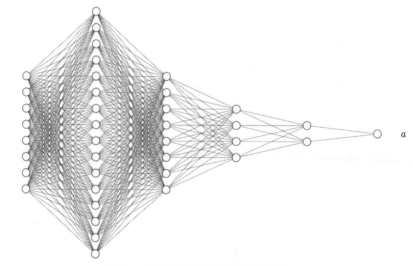

图 7.2　确定性策略网络结构示意图

7.4 确定性策略梯度定理

深度强化学习智能体在复杂环境中进行智能决策时，采集经验轨迹数据，迭代更新策略函数，获得最优化策略函数；最优化策略函数基于输入状态 s 输出一个最优动作 a。确定性策略函数为 $a = \pi(s)$，且

$$\pi(s) : \mathcal{S} \rightarrow \mathcal{A} \tag{7.4}$$

确定性策略函数为状态空间到动作空间的映射。区别于随机性策略函数 $\pi(s, a)$，确定性策略函数表示为

$$\pi(s, a) : \mathcal{S} \times \mathcal{A} \rightarrow [0, 1] \tag{7.5}$$

其中，$\pi(s, a)$ 为状态空间和动作空间到实数域空间的映射。基于值函数的深度强化学习算法 DQN 可以简单地通过值函数获得最优化策略：

$$\pi_{k+1}(s) = \arg\max_{a \in \mathcal{A}} Q^{\pi_k}(s, a) \tag{7.6}$$

其中，π_k 是第 k 次迭代的策略函数。一般来说，DQN 算法在具有离散动作空间的情景下应用较多。

高维连续空间中的动作数量是无穷的，连续函数找寻最大值是一个需要耗费额外计算资源的数值优化问题，因此经典的 DQN 算法对于连续型动作空间问题表现出一定的局限性，当然 DQN 的拓展和改进算法也能够对连续问题进行求解。对于连续动作空间中的策略优化问题，确定性策略优化算法是重要的解决方案。

在深度强化学习中，我们给定状态空间 $\mathcal{S}$、连续动作空间 $\mathcal{A}$、折扣系数 γ 以及复杂环境模型 Env。其中，复杂环境模型 Env 基于马尔可夫决策过程，为了在复杂环境模型 Env 中训练智能体最大化累积奖励收益，需要优化智能体策略函数 $a = \pi(s; \boldsymbol{\theta})$。在模型训练过程中，我们需要初始化状态-动作值函数 $Q(s, a; \boldsymbol{w})$ 的参数 $\boldsymbol{w}$ 以及策略函数 $\pi(s; \boldsymbol{\theta})$ 的参数 $\boldsymbol{\theta}$，并运用确定性策略梯度优化方法迭代优化模型参数 $\boldsymbol{w}$ 和策略参数 $\boldsymbol{\theta}$。我们先简单介绍确定性策略梯度定理 [181]：

定理 7.1　确定性策略梯度定理

给定状态空间 $\mathcal{S}$，动作空间 $\mathcal{A}$，折扣系数 γ，以及环境模型 Env。初始化状态-动作值函数 $Q(s, a; \boldsymbol{w})$ 的参数 $\boldsymbol{w}$，初始化策略函数 $\pi(s; \boldsymbol{\theta})$ 的参数 $\boldsymbol{\theta}$。最优化的目标函数设定为

$$\begin{aligned} J(\pi_{\boldsymbol{\theta}}) &= \int_{\mathcal{S}} \rho_{\pi}(s) r(s, \pi(s; \boldsymbol{\theta})) \mathrm{d}s \\ &= \mathrm{E}_{s \sim \rho_{\pi_{\boldsymbol{\theta}}}} [r(s, \pi(s; \boldsymbol{\theta}))] \end{aligned} \tag{7.7}$$

目标函数梯度为

$$\boldsymbol{\nabla_\theta} J(\pi_\theta) = \int_{\mathcal{S}} \rho_\pi(s) \boldsymbol{\nabla}_a Q(s, \pi(s; \boldsymbol{\theta}); \boldsymbol{w})|_{a=\pi_\theta(s)} \boldsymbol{\nabla_\theta} \pi_\theta(s) \mathrm{d}s$$

$$= \mathrm{E}_{s \sim \rho_\pi(s)} \boldsymbol{\nabla}_a Q(s, \pi(s; \boldsymbol{\theta}); \boldsymbol{w})|_{a=\pi_\theta(s)} \boldsymbol{\nabla_\theta} \pi_\theta(s) \qquad (7.8)$$

确定性策略梯度算法中的目标函数为

$$J(\pi_\theta) = \int_{\mathcal{S}} \rho_\pi(s) r(s, \pi(s; \boldsymbol{\theta})) \mathrm{d}s$$

$$= \mathrm{E}_{s \sim \rho_{\pi_\theta}} [r(s, \pi(s; \boldsymbol{\theta}))] \qquad (7.9)$$

根据确定性策略梯度定理可知，目标函数的梯度为

$$\boldsymbol{\nabla_\theta} J(\pi_\theta) = \int_{\mathcal{S}} \rho_\pi(s) \boldsymbol{\nabla}_a Q(s, \pi(s; \boldsymbol{\theta}); \boldsymbol{w})|_{a=\pi_\theta(s)} \boldsymbol{\nabla_\theta} \pi_\theta(s) \mathrm{d}s$$

$$= \mathrm{E}_{s \sim \rho_\pi(s)} \boldsymbol{\nabla}_a Q(s, \pi(s; \boldsymbol{\theta}); \boldsymbol{w})|_{a=\pi_\theta(s)} \boldsymbol{\nabla_\theta} \pi_\theta(s) \qquad (7.10)$$

式 (7.9) 中的 $r(s, a)$ 为回报函数，式 (7.10) 中的 $\boldsymbol{\nabla}_a\left(Q^{\pi_w}(s, a)\right)$ 为状态-动作值函数对动作 a 的梯度，$\boldsymbol{\nabla_\theta} \pi_\theta(s)$ 为策略函数对参数 $\boldsymbol{\theta}$ 的梯度。公式推导时用到了函数导数的链式法则。公式中：

$$Q(s, a; \boldsymbol{w}) = Q(s, \pi_\theta(s); \boldsymbol{w}) \qquad (7.11)$$

状态-动作值函数 $Q(s, \pi_\theta(s); \boldsymbol{w})$ 对参数 $\boldsymbol{\theta}$ 求梯度时，将状态-动作值函数参数 $\boldsymbol{w}$ 固定，动作值函数 $Q(s, \pi_\theta(s); \boldsymbol{w})$ 看作参数 $\boldsymbol{\theta}$ 的函数。TensorFlow 和 Pytorch 深度学习计算框架可以冻结住模型中的指定参数，只对需要求导的参数计算梯度值。因此，状态-动作值函数 $Q(s, \pi_\theta(s); \boldsymbol{w})$ 对参数 $\boldsymbol{\theta}$ 求导可得

$$\boldsymbol{\nabla_\theta} Q(s, \pi_\theta(s); \boldsymbol{w}) = \frac{\partial Q(s, a; \boldsymbol{w})}{\partial a} \frac{\partial a}{\partial \boldsymbol{\theta}}$$

$$= \frac{\partial Q(s, a; \boldsymbol{w})}{\partial a} \frac{\partial \pi_\theta(s)}{\partial \boldsymbol{\theta}} \qquad (7.12)$$

$$= \boldsymbol{\nabla}_a Q(s, a; \boldsymbol{w}) \boldsymbol{\nabla_\theta} \pi_\theta(s)$$

计算目标函数梯度后，可以采用梯度上升来更新策略函数参数 $\boldsymbol{\theta}$，$\boldsymbol{\theta}$ 参数更新朝着状态-动作值函数最大的方向变化，因此更新过程可简化为

$$\boldsymbol{\theta} = \boldsymbol{\theta} + \alpha \boldsymbol{\nabla}_a Q(s, \pi_\theta(s)) \boldsymbol{\nabla_\theta} \pi_\theta(s) \qquad (7.13)$$

其中，α 为学习率。

确定性策略梯度优化模型中的状态-动作值函数 $Q(s, \pi_\theta(s); \boldsymbol{w})$ 的参数 $\boldsymbol{w}$ 同样需要迭代更新，其梯度算法与 DQN 算法类似。我们从经验池 $\mathcal{D}$ 中随机采样数量为 B 的批量样

本 $\mathcal{B} = \{(s, a, r, s')\}$，计算 TD 目标值：

$$y = r(s, a) + \gamma \max_{a'} Q_{\boldsymbol{w}^-}(s', \pi_{\boldsymbol{\theta}^-}(s)) \tag{7.14}$$

如果 s' 为终止状态，那么

$$y = r(s, a) \tag{7.15}$$

我们运用梯度下降算法更新状态-动作值函数 $Q_{\boldsymbol{w}}(s, a)$ 的参数，其中，$Q_{\boldsymbol{w}}(s, a)$ 是状态-动作值函数 $Q(s, a; \boldsymbol{w})$ 的简化表达式

$$\boldsymbol{w} = \boldsymbol{w} - \alpha_{\boldsymbol{w}} \frac{1}{B} \boldsymbol{\nabla} \sum_{(s,a,r,s') \sim \mathcal{B}} \left[(Q_{\boldsymbol{w}}(s, a) - y))^2 \right] \tag{7.16}$$

连续动作空间中的确定性策略梯度方法使得问题求解过程更加高效和稳定。在现实世界中，大部分复杂环境问题都可以归结为连续动作空间中的优化问题。深度确定性策略梯度算法在 DQN 算法基础上进行了改进和强化，使得确定性策略梯度算法能够处理大规模高维连续动作空间的复杂问题，比如机器人控制等。

7.5 深度确定性策略梯度算法

深度确定性策略梯度优化算法是一种非常经典的深度强化学习方法 [182]。深度确定性策略梯度优化算法，即 DDPG 算法基于确定性策略梯度定理，是一种离线策略优化算法，适用于连续动作空间中的复杂环境问题。DDPG 算法与 DNQ 算法有诸多相似之处，被认为是针对连续动作空间的深度 Q 学习算法（DQN）的改进和优化。DDPG 也采用 Actor-Critic 框架，算法同时会训练一个策略函数（Actor）和一个值函数（Critic）。

7.5.1 算法核心介绍

深度确定性策略梯度算法是 DQN 算法在连续动作空间的拓展，同样需要训练状态-动作值函数 $Q(s, a)$，只是其中动作 a 属于连续动作空间 $\mathcal{A}$，具体的 Bellman 方程表示如下：

$$Q(s, a) = \mathrm{E}_{s' \sim P(\cdot|s,a)} \left[r(s, a) + \gamma \max_{a'} Q(s', a') \right] \tag{7.17}$$

其中，$r(s, a)$ 为智能体在状态 s 时执行动作 a 后得到的即时奖励，$s' \sim P(\cdot|s, a)$ 表示智能体在状态 s 时执行动作 a 后跳转到状态 s'，$Q(s, a)$ 是智能体在状态 s 时执行动作 a 获得的期望累积奖励，衡量了动作 a 的价值，与 DQN 算法中一致。公式中 $\max_{a'} Q(s', a')$ 是 DQN 算法的关键之处，表示智能体在状态 s' 时遍历动作空间，选择 $Q(s', a)$ 最大的动作 a^*。在高维连续动作空间中，计算最大值是一个颇耗费资源的优化问题。为了替换最大化操作 $\max_{a'} Q(s', a')$，我们将通过其他方式最大化状态-动作值函数 $Q(s, a)$：

$$Q(s, \pi_{\boldsymbol{\theta}}(s)) \approx \max_a Q(s, a) \tag{7.18}$$

确定性策略函数直接输出最优化动作是深度确定性策略梯度算法的核心。DDPG 算法在进行迭代估计 $Q(s,a)$ 的过程中替换掉了使用 $\max\limits_{a'} Q(s',a')$ 最大化值函数的过程，通过确定性策略函数 $\pi_{\boldsymbol{\theta}}(s)$ 直接输出最优化动作使得状态-动作值函数 $Q(s,\pi_{\boldsymbol{\theta}}(s))$ 最大。深度确定性策略梯度算法的关键之处在于，策略函数 $\pi_{\boldsymbol{\theta}}(s)$ 需要保证得到的动作能够使 $Q(s,a)$ 最大。基于此思想，DDPG 算法要求 $Q(s,a)$ 对动作 a 是可微的，且策略函数 $\pi_{\boldsymbol{\theta}}(s)$ 也必须是可微的：

$$\nabla_{\boldsymbol{\theta}} Q(s,\pi_{\boldsymbol{\theta}}(s)) = \nabla_{\pi_{\boldsymbol{\theta}}(s)} Q(s,\pi_{\boldsymbol{\theta}}(s)) \nabla_{\boldsymbol{\theta}} \pi_{\boldsymbol{\theta}}(s) \tag{7.19}$$

策略函数 $\pi_{\boldsymbol{\theta}}(s)$ 的参数 $\boldsymbol{\theta}$ 更新方向为使状态-动作值函数 $Q(s,\pi_{\boldsymbol{\theta}}(s))$ 最大化方向。智能体策略函数按照梯度提升 $\nabla_{\boldsymbol{\theta}} Q(s,\pi_{\boldsymbol{\theta}}(s))$ 进行更新，可以保证策略函数 $\pi_{\boldsymbol{\theta}}(s)$ 得到的动作使得 $Q(s,a)$ 最大。因此，DDPG 算法省略了 $Q(s',a')$ 最大化过程。

7.5.2 经验回放

DQN 算法的另一个关键是经验回放机制，DDPG 算法也用到了经验回放，算法需要构建一个经验池，存放历史轨迹数据，为策略函数和价值函数的训练提供数据支持。DQN 算法中的经验数据用四元组 (s,a,r,s') 表示，而 DDPG 算法中的经验数据用五元组 (s,a,r,s',d) 表示，其中，d 是状态 s' 是否为轨迹终点的标志变量，当 s' 为终止状态时，$d=1$，否则 $d=0$。为了训练状态-动作值函数 $Q_{\boldsymbol{w}}(s,a)$，DQN 算法中的 TD 目标值为

$$y = r(s,a) + \gamma(1-d)\max_{a'} Q(s',a') \tag{7.20}$$

而 DDPG 算法中的 TD 目标值为

$$y = r(s,a) + \gamma(1-d)Q(s',\pi_{\boldsymbol{\theta}}(s')) \tag{7.21}$$

因此，DDPG 算法中的 TD 误差为

$$\delta = (r(s,a) + \gamma(1-d)Q(s',\pi_{\boldsymbol{\theta}}(s'))) - Q(s,a) \tag{7.22}$$

为了训练状态-动作值函数 $Q_{\boldsymbol{w}}(s,a)$，最小化 TD 误差，我们构建目标函数：

$$L(\boldsymbol{w},\mathcal{D}) = \mathrm{E}_{(s,a,r,s',d)\sim\mathcal{D}}\left[Q_{\boldsymbol{w}}(s,a) - (r(s,a) + \gamma(1-d)Q(s',\pi_{\boldsymbol{\theta}}(s')))\right]^2 \tag{7.23}$$

其中，$\mathcal{D}$ 为经验池轨迹数据集。我们可以采用梯度下降算法更新参数 $\boldsymbol{w}$。

7.5.3 目标网络

DQN 算法存在的过估计和自举问题同样影响了 DDPG 算法的稳定性和收敛性。DDPG 算法使用目标网络方法进行改进，目标网络能够在一定程度上减少自举带来的过估计问题，双网络设计能够在一定程度上减少 max 操作带来的过估计问题。为了增加训练稳定性，

DDPG 算法与 DQN 算法类似，设定了策略函数和状态-动作值函数的目标网络，分别记为 $\pi_{\boldsymbol{\theta}^-}(s)$ 和 $Q_{\boldsymbol{w}^-}(s,a)$。因此，状态-动作值函数的 TD 目标可表示为

$$y = r(s,a) + \gamma(1-d)Q_{\boldsymbol{w}^-}(s', \pi_{\boldsymbol{\theta}^-}(s')) \tag{7.24}$$

相应的 TD 误差为

$$Q_{\boldsymbol{w}}(s,a) - (r(s,a) + \gamma(1-d)Q_{\boldsymbol{w}^-}(s', \pi_{\boldsymbol{\theta}^-}(s'))) \tag{7.25}$$

需要强调的是，此处计算 TD 目标值时使用策略函数目标网络进行估计，即 $\pi_{\boldsymbol{\theta}^-}$ 输出最优动作。为了训练状态-动作值函数 $Q_{\boldsymbol{w}}(s,a)$，最小化 TD 误差，我们构建目标函数：

$$L(\boldsymbol{w}, \mathcal{D}) = \mathrm{E}_{(s,a,r,s',d)\sim\mathcal{D}}\left[(Q_{\boldsymbol{w}}(s,a) - (r(s,a) + \gamma(1-d)Q_{\boldsymbol{w}^-}(s', \pi_{\boldsymbol{\theta}^-}(s'))))^2 \right] \tag{7.26}$$

其中，$\mathcal{D}$ 为经验池数据集。我们采用梯度下降算法更新参数 $\boldsymbol{w}$，则状态-动作值函数 $Q_{\boldsymbol{w}}(s,a)$ 网络的参数更新如下：

$$\boldsymbol{w} = \boldsymbol{w} - \alpha_{\boldsymbol{w}}\frac{1}{B}\boldsymbol{\nabla}\sum_{(s,a,r,s',d)\sim\mathcal{B}}\left[(Q_{\boldsymbol{w}}(s,a) - (r(s,a) + \gamma(1-d)Q_{\boldsymbol{w}^-}(s', \pi_{\boldsymbol{\theta}^-}(s))))^2 \right] \tag{7.27}$$

在迭代更新过程中，优化算法每次从经验池 $\mathcal{D}$ 中采样数量为 B 的批量样本 $\mathcal{B} = \{(s, a, r, s', d)\}$ 更新模型参数。

7.5.4　参数软更新

DDPG 算法中目标网络的模型函数的参数采用软更新方法：

$$\boldsymbol{w}^- = \rho\boldsymbol{w}^- + (1-\rho)\boldsymbol{w} \tag{7.28}$$

DQN 算法中设定了迭代 C 步以后更新目标网络参数 $\boldsymbol{w}^- = \boldsymbol{w}$，也就是设定了 $\rho = 0$。DDPG 算法一般采用软更新策略，在一般情况下，ρ 接近 1。

DDPG 算法也同样构造了一个与策略网络相同结构的目标网络，参数设为 $\boldsymbol{\theta}^-$，用来替换 $\max\limits_{a'} Q(s', a')$ 的操作，策略函数目标网络函数的参数更新也采用软更新方法：

$$\boldsymbol{\theta}^- = \rho\boldsymbol{\theta}^- + (1-\rho)\boldsymbol{\theta} \tag{7.29}$$

一般情况下，ρ 设定为接近 1。

策略函数更新较为简单，DDPG 算法的策略函数优化目标不再是最大化累积收益，而是最大化状态-动作值函数 $Q(s,a)$（本质上是一致的），使得策略函数 $\pi_{\boldsymbol{\theta}}(s)$ 得到的动作 a 最大化 $Q(s,a)$。因此，策略函数 $\pi_{\boldsymbol{\theta}}(s)$ 的参数更新过程可简化为

$$\boldsymbol{\theta} = \boldsymbol{\theta} + \alpha\boldsymbol{\nabla}_{\pi_{\boldsymbol{\theta}}(s)}Q(s, \pi_{\boldsymbol{\theta}}(s))\boldsymbol{\nabla}_{\boldsymbol{\theta}}\pi_{\boldsymbol{\theta}}(s) \tag{7.30}$$

因为 DDPG 算法引入了目标网络技术，所以 DDPG 算法中有四个深度神经网络模型，分别为 2 个策略函数神经网络模型和 2 个状态-动作值函数神经网络模型。策略函数神经网络模型参数和状态-动作值函数神经网络模型参数采用常规梯度更新，各自对应的目标网络参数采用软更新方法。

7.5.5 深度确定性策略梯度算法伪代码

深度确定性策略优化算法（DDPG[182]）伪代码如 Algorithm 20 所示。

Algorithm 20: 深度确定性策略优化算法（DDPG）伪代码

Input: 状态空间 $\mathcal{S}$，动作空间 $\mathcal{A}$，折扣系数 γ 以及环境 Env
初始化状态-动作值函数 $Q_w(s, a)$ 的参数 w。初始化策略函数 $\pi_\theta(s)$ 的参数 θ。同时初始化策略函数目标网络 $\pi_{\theta^-}(s)$ 和状态-动作值函数目标网络 $Q_{w^-}(s, a)$ 的参数：$w^- = w$ 和 $\theta^- = \theta$
Output: 最优策略函数 $a = \pi_\theta(s)$

1   **for** $k = 0, 1, 2, 3, \cdots$ **do**

2   智能体基于策略 π_θ 与环境交互获得轨迹集合 $\mathcal{D}_k = \{\tau_i\}$

3   经验池 $\mathcal{D}$ 中经验数据用五元组表示：(s, a, r, s', d)，s' 为终点时，$d = 1$，否则 $d = 0$。

4   **if** 需要更新参数 **then**

5   **for** $i = 0, 1, 2, \cdots$ **do**

6   从经验池 $\mathcal{D}$ 中随机采样数量为 B 的小批量样本 $\mathcal{B} = \{(s, a, r, s', d)\}$

7   计算 TD 目标值：

$$y = r(s, a) + \gamma(1 - d)Q_{w^-}(s', \pi_{\theta^-}(s)) \tag{7.31}$$

8   采用梯度下降算法更新状态-动作值函数参数：

$$w = w - \alpha_w \frac{1}{B} \nabla \sum_{(s, a, r, s', d) \sim \mathcal{B}} \left[(Q_w(s, a) - y)^2\right] \tag{7.32}$$

9   采用梯度上升更新策略函数参数：

$$\theta = \theta + \alpha \nabla_{\pi_\theta(s)} Q(s, \pi_\theta(s)) \nabla_\theta \pi_\theta(s) \tag{7.33}$$

10   采用软更新方法更新目标网络的参数：

$$w^- = \rho w^- + (1 - \rho)w$$
$$\theta^- = \rho \theta^- + (1 - \rho)\theta \tag{7.34}$$

DDPG 算法的训练过程中需要设定状态空间 $\mathcal{S}$、动作空间 $\mathcal{A}$、折扣系数 γ 以及环境模型 Env。算法初始化状态-动作值函数 $Q_w(s, a)$ 的参数 w 以及策略函数 $\pi_\theta(s)$ 的参数 θ，

同时初始化策略函数目标网络 $\pi_{\boldsymbol{\theta}^-}(s)$ 和状态-动作值函数目标网络 $Q_{\boldsymbol{w}^-}(s,a)$ 的参数:

$$\boldsymbol{w}^- = \boldsymbol{w} \tag{7.35}$$

和

$$\boldsymbol{\theta}^- = \boldsymbol{\theta} \tag{7.36}$$

DDPG 算法中四个深度神经网络模型都需要初始化参数以及迭代更新参数,且采用了不同的初始化方法和参数更新方法。

7.6 孪生延迟确定性策略梯度算法

DDPG 算法在实际应用过程中表现出了较好的智能决策性能,但 DDPG 算法在超参数调优方面具有脆弱性,算法性能受超参数影响较大。

7.6.1 TD3 算法介绍

DDPG 算法性能得益于深度神经网络模型,同时也继承了深度神经网络模型训练难这一缺陷。并且,DDPG 算法与 DQN 算法具有非常类似的模型框架,因此也同样具有 DQN 算法类似的模型缺陷,如状态-动作值函数的过高估计等问题。

孪生延迟深度确定性策略梯度(Twin Delayed Deep Determmistic Policy Gradint,TD3)算法[183]改进了 DDPG 算法。TD3 算法引入了孪生网络模型结构,主要改进可以从正三方面进行分析。我们将对 TD3 算法引入的这三个关键技巧进行分析,了解 TD3 算法如何解决 DDPG 算法在学习过程中遇到的相关问题。

7.6.2 TD3 算法的改进

1. 孪生网络结构

孪生延迟深度确定性策略梯度算法同时学习了两个状态-动作值函数 $Q(s,a)$ 网络模型,分别为 $Q_{\boldsymbol{w}_1}(s,a)$ 和 $Q_{\boldsymbol{w}_2}(s,a)$,此处的孪生网络不同于 DDPG 算法中的目标网络。同样,TD3 算法构建了两个与之对应的目标网络,分别为 $Q_{\boldsymbol{w}_1^-}(s,a)$ 和 $Q_{\boldsymbol{w}_2^-}(s,a)$。TD3 算法中四个状态-动作值函数网络模型的参数分别用 $\boldsymbol{w}_1$,$\boldsymbol{w}_2$,$\boldsymbol{w}_1^-$,$\boldsymbol{w}_2^-$ 表示。因此,孪生延迟深度确定性策略梯度算法的 TD 目标值为

$$y(r,s',d) = r(s,a) + \gamma(1-d)\min_{i=1,2} Q_{\boldsymbol{w}_i^-}(s',\pi_{\boldsymbol{\theta}^-}(s')) \tag{7.37}$$

需要强调的是,TD 目标值中的"TD"表示时序差分学习(Temporal-Difference learning),TD3 算法中"TD"表示孪生延迟(Twin Delayed)。TD3 算法通过计算两个目标网络 Q 值,选择较小的 Q 值作为正式目标值,有效地减缓了过估计的风险,提高了训练精确性和稳定性。

TD3 算法中的两个目标网络需要分别进行参数估计和优化，相应的目标函数分别为

$$L(\boldsymbol{w}_1, \mathcal{D}) = \mathrm{E}_{(s,a,r,s',d) \sim \mathcal{D}} \left[(Q_{\boldsymbol{w}_1}(s,a) - y(r,s',d))^2 \right] \tag{7.38}$$

和

$$L(\boldsymbol{w}_2, \mathcal{D}) = \mathrm{E}_{(s,a,r,s',d) \sim \mathcal{D}} \left[(Q_{\boldsymbol{w}_2}(s,a) - y(r,s',d))^2 \right] \tag{7.39}$$

孪生网络 $Q_{\boldsymbol{w}_1}(s,a)$ 和 $Q_{\boldsymbol{w}_2}(s,a)$ 同时估计动作值，通过选择两个状态-动作值网络中的较小值作为目标值估计，一定程度上化解了 Q 函数过估计问题。

孪生网络 $Q_{\boldsymbol{w}_1}(s,a)$ 和 $Q_{\boldsymbol{w}_2}(s,a)$ 模型与 Double DQN 算法作用类似，都是为了化解 Q 函数的过估计问题。Double DQN 算法在 DQN 算法基础上做了一个简单改进，分离了动作选择和动作评估过程，使得模型的性能和稳定性都有提升。Double DQN 算法中两个状态-动作值函数的网络结构一模一样，只是目标网络参数更新滞后。但是，TD3 算法中的双网络模型参数 $\boldsymbol{w}_1$ 和 $\boldsymbol{w}_2$ 可以不一样。

2. 延迟参数更新

孪生延迟深度确定性策略梯度算法中"延迟"的含义为参数更新延迟。DDPG 算法的优化目标不再是直接最大化累积收益，而是最大化状态-动作值函数 $Q(s,a)$，即使得策略函数 $\pi_{\boldsymbol{\theta}}(s)$ 得到的动作能够使得 $Q(s,a)$ 具有最大价值。因此，TD3 算法中目标函数表示为

$$\max_{\boldsymbol{\theta}} \mathrm{E}_{s \sim \mathcal{D}} \left[Q_{\boldsymbol{w}_1}(s, \pi_{\boldsymbol{\theta}}(s)) \right] \tag{7.40}$$

至此，TD3 和 DDPG 处理方式都一致，只是在更新频率方面做了调整。为了让策略函数计算的目标值更加稳定，减小 TD 目标值的波动性，TD3 算法设置策略函数参数更新频率小于 Q 值函数参数更新频率。也就是说，策略函数参数更新延迟于状态-动作值函数参数更新。通常，我们可以设置状态-动作值函数 $Q(s,a)$ 的参数更新频率是策略函数 $\pi_{\boldsymbol{\theta}}(s)$ 参数更新频率的 2 倍。

3. 带裁剪的动作多样性改进

确定性策略梯度算法 DDPG 为了增加智能体的探索性能，在确定性策略函数输出的动作基础上增加了随机性：

$$a = \pi_{\boldsymbol{\theta}}(s) + \epsilon \tag{7.41}$$

其中，ϵ 为随机变量。一般来说，智能体的动作在动作空间中都有合法的动作区域，满足

$$a_{\text{Low}} \leqslant a \leqslant a_{\text{High}} \tag{7.42}$$

在给确定性策略函数输出动作值添加随机性的过程中，也会进行合法值的验证，即对非法值进行了裁剪，表示为

$$a = \mathrm{clip}\left(\pi_{\boldsymbol{\theta}}(s) + \epsilon, a_{\mathrm{Low}}, a_{\mathrm{High}}\right) \tag{7.43}$$

在高维空间中，DDPG 算法的状态-动作值函数 $Q(s, a)$ 通常具有无数尖峰值，这也是高维非线性函数的空间特性，具有较大波动性。如果状态-动作值函数 $Q(s, a)$ 为某些动作生成了一个错误的尖峰，该策略将迅速利用该尖峰值，输出错误的动作，使得策略函数过早地收敛到错误策略。TD3 算法通过裁剪类似的异常动作来避免此类情况的发生：

$$a = \mathrm{clip}\left(\pi_{\boldsymbol{\theta}}(s) + \mathrm{clip}(\epsilon, -c, c), a_{\mathrm{Low}}, a_{\mathrm{High}}\right) \tag{7.44}$$

其中，c 是一个超参数，限制随机变量产生的随机数的范围，且 $\epsilon \sim \mathcal{N}(0, \sigma)$。在实际应用过程中，我们可以在动作的每个维度上添加裁剪操作，让目标动作被裁剪到有效动作范围内。

7.6.3　TD3 算法伪代码

孪生延迟确定性策略梯度算法（TD3）伪代码如 Algorithm 21 所示。TD3 算法伪代码将算法细节和流程放在了一个完整的框架下进行描述，伪代码能体现算法的逻辑结构和循环结构[183]。深刻理解算法伪代码有利于我们编程实现 TD3 算法，也是理解算法原理最直接、最有效的方式。在理解优秀代码之前，可以先解读伪代码，然后比较源码和伪代码之间的差异，了解实现过程中伪代码的简洁和实际代码的复杂之间的对应关系。通过分析不同算法伪代码之间的差异，研究算法之间的异同点，能使我们深刻理解算法的改进和优化思想，为后续算法改良提供思路。

伪代码 Algorithm 21 对很多步骤做了简化，有很多与 DDPG 算法类似的操作，因此可以结合两个算法伪代码一起理解 TD3 算法的诸多细节。TD3 算法中一共有 6 个深度神经网络模型、4 个状态-动作值函数模型和 2 个策略函数模型，各有其用。6 个深度神经网络模型在智能体训练和学习过程中扮演了不同角色。随着深度强化学习模型越来越复杂，我们需要对强化学习模型和深度学习模型进行深入解剖。研究者将经典的深度强化学习算法理解透彻后，才能够实现复杂的、改良的、高阶的深度强化学习算法，并将算法应用到复杂环境问题之中。

深度强化学习算法不断迭代和演化，不断优化和升级，从 DQN 算法到 PG（Policy Gradient）算法，再到 DPG 算法、DDPG 算法、TD3 算法、D4PG（Distributed Distributional Deep Deterministic Policy Gradient）算法、MADDPG（Multi-agent DDPG）算法等，复杂度越来越高，这些算法融合了很多有用的设计思路和设计技巧，使深度强化学习模型的学习效率和稳定性更加突出，使模型可以适应于不同的复杂智能决策环境。

Algorithm 21: 孪生延迟确定性策略梯度算法（Twin Delayed DDPG，TD3）伪代码

Input: 状态空间 $\mathcal{S}$，动作空间 $\mathcal{A}$，折扣系数 γ，以及环境 Env。初始化状态-动作值函数的孪生网络 $Q_{w_1}(s,a)$ 的参数 w_1 和 $Q_{w_2}(s,a)$ 的参数 w_2，初始化策略函数 $\pi_\theta(s)$ 的参数 θ，同时初始化策略函数目标网络和状态-动作值函数目标网络的参数：$w_1^- = w_1$、$w_2^- = w_2$ 和 $\theta^- = \theta$

Output: 最优策略函数 $\pi_\theta(s)$

1　清空经验池 $\mathcal{D}$
2　**for** $k = 0, 1, 2, 3, \cdots$ **do**
3　　智能体基于策略 π_θ，获得动作：

$$a = \text{clip}\left(\pi_\theta(s) + \text{clip}(\epsilon, -c, c), a_{\text{Low}}, a_{\text{High}}\right) \qquad (7.45)$$

　　将智能体与环境交互获得的轨迹存入经验池 $\mathcal{D} = \{\tau_i\}$，经验池 $\mathcal{D}$ 中的经验数据用五元组 (s, a, r, s', d) 表示，其中 d 作为判断状态 s' 是否为终止状态的标志，当 s' 为终点时，$d = 1$，否则 $d = 0$。

4　　**if** 需要更新参数 **then**
5　　　**for** $j = 0, 1, 2, 3, \cdots$ **do**
6　　　　随机从经验池 $\mathcal{D}$ 中采样数量为 B 的小批量样本 $\mathcal{B} = \{(s, a, r, s', d)\}$
7　　　　计算目标行为动作：

$$a'(s') = \text{clip}\left(\pi_{\theta^-}(s) + \text{clip}(\epsilon, -c, c), a_{\text{Low}}, a_{\text{High}}\right) \qquad (7.46)$$

　　　　计算 TD 目标值：

$$y(r, s', d) = r(s, a) + \gamma(1 - d)\min_{i=1,2} Q_{w_i^-}(s', a'(s')) \qquad (7.47)$$

8　　　采用梯度下降算法更新孪生网络参数
9　　　**for** $i = 1, 2$ **do**
10

$$w_i = w_i - \alpha_w \frac{1}{B}\nabla\sum_{(s,a,r,s',d)\sim\mathcal{B}}\left[\left(Q_{w_i}(s,a) - y(r, s', d)\right)^2\right] \qquad (7.48)$$

11　　　**if** $j \bmod 2 == 0$ **then**
12　　　　采用梯度上升更新策略函数参数：

$$\theta = \theta + \alpha_\theta\frac{1}{B}\nabla\sum_{(s,a,r,s',d)\sim\mathcal{B}}\left[Q_{w_1}(s, \pi_\theta(s))\right] \qquad (7.49)$$

　　　　采用软更新方法更新目标函数的参数：

$$\begin{aligned} w_1^- &= \rho w_1^- + (1 - \rho)w_1 \\ w_2^- &= \rho w_2^- + (1 - \rho)w_2 \\ \theta^- &= \rho\theta^- + (1 - \rho)\theta \end{aligned} \qquad (7.50)$$

7.7　应用实践

7.7.1　核心代码解析

　　DDPG 算法核心代码以及在智能交易系统中应用 DDPG 算法的示例代码如下所示。开源代码库中存在很多优秀的深度强化学习算法实现，本实例主要使用 stable-baselines 代码库。

```
1  #(class) DDPG(policy, env, gamma=0.99, memory_policy=None, eval_env=None, nb_train_steps
      =50, nb_rollout_steps=100, nb_eval_steps=100, param_noise=None, action_noise=None,
      normalize_observations=False, tau=0.001, batch_size=128, param_noise_adaption_interval
      =50, normalize_returns=False, enable_popart=False, observation_range=(−5, 5), critic_l2_
      reg=0, return_range=(−np.inf, np.inf), actor_lr=0.0001, critic_lr=0.001, clip_norm=None,
      reward_scale=1, render=False, render_eval=False, memory_limit=None, buffer_size=50000,
      random_exploration=0, verbose=0, tensorboard_log=None, _init_setup_model=True, policy
      _kwargs=None, full_tensorboard_log=False)
2
3  #policy: (DDPGPolicy or str) 深度神经网络模型
4  #env: (Gym environment or str) 环境模型
5  #gamma: (float) 折扣因子
6  #memory_policy: (ReplayBuffer)经验回放缓冲区
7  #eval_env: (Gym Environment) 评估的环境模型
8  #nb_train_steps: (int) 训练步数
9  #nb_rollout_steps: (int) 试运行步数
10 #nb_eval_steps: (int) 评估步骤数
11 #param_noise: (AdaptiveParamNoiseSpec) 参数噪声类型
12 #action_noise: (ActionNoise) 动作噪声类型
13 #param_noise_adaption_interval: (int) 应用参数噪声的间隔步数
14 #tau: (float) 软更新系数
15 #normalize_returns: (bool) 是否标准化评论家输出
16 #enable_popart: (bool) 是否启用评论家输出规范化
17 #normalize_observations: (bool) 是否标准化观察变量
18 #batch_size: (int) 批次大小
19 #observation_range: (tuple) 观察变量的范围
20 #return_range: (tuple) 评论家输出的范围
21 #critic_l2_reg: (float) l2 正则化系数
22 #actor_lr: (float) 策略函数参数学习率
23 #critic_lr: (float) 价值函数参数学习率
24 #clip_norm: (float) 裁剪系数
25 #reward_scale: (float) 奖励缩放比例值
26 #render: (bool) 是否启用环境渲染
27 #render_eval: (bool) 是否启用评估环境渲染
28 #memory_limit: (int) 经验回放缓冲区内存大小
```

```
29   #buffer_size: (int) 经验回放缓冲区样本大小
30   #random_exploration: (float) 采取随机行动的概率
31   #verbose: (int) 训练信息详细级别：0 表示无，1 表示训练信息，2 表示Tensorflow 调试
32   #tensorboard_log: (str) Tensorboard 的日志位置
33   #_init_setup_model: (bool) 是否在创建实例时构建网络
34   #policy_kwargs: (dict) 创建策略网络的附加参数
35   #full_tensorboard_log: (bool) 是否使用 Tensorboard 时启用额外的日志记录
36
37   #从stable_baselines 导入 DDPG 算法
38   from stable_baselines import DDPG
39   #对动作加入随机噪声
40   n_actions = env_train.action_space.shape[−1]
41   param_noise = None
42   action_noise = OrnsteinUhlenbeckActionNoise(mean=np.zeros(n_actions), sigma=float(0.5) * np.
        ones(n_actions))
43   #配置DDPG算法超参数
44   model = DDPG('MlpPolicy',env_train,actor_lr=1e−4,critic_lr=1e−3,normalize_observations=True
        ,param_noise=param_noise,action_noise=action_noise,verbose=0,tensorboard_log='log')
45   #训练模型，迭代timesteps次
46   model.learn(total_timesteps=timesteps)
```

7.7.2 模型训练

在核心示例代码中，深度强化学习算法 DDPG 的参数设定是模型学习和训练的关键。参数 MlpPolicy 设定了 DDPG 算法值函数和策略函数的深度神经网络结构，可采用不同的深度神经网络模型，如 CnnPolicy、LnMlpPolicy 等。参数 env_train 表示深度强化学习算法 DDPG 训练的环境模型。actor_lr=0.0001 是策略函数的学习率，critic_lr=0.001 是状态-动作值函数的学习率。action_noise 参数设定了确定性策略算法中给动作加入的随机噪声，本实例使用了 OrnsteinUhlenbeckActionNoise 函数给动作加入 OU 噪声。示例模型训练中的其他超参数都采用了 DDPG 算法的默认参数。

7.7.3 模型测试

基于 DDPG 算法的智能交易模型在测试集中进行测试，我们分析 DDPG 模型在实际应用中的表现情况，DDPG 智能体投资收益情况如图 7.3 所示。与 DQN、PPO2 中的情况一样，为了保证模型测试的有效性，我们严格将测试集与训练集进行分离，训练集为 2010 年 01 月 01 日至 2015 年 12 月 31 日的价格时间序列，测试集为 2016 年 01 月 01 日至 2016 年 03 月 31 日的价格时间序列。

图 7.3 中的实线和上方的 7 个虚线表示深度强化学习 DDPG 智能体投资策略在不同时刻的资产价值变化情况。最下面的虚线表示买入持有策略在不同时刻的资产价值变化情

况。可以发现，图中 8 个深度强化学习 DDPG 智能体投资策略显著好于买入持有策略。在实际应用中，我们需要使用更多的测试指标进行测试和分析，如年化收益、夏普率、最大回撤等。同时，基于 DDPG 的智能体投资模型有较大的改进空间，包括超参数调优、市场环境变量选取等。

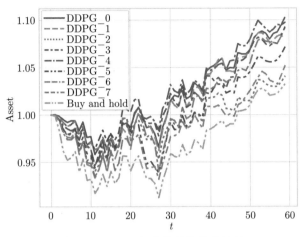

图 7.3 DDPG 智能体投资收益情况

⤳ 第 7 章习题 ⤳

1. 什么是确定性策略？
2. 随机性策略函数的优势有哪些？
3. 确定性策略函数的优势有哪些？
4. 确定性策略的应用场景有哪些？
5. 确定性策略梯度定理与随机性策略梯度定理的差异？
6. DDPG 和 DQN 的区别是什么？
7. TD3 和 DDPG 的区别是什么？
8. 试辨析 TD3 和 TD 值中的"TD"的含义。
9. 运用确定性策略梯度优化算法实现一个智能交易强化学习系统。

第 8 章

Actor–Critic 算法

- ❏ Actor-Critic 框架
- ❏ AC 算法
- ❏ A2C 算法
- ❏ A3C 算法
- ❏ ACER 算法
- ❏ ACKTR 算法
- ❏ SAC 算法
- ❏ 行动网络
- ❏ 评价网络

8.1 Actor-Critic 简介

深度强化学习算法门类庞杂，从简单到复杂、从离散空间到连续空间、从值函数到策略函数、从随机性策略到确定性策略，融合了众多深度学习模型和统计学习算法，在复杂环境的智能决策问题中表现出了极大的应用前景，特别是围棋领域、视频游戏领域、蛋白质折叠领域等。

深度强化学习算法的演化之路是一条算法改进和优化之路。Q 学习算法、深度 Q 神经网络算法、策略梯度算法、确定性策略梯度算法、深度确定性策略梯度算法、孪生延迟深度确定性策略梯度算法以及分布式的孪生延迟深度确定性策略梯度算法经历了几十年的发展历程，倾注了顶级研究人员的智慧和汗水，如今在各个领域的复杂问题求解中大放异彩，得到了全球工程人员、行业人员和研究人员的认可和关注，并被大范围地应用于各行各业以及科学研究的各个领域。

在众多深度强化学习算法中，基于值函数的深度强化学习算法 DQN 具有重要历史地位；基于策略梯度的深度学习算法 PPO 和 DDPG 也得到了广泛应用。深度强化学习算法的目标是学习智能体的策略函数，使智能体在与环境交互的过程中做出最优动作，获得最大累积收益。Actor-Critic（AC）算法，翻译成"行动者-评论家算法"或者"演员-评论家算法"。Actor-Critic 算法框架结合了值函数和策略函数，迭代优化策略函数和值函数，是一类非常通用的强化学习算法框架，影响了很多深度强化学习算法，如 DDPG 等。

行动者（Actor）对应策略函数，产生行为动作；评论家（Critic）对应价值函数，评估动作的好坏或价值。状态-动作值函数表示为

$$Q(s,a) = Q_{\boldsymbol{w}}(s,a) \tag{8.1}$$

一般情况下，我们采用神经网络 $Q_{\boldsymbol{w}}(s,a)$ 表示，神经网络模型参数为 $\boldsymbol{w}$，$Q_{\boldsymbol{w}}(s,a)$ 近似智能体在状态 s 下动作 a 的价值 $Q(s,a)$，即期望累积收益。

智能体策略函数可以表示成 $\pi_{\boldsymbol{\theta}}(s,a)$，其中，$\boldsymbol{\theta}$ 为神经网络模型参数。策略函数可以分为随机性策略函数和确定性策略函数。确定性策略函数可以表示为

$$a = \pi_{\boldsymbol{\theta}}(s) \tag{8.2}$$

智能体在给定状态下的确定性策略函数输出一个动作 a。随机性策略函数表示为

$$p(a|s) = \pi_{\boldsymbol{\theta}}(s,a) \tag{8.3}$$

智能体在给定状态下的随机性策略函数输出动作 a 的概率分布。

我们通过对 DQN 算法和 DPG、PPO、DDPG 等算法的理解和应用，已经对基于值函数和基于策略函数的算法有了初步认识，也学习了很多非常优秀的深度强化学习算法。

行动者-评论家算法结合值函数和策略函数完成强化学习任务。我们分析 DQN 算法和 PPO 算法等优秀算法可以发现，单独基于值函数或基于策略函数的算法在很多强化学习任务中也能够完成一些任务和目标，但当这些算法面对复杂环境时，智能体在学习过程中会出现很多问题，如样本效率问题、策略更新不稳定问题以及收敛难等。AC 算法同时学习值函数和策略函数，能够优势互补，互相成就，促进学习效率，更加高效地完成学习任务。

8.2 AC 算法

蒙特卡洛方法可以估计值函数，需要采样完整路径（Trajectory or Episode）。AC 方法采用了 TD 更新规则，从而避免了使用蒙特卡洛方法采样完整路径。

8.2.1 AC 算法介绍

我们估计状态-动作值函数，采用 TD 更新规则，计算 TD 目标：

$$Q_{\boldsymbol{w}}^{\text{target}}(s,a) = r + \gamma Q_{\boldsymbol{w}}(s',a') \tag{8.4}$$

式 (8.4) 表明，智能体在状态 s 下执行动作 a 后转移至下一个状态 s'，并获得即时奖励 r，然后在状态 s' 下执行动作 a'。$Q_{\boldsymbol{w}}(s,a)$ 和 $Q_{\boldsymbol{w}}^{\text{target}}(s,a)$ 都是估计值，我们将 $Q_{\boldsymbol{w}}^{\text{target}}(s,a)$ 作为目标来逼近。公式右边同样包含了状态-动作值 $Q_{\boldsymbol{w}}(s',a')$ 的估计值，而非状态-动作值的精确值。蒙特卡洛估计算法的优点是无偏估计，采样整条路径得到的累积收益是精确值，重复采样不同路径进行平均，可得到无偏估计。$Q_{\boldsymbol{w}}^{\text{target}}(s,a)$ 包含了智能体一步的收益 r 和 $\gamma Q_{\boldsymbol{w}}(s',a')$，$Q_{\boldsymbol{w}}(s',a')$ 也是状态-动作值函数的估计值。但是相较于状态 s 和动作 a 的状态-动作估计值 $Q_{\boldsymbol{w}}(s,a)$，估计值 $r + \gamma Q_{\boldsymbol{w}}(s',a')$ 在概率统计意义上更加准确。

我们举一个简化的例子简单说明为什么统计意义上估计值 $r + \gamma Q_{\boldsymbol{w}}(s',a')$ 比估计值 $Q_{\boldsymbol{w}}(s,a)$ 更加准确。提出的问题是，估计上海到长沙的高铁运行时间。我们现在有一个不精确的估计函数，可以估计任何两个城市之间的高铁运行时间。当将上海和长沙输入估计函数，函数估计结果为 10 小时。现在获得一条经验数据，数据记录了一趟高铁从上海到诸暨实际使用了 1.5 小时，然后用不精确的估计函数估计出诸暨到长沙需要 6 小时。我们通过将经验数据 1.5 小时（上海至诸暨）加上估计数据 6 小时（诸暨到长沙），得到新的上海到长沙所需时间为 7.5 小时（估计值）。新估计值 7.5 小时和原始估计值 10 小时相比，概率上而言更加准确，可以作为目标值，修正原始预测值 10 小时，优化函数估计值逼近 7.5 小时。

8.2.2　AC 算法参数更新

经验数据中包含智能体行动信息和环境信息，因此基于经验数据优化策略函数能做出更好的预测和估计。如在 DQN 算法的改进算中，多步（n-step）DQN 算法在实际应用中能够明显提升算法性能。

1. TD 误差

我们用 $Q_{\boldsymbol{w}}(s,a)$ 去逼近目标值 $Q_{\boldsymbol{w}}^{\text{target}}(s,a)$，计算 TD 误差：

$$\delta = Q_{\boldsymbol{w}}^{\text{target}}(s,a) - Q_{\boldsymbol{w}}(s,a) \tag{8.5}$$

将式 (8.4) 代入式 (8.5)，可得

$$\delta = r + \gamma Q_{\boldsymbol{w}}(s',a') - Q_{\boldsymbol{w}}(s,a) \tag{8.6}$$

为了使 $Q_{\boldsymbol{w}}(s,a)$ 尽可能逼近目标值 $Q_{\boldsymbol{w}}^{\text{target}}(s,a)$，需要通过状态-动作值函数 $Q_{\boldsymbol{w}}(s,a)$ 的参数更新使得 TD 误差越小越好。

2. 状态-动作值函数参数更新

我们可以采用梯度下降算法更新状态-动作值函数 $Q_{\boldsymbol{w}}(s,a)$ 的参数：

$$\boldsymbol{w} = \boldsymbol{w} - \alpha_{\boldsymbol{w}} \frac{1}{|\mathcal{B}|} \boldsymbol{\nabla} \sum_{(s,a,r,s') \sim \mathcal{B}} \delta^2 \tag{8.7}$$

其中，$\mathcal{B}$ 为经验数据集合。如果每次更新时采样一步经验数据 (s,a,r,s')，则状态-动作值函数的更新规则为

$$\boldsymbol{w} = \boldsymbol{w} + \alpha_{\boldsymbol{w}} \delta \boldsymbol{\nabla} Q_{\boldsymbol{w}}(s,a) \tag{8.8}$$

公式中权重参数的更新分成了三部分：$\alpha_{\boldsymbol{w}}$、δ 和 $\boldsymbol{\nabla} Q_{\boldsymbol{w}}(s,a)$。

$\alpha_{\boldsymbol{w}}$ 为智能体状态-动作值函数的学习率，是机器学习中最常见且需要调节的超参数。如果学习率 $\alpha_{\boldsymbol{w}}$ 过大，学习曲线波动会过大且不易收敛；如果学习率 $\alpha_{\boldsymbol{w}}$ 过小，学习曲线变化较小，会过早陷入局部最优解。

δ 为 TD 误差，误差越小，更新速率越小，因此在参数更新后期，随着 ID 误差变小状态-动作值函数的参数 $\boldsymbol{w}$ 更新速率变小。DQN 算法的改进算法中考虑了基于优先级的经验回放机制，优先级可由 δ 的绝对值或排序大小确定。因为过小的 δ 值对更新基本不起作用，可设定 δ 绝对值越大，优先级越大，越容易被采样。

$\nabla Q_{\boldsymbol{w}}(s, a)$ 为状态-动作值函数梯度，按照梯度方向更新参数，可使得状态-动作值 $Q_{\boldsymbol{w}}(s, a)$ 增大。参数更新公式中 $\alpha_{\boldsymbol{w}}$、δ 和 $\nabla Q_{\boldsymbol{w}}(s, a)$ 共同决定了状态-动作值函数 $Q_{\boldsymbol{w}}(s, a)$ 的参数 $\boldsymbol{w}$ 的更新大小和更新方向。

根据式 (8.6)，如果 $\delta > 0$，则 $r + \gamma Q_{\boldsymbol{w}}(s', a') - Q_{\boldsymbol{w}}(s, a) > 0$，即 $r + \gamma Q_{\boldsymbol{w}}(s', a') > Q_{\boldsymbol{w}}(s, a)$，说明 $Q_{\boldsymbol{w}}(s, a)$ 小于目标值，为了逼近目标值，$Q_{\boldsymbol{w}}(s, a)$ 需要增大，因此 $\delta \nabla Q_{\boldsymbol{w}}(s, a)$ 为正的梯度方向，我们按照 $\boldsymbol{w} = \boldsymbol{w} + \alpha_{\boldsymbol{w}} \delta \nabla Q_{\boldsymbol{w}}(s, a)$ 更新参数能够增加状态-动作值 $Q_{\boldsymbol{w}}(s, a)$。反之，如果 $\delta < 0$，则 $r + \gamma Q_{\boldsymbol{w}}(s', a') - Q_{\boldsymbol{w}}(s, a) < 0$，即 $r + \gamma Q_{\boldsymbol{w}}(s', a') < Q_{\boldsymbol{w}}(s, a)$，说明 $Q_{\boldsymbol{w}}(s, a)$ 大于目标值，$Q_{\boldsymbol{w}}(s, a)$ 为了逼近目标值，需要减小 $Q_{\boldsymbol{w}}(s, a)$。因为 $\delta \nabla Q_{\boldsymbol{w}}(s, a)$ 为负的梯度方向，按照 $\boldsymbol{w} = \boldsymbol{w} + \alpha_{\boldsymbol{w}} \delta \nabla Q_{\boldsymbol{w}}(s, a)$ 更新参数能够减小状态-动作值 $Q_{\boldsymbol{w}}(s, a)$。

3. 策略函数参数更新

AC 算法同时学习状态-动作值 $Q_{\boldsymbol{w}}(s, a)$ 和策略函数 $\pi_{\boldsymbol{\theta}}(s, a)$，上一节确定了值函数 $Q_{\boldsymbol{w}}(s, a)$ 的参数更新公式，我们接下来考虑策略函数 $\pi_{\boldsymbol{\theta}}(s, a)$ 参数 $\boldsymbol{\theta}$ 的更新公式。在随机性策略梯度算法中，已对策略函数 $\pi_{\boldsymbol{\theta}}(s, a)$ 的参数 $\boldsymbol{\theta}$ 更新进行了大量分析，基于梯度上升算法更新策略函数参数 $\boldsymbol{\theta}$：

$$\boldsymbol{\theta} = \boldsymbol{\theta} + \alpha_{\boldsymbol{\theta}} \delta \nabla \log \pi_{\boldsymbol{\theta}}(s, a) \tag{8.9}$$

公式中参数 $\boldsymbol{\theta}$ 的增量更新分成三个部分：$\alpha_{\boldsymbol{\theta}}$、$\nabla \log \pi_{\boldsymbol{\theta}}(s, a)$ 和 δ。超参数 $\alpha_{\boldsymbol{\theta}}$ 为智能体的策略函数学习率，学习率 $\alpha_{\boldsymbol{\theta}}$ 过大，学习曲线波动过大且不易收敛；学习率 $\alpha_{\boldsymbol{\theta}}$ 过小，过早陷入了局部最优解。

δ 为 TD 误差。$\nabla \log \pi_{\boldsymbol{\theta}}(s, a)$ 为策略函数梯度。我们按照策略函数梯度方向更新参数，可使得策略函数 $\pi_{\boldsymbol{\theta}}(s, a)$ 尽可能大。

策略函数 $\pi_{\boldsymbol{\theta}}(s, a)$ 的参数更新公式中，如果 $\delta > 0$，则 $r + \gamma Q_{\boldsymbol{w}}(s', a') > Q_{\boldsymbol{w}}(s, a)$，概率上更准确的目标值 $r + \gamma Q_{\boldsymbol{w}}(s', a')$ 大于当前估计值，此类动作 a 需要增加发生概率 $\pi_{\boldsymbol{\theta}}(s, a)$，因此 $\delta \nabla \log \pi_{\boldsymbol{\theta}}(s, a)$ 为正梯度方向，按照 $\boldsymbol{\theta} = \boldsymbol{\theta} + \alpha_{\boldsymbol{\theta}} \delta \nabla \log \pi_{\boldsymbol{\theta}}(s, a)$ 更新能够增加动作 a 的发生概率 $\pi_{\boldsymbol{\theta}}(s, a)$。

策略函数 $\pi_{\boldsymbol{\theta}}(s, a)$ 的参数更新公式中，如果 $\delta < 0$，则 $r + \gamma Q_{\boldsymbol{w}}(s', a') < Q_{\boldsymbol{w}}(s, a)$，概率上更准确的目标值 $r + \gamma Q_{\boldsymbol{w}}(s', a')$ 小于当前估计值，此类动作 a 需要减少发生概率，因此 $\delta \nabla \log \pi_{\boldsymbol{\theta}}(s, a)$ 为负梯度方向，按照 $\boldsymbol{\theta} = \boldsymbol{\theta} + \alpha_{\boldsymbol{\theta}} \delta \nabla \log \pi_{\boldsymbol{\theta}}(s, a)$ 更新能够减少动作 a 的发生概率 $\pi_{\boldsymbol{\theta}}(s, a)$。

8.2.3 AC 算法伪代码

AC 算法融合了值函数和策略函数，需要同时更新值函数参数 $\boldsymbol{w}$ 和策略函数参数 $\boldsymbol{\theta}$，即 $\boldsymbol{\theta} = \boldsymbol{\theta} + \alpha_{\boldsymbol{\theta}} \delta \nabla \log \pi_{\boldsymbol{\theta}}(s, a)$ 和 $\boldsymbol{w} = \boldsymbol{w} + \alpha_{\boldsymbol{w}} \delta \nabla Q_{\boldsymbol{w}}(s, a)$。AC 算法中两个更新公式通过

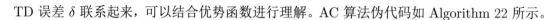

TD 误差 δ 联系起来，可以结合优势函数进行理解。AC 算法伪代码如 Algorithm 22 所示。

Algorithm 22: AC 算法伪代码

Input: 状态空间 $\mathcal{S}$，动作空间 $\mathcal{A}$，折扣系数 γ，以及环境 Env

深度神经网络模型 $Q_{\boldsymbol{w}}(s, a)$ 近似值函数，作为评论家

深度神经网络模型 $\pi_{\boldsymbol{\theta}}(s, a)$ 近似策略函数，作为行动者

Output: 最优策略 $\pi_{\boldsymbol{\theta}}$

1　初始化状态-动作值函数的参数 $\boldsymbol{w}$ 和策略函数的参数 $\boldsymbol{\theta}$

2　**for** $k = 0, 1, 2, 3, \cdots$ **do**

3　　% 智能体基于策略 $\pi_{\boldsymbol{\theta}}(s, a)$ 与环境交互，获得轨迹序列 (s, a, r, s')

4　　**for** $j = 0, 1, 2, \ldots$ **do**

5　　　策略 $\pi_{\boldsymbol{\theta}}(s)$ 产生动作 a，获得即时奖励 r，以及下一个状态 s'

6　　　策略 $\pi_{\boldsymbol{\theta}}(s')$ 产生动作 a'

7　　　计算 TD 误差：$\delta = r + \gamma Q_{\boldsymbol{w}}(s', a') - Q_{\boldsymbol{w}}(s, a)$

8　　　更新值函数模型参数：$\boldsymbol{w} = \boldsymbol{w} + \alpha_{\boldsymbol{w}} \delta \nabla Q_{\boldsymbol{w}}(s, a)$

9　　　更新策略函数模型参数：$\boldsymbol{\theta} = \boldsymbol{\theta} + \alpha_{\boldsymbol{\theta}} \delta \nabla \log \pi_{\boldsymbol{\theta}}(s, a)$

10　　　$a = a'$, $s = s'$

AC 算法框架具有高度的通用性，DDPG 等算法中已经融合了 AC 算法的思想。深度学习算法中的函数都可以用深度神经网络模型来近似，AC 算法构建一个值函数网络 $Q_{\boldsymbol{w}}(s, a)$ 作为评论家，构建一个深度神经网络模型 $\pi_{\boldsymbol{\theta}}(s, a)$ 近似策略函数，作为行动者。AC 算法训练初期需要初始化状态-动作值函数参数 $\boldsymbol{w}$，以及策略函数 $\pi_{\boldsymbol{\theta}}(s, a)$ 的参数 $\boldsymbol{\theta}$。但是，深度强化学习的目标是为了学习最优策略函数 $\pi_{\boldsymbol{\theta}}$，因此 AC 算法训练完成后，实际应用中只需要策略函数 $\pi_{\boldsymbol{\theta}}(s, a)$，状态-动作值函数 $Q_{\boldsymbol{w}}(s, a)$ 只是在训练中辅助策略函数更新参数。

深度强化学习过程中除了构建高效的算法框架，另一个任务是采样智能体学习过程所需的轨迹数据。强化学习过程就是智能体与环境进行交互的过程，智能体在交互过程中获得样本数据，基于经验数据进行学习和策略提升。在采样过程中，智能体基于策略 $\pi_{\boldsymbol{\theta}}(s, a)$ 与环境交互，获得状态-动作序列 (s, a, r, s')。我们通过状态-动作序列计算 TD 误差和策略梯度值，完成对状态-动作值函数和策略函数参数的更新。

8.3　A2C 算法

A2C 全称为优势行动者-评论家（Advantage Actor-Critic，A2C）算法，是为了使智能体更高效地学习到最优化策略函数，而在 AC 算法的基础上进行了改进。

8.3.1　A2C 算法介绍

A2C 算法中智能体更新策略函数的目标函数为

$$J(\boldsymbol{\theta}) = \sum_s \mu(s) \sum_a Q(s, a) \pi_{\boldsymbol{\theta}}(s, a) \tag{8.10}$$

其中，$\mu(s)$ 为状态 s 的稳定概率分布，$Q(s,a)$ 为状态-动作值函数。目标函数的梯度为

$$\nabla_{\boldsymbol{\theta}} J(\boldsymbol{\theta}) = \sum_s \mu(s) \sum_a Q(s,a) \nabla \pi_{\boldsymbol{\theta}}(s,a) \tag{8.11}$$

其中，$\nabla \pi_{\boldsymbol{\theta}}(s,a)$ 为随机性策略函数 $\pi_{\boldsymbol{\theta}}(s,a)$ 的梯度。策略函数 $\pi_{\boldsymbol{\theta}}(s,a)$ 的参数 $\boldsymbol{\theta}$ 按照梯度方向更新，能够增加状态 s 下动作 a 的概率值 $\pi_{\boldsymbol{\theta}}(s,a)$。策略函数的参数更新可以写作：

$$\boldsymbol{\theta} = \boldsymbol{\theta} + \alpha_{\boldsymbol{\theta}} \nabla_{\boldsymbol{\theta}} J(\boldsymbol{\theta}) \tag{8.12}$$

策略函数的参数更新后，状态-动作值 $Q(s,a)$ 增加或者 $\pi_{\boldsymbol{\theta}}(s,a)$ 增加，表示智能体在状态 s 下动作 a 的概率值增加。如果状态-动作值 $Q(s,a)$ 都大于 0，那么所有动作的 $Q(s,a)$ 增加，对应动作的概率增加。但是，所有动作的概率归一化后，动作 a 的概率增加并不显著，这影响了参数更新效率。为了更有效地学习策略函数 $\pi_{\boldsymbol{\theta}}(s,a)$，就要增加那些需要鼓励的动作的概率，而减小其他动作的概率。A2C 算法在 REINFORCE 等算法的基础上引入基线函数，构建了优势函数，改进后策略梯度公式如下所示：

$$\begin{aligned}
\nabla_{\boldsymbol{\theta}} J(\boldsymbol{\theta}) &= \sum_s \mu(s) \sum_a Q(s,a) \nabla \pi_{\boldsymbol{\theta}}(s,a) \\
&= \sum_s \mu(s) \sum_a (Q(s,a) - b(s)) \nabla \pi_{\boldsymbol{\theta}}(s,a)
\end{aligned} \tag{8.13}$$

在上式中，状态-动作函数值 $Q(s,a)$ 减去基线函数 $b(s)$ 不影响目标函数梯度值，可简单证明如下。目标函数梯度公式引入基线函数后的新增部分为

$$\begin{aligned}
\sum_s \mu(s) \sum_a b(s) \nabla \pi_{\boldsymbol{\theta}}(s,a) &= \sum_s \mu(s) b(s) \sum_a \nabla \pi_{\boldsymbol{\theta}}(s,a) \\
&= \sum_s \mu(s) b(s) \nabla \sum_a \pi_{\boldsymbol{\theta}}(s,a) \\
&= \sum_s \mu(s) b(s) \nabla 1 = 0
\end{aligned} \tag{8.14}$$

在推导过程中，用到了概率分布函数的归一化条件，即在给定状态 s 时，所有动作发生的概率之和为 1。

$$\sum_a \pi_{\boldsymbol{\theta}}(s,a) = 1 \tag{8.15}$$

式 (8.13) 中的基线函数不包含策略函数参数 $\boldsymbol{\theta}$，因此基线函数 $b(s)$ 对目标函数梯度没有影响。最简单的基线函数为一个常数：

$$b(s) = b_0 \tag{8.16}$$

常数 b_0 可通过智能体采样经验轨迹进行估计。

8.3.2 优势函数和基线函数

在程序实现过程中，基线函数的常数值 b_0 需要人为设定或通过智能体采样经验轨迹进行估计，这增加了算法稳定收敛的难度，因为人为制定的常数很有可能不能增加算法稳定性。一般来说，我们可以设定基线函数为状态值函数：

$$b(s) = V(s) \tag{8.17}$$

状态值函数 $V(s)$ 不包含策略函数的参数 $\boldsymbol{\theta}$，因此不影响目标函数梯度。我们需要计算或估计状态值函数 $V(s)$，通常地，我们可以通过采样经验轨迹数据进行估计，或者通过拟合深度神经网络模型来近似估计。选择状态值函数 $V(s)$ 作为基线函数时，公式

$$V(s) = \sum_{a \in \mathcal{A}} \pi_{\boldsymbol{\theta}}(s, a) Q_{\pi_{\boldsymbol{\theta}}}(s, a) \tag{8.18}$$

其中的状态值函数 $V(s)$ 是状态-动作值函数 $Q(s, a)$ 在动作空间上的期望值或平均值。状态-动作值函数 $Q(s, a)$ 减去 $V(s)$ 后，可以得到优势函数（Advantage Function）：

$$A(s, a) = Q(s, a) - V(s) \tag{8.19}$$

优势函数 $A(s, a)$ 可以看作是动作 a 的动作价值 $Q(s, a)$ 高于所有动作平均价值 $V(s)$ 的优势程度。我们对于动作价值高于平均值的动作增加其选择概率，对于动作价值小于平均值的动作则减小其选择概率。所以，目标函数梯度可以表示为

$$
\begin{aligned}
\boldsymbol{\nabla}_{\boldsymbol{\theta}} J(\boldsymbol{\theta}) &= \mathrm{E}_{\pi_{\boldsymbol{\theta}}}[\boldsymbol{\nabla}_{\boldsymbol{\theta}} \log \pi_{\boldsymbol{\theta}}(s, a)(Q(s, a) - V(s))] \\
&= \mathrm{E}_{\pi_{\boldsymbol{\theta}}}[\boldsymbol{\nabla}_{\boldsymbol{\theta}} \log \pi_{\boldsymbol{\theta}}(s, a) A(s, a)]
\end{aligned}
\tag{8.20}
$$

在 A2C 算法实现过程中，需要考虑如何实现对优势函数值的估计或者近似计算，类似于策略梯度算法的值函数在更新过程中使用了 TD 误差，A2C 算法中同样采用 TD 误差进行模型参数更新：

$$\delta_{\pi_{\boldsymbol{\theta}}} = r + \gamma V_{\pi_{\boldsymbol{\theta}}}(s') - V_{\pi_{\boldsymbol{\theta}}}(s) \tag{8.21}$$

公式中状态值函数 $V_{\pi_{\boldsymbol{\theta}}}(s)$ 的下标表示基于策略函数 $\pi_{\boldsymbol{\theta}}$ 采样经验轨迹数据进行状态值函数估计。分析发现，TD 误差计算与优势函数之间存在关联关系：

$$
\begin{aligned}
\mathrm{E}_{\pi_{\boldsymbol{\theta}}}[\delta_{\pi_{\boldsymbol{\theta}}}|s, a] &= \mathrm{E}_{\pi_{\boldsymbol{\theta}}}[r + \gamma V_{\pi_{\boldsymbol{\theta}}}(s')|s, a] - V_{\pi_{\boldsymbol{\theta}}}(s) \\
&= Q_{\pi_{\boldsymbol{\theta}}}(s, a) - V_{\pi_{\boldsymbol{\theta}}}(s) \\
&= A_{\pi_{\boldsymbol{\theta}}}(s, a)
\end{aligned}
\tag{8.22}
$$

在 A2C 算法实现过程中，我们用深度神经网络模型参数化状态值函数 $V_{\boldsymbol{w}}(s)$，其中，$\boldsymbol{w}$ 为深度神经网络模型参数。因此，优势函数可以重新写为

$$A(s, a) = \delta = r + \gamma V_{\boldsymbol{w}}(s') - V_{\boldsymbol{w}}(s) \tag{8.23}$$

策略函数 $\pi_{\boldsymbol{\theta}}$ 的参数更新可以写为

$$\boldsymbol{\theta} = \boldsymbol{\theta} + \alpha_{\boldsymbol{\theta}} \boldsymbol{\nabla}_{\boldsymbol{\theta}} J(\boldsymbol{\theta}) = \boldsymbol{\theta} + \alpha_{\boldsymbol{\theta}} \mathrm{E}_{\pi_{\theta}}[\boldsymbol{\nabla}_{\boldsymbol{\theta}} \log \pi_{\boldsymbol{\theta}}(s, a)\delta] \tag{8.24}$$

状态值函数 $V_{\boldsymbol{w}}(s)$ 的参数更新可以表示为

$$\boldsymbol{w} = \boldsymbol{w} + \alpha_{\boldsymbol{w}} \delta \boldsymbol{\nabla} V_{\boldsymbol{w}}(s) \tag{8.25}$$

8.3.3　A2C 算法伪代码

A2C 算法伪代码如 Algorithm 23 所示。A2C 算法伪代码与 AC 算法伪代码类似，其主要区别在于，AC 算法以状态-动作值函数 $Q_{\boldsymbol{w}}(s, a)$ 为值函数，而 A2C 算法以状态值函数 $V_{\boldsymbol{w}}(s)$ 为值函数。

Algorithm 23: A2C 算法伪代码

    Input: 状态空间 $\mathcal{S}$，动作空间 $\mathcal{A}$，折扣系数 γ，以及环境 Env
    深度神经网络 $V_{\boldsymbol{w}}(s)$ 近似状态值函数，作为评论家
    深度神经网络 $\pi_{\boldsymbol{\theta}}(s, a)$ 近似策略函数，作为行动者
    Output: 最优策略 $\pi_{\boldsymbol{\theta}}$
1 初始化状态值函数 $V_{\boldsymbol{w}}(s)$ 的参数 $\boldsymbol{w}$ 和策略函数 $\pi_{\boldsymbol{\theta}}(s)$ 的参数 $\boldsymbol{\theta}$
2 **for** $k = 0, 1, 2, 3, \cdots$ **do**
3   % 智能体基于策略 $\pi_{\boldsymbol{\theta}}(s)$ 与环境交互，获得轨迹序列 (s, a, r, s')
4   **for** 轨迹中每一步 **do**
5   策略 $\pi_{\boldsymbol{\theta}}(s)$ 产生动作 a，获得及时奖励 r，以及下一个状态 s'
6   计算 TD 误差：$\delta = r + \gamma V_{\boldsymbol{w}}(s') - V_{\boldsymbol{w}}(s)$
7   更新状态值函数网络：$\boldsymbol{w} = \boldsymbol{w} + \alpha_{\boldsymbol{w}} \delta \boldsymbol{\nabla} V_{\boldsymbol{w}}(s)$
8   更新策略网络：$\boldsymbol{\theta} = \boldsymbol{\theta} + \alpha_{\boldsymbol{\theta}} \delta \boldsymbol{\nabla} \log \pi_{\boldsymbol{\theta}}(s, a)$
9        $s = s'$

A2C 算法构建一个深度神经网络模型 $V_{\boldsymbol{w}}(s)$ 近似状态值函数，作为评论家，构建一个深度神经网络模型 $\pi_{\boldsymbol{\theta}}(s, a)$ 近似策略函数，作为行动者。A2C 算法训练初期，需要同时学习状态值函数 $V_{\boldsymbol{w}}(s)$ 和策略函数 $\pi_{\boldsymbol{\theta}}(s, a)$。A2C 算法训练完成后，在实际应用中我们只需要策略函数 $\pi_{\boldsymbol{\theta}}(s, a)$，状态值函数 $V_{\boldsymbol{w}}(s)$ 只是在训练中辅助策略函数更新参数。

8.4　A3C 算法

在 AC 框架下，智能体同时学习值函数和策略函数，值函数是指 AC 算法中的状态-动作值函数或 A2C 算法中的状态值函数。值函数辅助智能体更新策略函数的参数，智能体依靠策略函数与环境交互，获得更好的经验轨迹样本数据来更新值函数和策略函数参数。值函数和策略函数共同协作，共同进步，取长补短，互相成就。

8.4.1 A3C 算法介绍

在深度强化学习算法的实际应用中，需要面对形形色色且复杂多变的环境，我们需要更多的优化算法和改进方法训练智能体学习策略函数。在深度强化学习算法 DQN、DPG、AC、A2C 算法的演化过程中，算法在原理和模型结构上都做了大量改进和优化。除了算法原理和模型结构的优化，深度强化学习算法还需要高质量的经验轨迹样本数据支持，才能训练出高质量的策略函数，高效地收敛到最优策略函数。巧妇难为无米之炊，优秀的算法框架和模型架构也需要海量且高质量的经验轨迹样本数据，一起完成复杂模型的训练和测试。

如何获取海量、高质量的经验轨迹样本数据，也是决定深度强化学习算法优劣的关键之一。多智能体并行学习是一个非常有效的改进方向。在深度强化学习任务中，算法构建大量的智能体和大量的并行环境模型，智能体与各自环境交互，并得到经验轨迹样本数据，智能体从经验数据中计算 TD 误差、策略梯度等，共享给主智能体更新值函数和策略函数参数。主智能体将优化、更新后的参数与子智能体进行交互，更新子智能体参数，从而达到加快学习效率并提高算法性能的目的。

多个智能体与各自环境进行交互具有较多优势。智能体在学习过程中，与环境交互获得采样轨迹样本是学习的关键，多个智能体同时采样就能够加快学习效率，也是并行或者分布式计算最直接的优势。如果经验轨迹样本之间存在关联性，将导致智能体在学习过程中遇到较大障碍，由于并行环境模型之间具有独立性，多个智能体与环境的交互能够减少样本之间的关联性，更加贴合机器学习中样本数据独立性要求，进一步提高智能体学习效率。智能学习算法的并行和分布式计算的程序设计对开发人员要求较高，同时也对硬件设备有较高要求。

在深度强化学习算法的学习和应用过程中，我们需要了解算法的优点，也需要深刻理解算法的局限和不足，明确算法的应用场景。如同概率统计方法的学习和应用过程，一定需要深刻理解统计方法的前提假设，不满足前提假设，再复杂的统计模型或是再细致的数据分析都没有统计意义，统计结果都不具有说服力。机器学习算法各有各的优点，同时也各有不足，我们在应用过程中要根据具体问题和数据来选择合适的算法进行学习。

8.4.2 A3C 算法的改进和优化

A3C 算法全称是异步优势动作评价（Asynchronous Advantage Actor-Critic）算法[176]。相较于 A2C（Advantage Actor-Critic）算法，A3C 算法多了关键字异步更新（Asynchronous），因此异步更新是 A3C 算法的核心和需要重点理解的技术。

1. 异步更新优化

图 8.1 给出了 A3C 算法的框架示意图[176]。图中的智能体分成了两类，一类是中心主智能体（Global Network），另一类是子智能体（Local Network）。子智能体与各自的环境交互获得采样的经验轨迹样本数据，主智能体负责和子智能体交互，异步更新

主智能体决策函数参数和值函数参数。子智能体与各自的环境交互获得轨迹数据，计算值函数和策略函数神经网络参数的梯度，但是梯度信息不用来更新子智能体的深度神经网络。在 A3C 算法中，n 个子智能体独立地使用累积的梯度分别更新主智能体的深度神经网络模型参数。每隔一定时间步骤后，A3C 算法将主智能体神经网络参数共享给子智能体模型，子智能体用新共享的策略函数与环境交互，获得新的经验轨迹样本数据，如此反复迭代，异步更新主智能体神经网络参数。A3C 算法最终使用主智能体策略完成测试和应用。

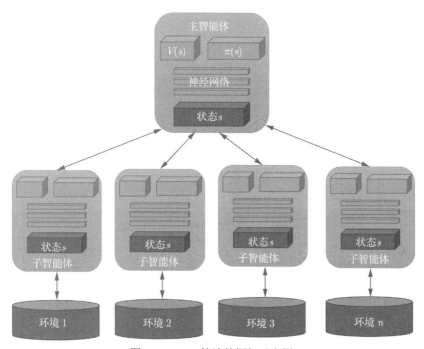

图 8.1　A3C 算法的框架示意图

2. 网络模型结构优化

在框架图 8.1 中，A3C 算法对深度神经网络模型结构也进行了优化。主智能体以及子智能体的决策函数和值函数对应的神经网络有部分网络架构是一样的，即策略函数和值函数共享部分参数。主智能体和子智能体的深度神经网络结构完全一样，可以互相传递函数梯度信息进行参数更新。

图 8.1 中的 $V(s)$ 表示状态值函数，采用带有参数 w 的深度神经网络模型 $V_w(s)$ 近似。策略函数用 $\pi_\theta(s)$ 表示，采用带有参数 θ 的深度神经网络模型近似。图 8.1 最上方的智能体为主智能体，是 A3C 算法训练的目标智能体，中间为子智能体，与主智能体具有一样的策略函数网络和值函数网络结构，子智能体与各自的环境进行交互而更新主智能体网络参数，然后主智能体与子智能体通信，传递网络参数，更新子智能体。策略函数网络和值函数网络参数和梯度更新细节与 A2C 算法类似。

3. 网络模型参数更新

A3C 算法采用 TD 参数更新规则更新状态值函数 $V_{\boldsymbol{w}}(s)$ 的参数，TD 误差计算公式如下：

$$\delta_{\pi_{\boldsymbol{\theta}}} = r + \gamma V_{\pi_{\boldsymbol{\theta}}}(s') - V_{\pi_{\boldsymbol{\theta}}}(s) \tag{8.26}$$

其中，r 为即时奖励，s' 为下一个状态。然后，通过 TD 误差进行状态值函数参数 $\boldsymbol{w}$ 的更新：

$$\boldsymbol{w} = \boldsymbol{w} + \alpha_{\boldsymbol{w}} \delta \boldsymbol{\nabla} V_{\boldsymbol{w}}(s) \tag{8.27}$$

公式中 $\boldsymbol{\nabla} V_{\boldsymbol{w}}(s)$ 为状态值函数梯度，按照梯度方向更新参数，可使得状态值 $V_{\boldsymbol{w}}(s)$ 不断增大。

在状态值函数参数更新公式中，如果 $\delta > 0$，那么 $r + \gamma V_{\boldsymbol{w}}(s') - V_{\boldsymbol{w}}(s) > 0$，即 $r + \gamma V_{\boldsymbol{w}}(s') > V_{\boldsymbol{w}}(s)$，说明 $V_{\boldsymbol{w}}(s)$ 小于目标值，$V_{\boldsymbol{w}}(s)$ 为了逼近 TD 目标值，需要增大，因此 $\delta \boldsymbol{\nabla} V_{\boldsymbol{w}}(s)$ 为正梯度方向，按照 $\boldsymbol{w} + \alpha_{\boldsymbol{w}} \delta \boldsymbol{\nabla} V_{\boldsymbol{w}}(s)$ 更新参数 $\boldsymbol{w}$ 能够增加状态值 $V_{\boldsymbol{w}}(s)$ 并逼近 TD 目标值。反之，如果 $\delta < 0$，那么 $r + \gamma V_{\boldsymbol{w}}(s') - V_{\boldsymbol{w}}(s) < 0$，即 $r + \gamma V_{\boldsymbol{w}}(s') < V_{\boldsymbol{w}}(s)$，说明 $V_{\boldsymbol{w}}(s)$ 大于目标值，$V_{\boldsymbol{w}}(s)$ 为了逼近目标值，需要减小，因此 $\delta \boldsymbol{\nabla} V_{\boldsymbol{w}}(s)$ 为负梯度方向，按照 $\boldsymbol{w} + \alpha_{\boldsymbol{w}} \delta \boldsymbol{\nabla} V_{\boldsymbol{w}}(s)$ 更新参数 $\boldsymbol{w}$ 能够减小状态值 $V_{\boldsymbol{w}}(s)$ 并逼近 TD 目标值。

A3C 算法与 AC 算法、A2C 算法类似，策略函数参数 $\boldsymbol{\theta}$ 更新公式如下：

$$\boldsymbol{\theta} = \boldsymbol{\theta} + \alpha_{\boldsymbol{\theta}} \boldsymbol{\nabla} \log \pi_{\boldsymbol{\theta}}(s, a) \delta \tag{8.28}$$

虽然策略函数参数 $\boldsymbol{\theta}$ 具有与 AC 算法、A2C 算法相似的更新规则，但是 A3C 采用异步更新，子智能体共享梯度信息给主智能体更新深度神经网络模型参数。

8.4.3 A3C 算法伪代码

A3C 算法的强大功能主要体现在算法实现上，算法进行分布式和并行计算，同时设置多个智能体与各自的环境模型进行交互，异步更新主智能体参数。A3C 算法伪代码如 Algorithm 24 所示 [176]。

在 A3C 算法伪代码 Algorithm 24 中，算法需要设定主智能体状态值函数网络结构和策略函数网络结构。A3C 算法开设并行进程让子智能体同时分别与各自环境交互，并且各自收集轨迹样本数据并计算策略函数梯度和值函数梯度的累计梯度。当梯度累积到一定数量 $t_{\max}$ 后，子智能体将累积梯度传送至主智能体，主智能体进行参数更新。主智能体将更新好的值函数网络参数和策略网络参数同步给子智能体，子智能体用最新的策略与环境继续进行交互，并获得新的经验轨迹样本进行梯度计算。A3C 算法的异步更新体现在子智能体只要完成了一定量的梯度累计后即可与主智能体共享梯度，而不需要其他子智能体的梯度信息。

Algorithm 24: A3C 算法伪代码

Input: 状态空间 $\mathcal{S}$，动作空间 $\mathcal{A}$，折扣系数 γ，以及环境 Env

子智能体状态值函数 $V_{\boldsymbol{w}}(s)$ 和策略函数 $\pi_{\boldsymbol{\theta}}(s,a)$

主智能体状态值函数 $V_{\boldsymbol{w}'}(s)$ 和策略函数 $\pi_{\boldsymbol{\theta}'}(s,a)$

Output: 最优策略 $\pi_{\boldsymbol{\theta}'}$

1   初始化子智能体状态值函数 $V_{\boldsymbol{w}}(s)$ 的参数 $\boldsymbol{w}$ 和策略函数 $\pi_{\boldsymbol{\theta}}(s,a)$ 的参数 $\boldsymbol{\theta}$，以及主智能体网络的参数 $\boldsymbol{\theta}'$ 和 $\boldsymbol{w}'$

2   设定全局更新次数 $T=0$

3   子智能体步数 $t=1$

4   **for** $k=0,1,2,\cdots,T_{\max}$ **do**

5   重新设定累积梯度 $\mathrm{d}\boldsymbol{\theta}=0$ 和 $\mathrm{d}\boldsymbol{w}=0$

6   更新子智能体网络参数 $\boldsymbol{\theta}=\boldsymbol{\theta}'$ 和 $\boldsymbol{w}=\boldsymbol{w}'$

7   子智能体线程时间步为 $t_{\mathrm{start}}=t$

8   子智能体获得初始状态 s_t

9   **for** $j=0,1,2,\cdots,t_{\max}$ **do**

10   子智能体基于策略 $\pi_{\boldsymbol{\theta}}(s,a)$ 与环境交互，获得经验数据序列 (s,a,r,s')

11   策略 $\pi_{\boldsymbol{\theta}}(s)$ 产生动作 a，获得及时奖励 r，以及下一个状态 s'

12       $t \leftarrow t+1$

13       $T \leftarrow T+1$

14   计算 TD 误差：$\delta = r + \gamma V_{\boldsymbol{w}}(s') - V_{\boldsymbol{w}}(s)$

15   累计值函数网络梯度：$\mathrm{d}\boldsymbol{w} = \mathrm{d}\boldsymbol{w} + \delta\boldsymbol{\nabla} V_{\boldsymbol{w}}(s)$

16   累计策略网络梯度：$\mathrm{d}\boldsymbol{\theta} = \mathrm{d}\boldsymbol{\theta} + \delta\boldsymbol{\nabla}\log\pi_{\boldsymbol{\theta}}(s,a)$

17   **if** 需要进行异步更新 **then**

18         $\boldsymbol{w}' = \boldsymbol{w}' + \alpha_{\boldsymbol{w}}\mathrm{d}\boldsymbol{w}$

19         $\boldsymbol{\theta}' = \boldsymbol{\theta}' + \alpha_{\boldsymbol{\theta}}\mathrm{d}\boldsymbol{\theta}$

8.5   SAC 算法

AC 算法是强化学习通用框架，DDPG 算法和 TD3 算法都融合了 AC 算法架构。SAC（Soft Actor-Critic）算法在 AC 算法、DDPG 算法和 TD3 算法的基础上融合了诸多深度强化学习算法的优点[184]，解决了离散动作空间和连续性动作空间的强化学习问题。

8.5.1   SAC 算法介绍

强化学习算法的通用目标函数为最大化累积收益：

$$\pi^* = \arg\max_{\pi} \mathrm{E}_{\tau\sim\pi}\left[\sum_{t=0}^{\infty}\gamma^t R(s_t, a_t, s_{t+1})\right] \tag{8.29}$$

智能体最大化期望累积收益，并获得最优化策略函数，策略函数可以是随机性策略函数或者确定性策略函数。在智能体与环境交互过程中，随机性策略具有较多优点，比如训练初期能够充分地探索未知环境，获得多样化的经验轨迹样本数据，有利于提高智能体的学习效率；在智能交易决策过程中，投资智能体为了达到相同的投资收益，具有多种投资组合行为，而非使用唯一的最优化的投资行为序列。一般来说，随机性策略在使用过程中具有较好的稳健性。

8.5.2　智能体动作多样性

智能体为了增加探索环境的效率，需要充分与环境交互，且在最优化累积收益的过程中保持策略函数输出动作的多样性。智能体的行为多样性可以通过动作概率分布 $P(a)$ 的熵来表示：

$$H(P) = \mathrm{E}_{a \sim P}[-\log P(a)] \tag{8.30}$$

其中，熵越大，智能体行为的多样性越大。

1. 均匀分布策略

均匀分布策略是指智能体每次以相同的概率选择动作。基于概率论知识可知，概率分布 $P(a)$ 为均匀分布时熵最大，也就是说在动作空间 $\mathcal{A}$ 中所有动作 $a \in \mathcal{A}$ 具有相同的概率，且满足

$$P(a) = \frac{1}{|\mathcal{A}|} \tag{8.31}$$

均匀分布策略一般适用于离散动作空间情况，经常用来初始化随机策略函数。

2. 贪心策略

贪心策略是指智能体每次都选择最优动作 a^*。动作概率分布满足公式

$$P(a) = \begin{cases} 1, & a = a^* \\ 0, & a \neq a^* \end{cases} \tag{8.32}$$

贪心策略的动作分布函数 $P(a)$ 的熵最小，其值为 0。

简单来说，概率分布越均匀，熵越大，动作多样性越高；概率分布越集中，熵越小，动作多样性越低。在智能体学习过程中，为了增加动作多样性，增加智能体在动作空间和状态空间的探索能力，我们需要增加策略函数输出的动作概率分布的熵。很多深度强化学习算法融合了最大熵思想，进行相关算法改进，如 Q-learning 算法中的 max 操作可以表示为

$$P(a|s) = \begin{cases} 1, & a = \arg\max_a Q(s,a;\boldsymbol{\theta}) \\ 0, & a \neq \arg\max_a Q(s,a;\boldsymbol{\theta}) \end{cases} \tag{8.33}$$

此时输出的动作具有单一性，即为贪心策略。

3. ϵ-贪心策略

强化学习算法为了增加智能体探索能力，在智能体与环境的交互过程中引入了 ϵ-贪心策略，具体表示如下：

$$P(a|s) = \begin{cases} 1 - \epsilon + \dfrac{\epsilon}{|\mathcal{A}|}, & a = \arg\max_a Q(s, a; \boldsymbol{\theta}) \\[3mm] \dfrac{\epsilon}{|\mathcal{A}|}, & a \neq \arg\max_a Q(s, a; \boldsymbol{\theta}) \end{cases} \tag{8.34}$$

在 ϵ-贪心策略中，最大价值的动作被选择的概率最大，其余动作被选中的概率相同，都为 $\dfrac{\epsilon}{|\mathcal{A}|}$。如果动作空间中存在动作价值仅次于最优动作的备选动作，那么其概率也同样为 $\dfrac{\epsilon}{|\mathcal{A}|}$，远远小于最优动作被选中的概率 $1 - \epsilon + \dfrac{\epsilon}{|\mathcal{A}|}$。

4. softmax 策略

为了缓解 ϵ-贪心策略的不平衡，我们可以采用 softmax 策略，动作概率分布的表达式为

$$P(a|s) = \frac{\mathrm{e}^{Q(s, a; \boldsymbol{\theta})}}{\sum\limits_{a \in \mathcal{A}} \mathrm{e}^{Q(s, a; \boldsymbol{\theta})}} \tag{8.35}$$

上式表明，具有相近的状态-动作值 $Q(s, a; \boldsymbol{\theta})$ 的动作具有相近的被选择概率，更加适合实际操作情况。softmax 策略可以联系到统计物理模型经常用到的玻尔兹曼分布，这在深度学习经典模型玻尔兹曼机中也有涉及。玻尔兹曼分布表示为

$$P_{\boldsymbol{\theta}}(a|s) = \frac{1}{Z(\boldsymbol{\theta})} \mathrm{e}^{Q(s, a; \boldsymbol{\theta})} \tag{8.36}$$

其中，归一化项为

$$Z(\boldsymbol{\theta}) = \int_{a \in \mathcal{A}} \mathrm{e}^{Q(s, a; \boldsymbol{\theta})} \tag{8.37}$$

一般来说，$Z(\theta)$ 叫作配分函数。

深入理解 SAC 算法中的 Soft，我们需要对算法的背景知识进行深入分析。如同我们要理解 A3C 算法，就必须对 Asynchronous 有深刻理解。在理解 SAC 算法之前，我们可以参考 Soft Q learning 方法的相关资料。深度强化学习算法之间相互借鉴，相互学习，整合优化，共同提高，SAC 算法融合了诸多优秀深度强化学习算法的优点和技巧，在各类任务中展现了极大的应用潜力。

8.5.3 SAC 算法理论核心

SAC 算法融合了诸多深度强化学习算法的优点和技术，如动作概率分布的熵、经验回放目标网络等。

1. 动作概率分布的熵

在 SAC 算法中，智能体不仅需要最大化累积收益，而且需要最大化动作概率分布的熵。SAC 算法在目标函数中加入了动作概率分布的熵，表示为

$$\pi^* = \arg\max_{\pi} \mathrm{E}_{\tau \sim \pi} \left[\sum_{t=0}^{\infty} \gamma^t \left(R(s_t, a_t, s_{t+1}) + \alpha H(\pi(\cdot|s_t)) \right) \right] \tag{8.38}$$

其中，$H(\pi(\cdot|s_t))$ 为智能体在状态 s_t 时动作概率分布 $\pi(\cdot|s_t)$ 的熵。超参数 α 调节目标函数中动作概率分布的熵 $H(\pi(\cdot|s_t))$ 所占比重，且要求 $\alpha > 0$。

2. 融合动作概率分布熵的值函数

由于 SAC 算法鼓励智能体行为具有多样性，得到的优化策略函数具有更大的熵。考虑动作熵之后，SAC 算法的状态值函数可以表示为

$$V_\pi(s) = \mathrm{E}_{\tau\sim\pi}\left[\sum_{t=0}^{\infty}\gamma^t\left(R(s_t, a_t, s_{t+1}) + \alpha H(\pi(\cdot|s_t))\right)\middle|s_0 = s\right] \tag{8.39}$$

同样，我们考虑动作概率分布的熵之后，状态-动作值函数可以表示成：

$$Q_\pi(s,a) = \mathrm{E}_{\tau\sim\pi}\left[\sum_{t=0}^{\infty}\gamma^t\left(R(s_t, a_t, s_{t+1}) + \alpha H(\pi(\cdot|s_t))\right)\middle|s_0 = s, a_0 = a\right] \tag{8.40}$$

简单推导可得到 $V_\pi(s)$ 和 $Q_\pi(s,a)$ 之间关系：

$$V_\pi(s) = \mathrm{E}_{a\sim\pi}\left[Q_\pi(s,a)\right] + \alpha H(\pi(\cdot|s_t)) \tag{8.41}$$

考虑动作概率分布的熵之后，状态-动作值函数 Q_π 的 Bellman 方程为

$$\begin{aligned}Q_\pi(s,a) &= \mathrm{E}_{s'\sim P, a'\sim\pi}\left[R(s,a,s') + \gamma\left(Q_\pi(s',a') + \alpha H(\pi(\cdot|s'))\right)\right]\\ &= \mathrm{E}_{s'\sim P, a'\sim\pi}\left[R(s,a,s') + \gamma V_\pi(s')\right]\end{aligned} \tag{8.42}$$

将动作概率分布的熵 $H(\pi(\cdot|s_t))$ 定义公式代入式 (8.42)，可得

$$\begin{aligned}Q_\pi(s,a) &= \mathrm{E}_{s'\sim P, a'\sim\pi}\left[R(s,a,s') + \gamma\left(Q_\pi(s',a') + \alpha H(\pi(\cdot|s'))\right)\right]\\ &= \mathrm{E}_{s'\sim P, a'\sim\pi}\left[R(s,a,s') + \gamma\left(Q_\pi(s',a') - \alpha\log\pi(a'|s')\right)\right]\end{aligned} \tag{8.43}$$

上述公式中 $R(s,a,s')$ 是随机变量，SAC 算法采样轨迹数据进行估计，在智能体一次采样中随机变量 $R(s,a,s')$ 取值为 r，代入式 (8.43) 可得

$$Q_\pi(s,a) \approx r + \gamma\left(Q_\pi(s',\tilde{a}') - \alpha\log\pi(\tilde{a}'|s')\right) \tag{8.44}$$

其中，

$$\tilde{a}' \sim \pi(\cdot|s') \tag{8.45}$$

$\tilde{a}'$ 为智能体在状态 s' 下基于策略函数 π 的输出动作。

3. 经验回放和目标网络等技术

SAC 算法也用到了 DQN 算法的关键操作，如经验回放机制，同样，DDPG 算法和 TD3 算法也用到了经验回放机制。SAC 算法也需要构建一个经验池存放历史轨迹数据，为

值函数和策略函数提供训练数据支持。SAC 算法经验数据用五元组 (s, a, r, s', d) 表示，其中 d 为状态 s' 是否为轨迹终点的标志变量：当 s' 为终点时，$d = 1$，否则 $d = 0$。SAC 算法在训练状态-动作值函数 $Q_{\boldsymbol{w}}(s, a)$ 时，先计算 TD 目标值：

$$y(r, s', d) = r(s, a) + \gamma(1 - d)\left(\min_{i=1,2} Q_{\boldsymbol{w}_i^-}(s', \tilde{a}') - \alpha \log \pi_{\boldsymbol{\theta}}(\tilde{a}'|s')\right) \tag{8.46}$$

SAC 算法中 TD 目标值与 TD3 算法基本一致，也引入了双网络结构（孪生网络结构）和延迟更新。SAC 算法为了增加训练稳定性也设定了策略函数和状态-动作值函数的目标网络。

4. 目标函数

SAC 算法关键改进之处是在状态-动作值函数 $Q_{\boldsymbol{w}}(s, a)$ 中加入了动作概率分布的熵 $H(\pi(\cdot|s_t))$。状态-动作值函数 $Q_{\boldsymbol{w}}(s, a)$ 的优化目标函数表示为

$$L(\boldsymbol{w}, \mathcal{D}) = \mathrm{E}_{(s,a,r,s',d)\sim\mathcal{D}}\left(Q_{\boldsymbol{w}}(s, a) - y(r, s', d)\right)^2 \tag{8.47}$$

5. 参数更新

SAC 算法的状态-动作值函数 $Q_{\boldsymbol{w}}(s, a)$ 参数更新公式为

$$\boldsymbol{w}_i = \boldsymbol{w}_i - \alpha_{\boldsymbol{w}} \boldsymbol{\nabla} \frac{1}{B} \sum_{(s,a,r,s',d)\sim\mathcal{B}} \left[\left(Q_{\boldsymbol{w}_i}(s, a) - y(r, s', d)\right)^2\right] \tag{8.48}$$

其中 $i = 1, 2$，分别对应孪生网络。SAC 算法与 TD3 算法类似，我们可以得到策略函数的参数更新公式：

$$\boldsymbol{\theta} = \boldsymbol{\theta} + \alpha_{\boldsymbol{\theta}} \boldsymbol{\nabla} \sum_{(s,a,r,s',d)\sim\mathcal{B}} \left[Q_{\boldsymbol{w}^-}(s, \pi_{\boldsymbol{\theta}^-}(s)) - \alpha \log \pi_{\boldsymbol{\theta}}(\tilde{a}'_{\boldsymbol{\theta}}(s)|s')\right] \tag{8.49}$$

SAC 算法采用软更新方法更新策略函数和状态-动作值函数的目标网络参数：

$$\begin{aligned} \boldsymbol{w}_1^- &= \rho \boldsymbol{w}_1^- + (1 - \rho)\boldsymbol{w}_1 \\ \boldsymbol{w}_2^- &= \rho \boldsymbol{w}_2^- + (1 - \rho)\boldsymbol{w}_2 \\ \boldsymbol{\theta}^- &= \rho \boldsymbol{\theta}^- + (1 - \rho)\boldsymbol{\theta} \end{aligned} \tag{8.50}$$

其中的超参数 ρ 取值接近 1。

8.5.4 SAC 算法伪代码

SAC 算法与 DDPG 算法、TD3 算法类似，因此我们可以结合 DDPG 算法和 TD3 算法伪代码进行对比分析。SAC 算法也有 6 个神经网络模型，各个网络在智能体训练和学习

过程中扮演了不同角色[184]。SAC 算法在 TD3 算法的基础上，在状态-动作值函数加入了动作概率分布熵 $H(\pi(\cdot|s_t))$。SAC 算法伪代码如 Algorithm 25 所示。

Algorithm 25: SAC 算法伪代码

Input: 状态空间 $\mathcal{S}$，动作空间 $\mathcal{A}$，折扣系数 γ，以及环境 Env
初始化状态-动作值函数 $Q_{\boldsymbol{w}_1}(s,a)$ 的参数 $\boldsymbol{w}_1$ 和 $Q_{\boldsymbol{w}_2}(s,a)$ 的参数 $\boldsymbol{w}_2$
初始化策略函数 $\pi_{\boldsymbol{\theta}}(s)$ 的参数 $\boldsymbol{\theta}$
初始化策略目标网络和动作值目标网络：$\boldsymbol{w}_1^- = \boldsymbol{w}_1$、$\boldsymbol{w}_2^- = \boldsymbol{w}_2$ 和 $\boldsymbol{\theta}^- = \boldsymbol{\theta}$
Output: 最优策略函数 $\pi_{\boldsymbol{\theta}}(s,a)$

1   清空经验池 $\mathcal{D}$
2   **for** $k = 0,1,2,3,\cdots$ **do**
3   智能体基于策略 $\pi_{\boldsymbol{\theta}}$，获得动作：

$$a = \mathrm{clip}\left(\pi_{\boldsymbol{\theta}}(s) + \mathrm{clip}(\epsilon, -c, c), a_{\mathrm{Low}}, a_{\mathrm{High}}\right) \tag{8.51}$$

4   智能体与环境交互，获得轨迹集合 $\mathcal{D}_k = \{\tau_i\}$
5   构建经验池 $\mathcal{D}$，其中经验数据用五元组 (s,a,r,s',d) 表示。d 作为一个确定状态 s' 是否为轨迹终点的标志：当 s' 为终点时，$d=1$，否则 $d=0$
6   **if** 需要更新参数 **then**
7   **for** $j = 0,1,2,...$ **do**
8   随机从经验池 $\mathcal{D}$ 中采样数量为 B 的批量样本 $\mathcal{B} = \{(s,a,r,s',d)\}$;
9   计算 TD 目标值：

$$y(r,s',d) = r(s,a) + \gamma(1-d)\left(\min_{i=1,2} Q_{\boldsymbol{w}_{i,-}}(s',\tilde{a}') - \alpha \log \pi_{\boldsymbol{\theta}}(\tilde{a}'|s')\right) \tag{8.52}$$

10   采样梯度下降算法更新动作值参数：
11   **for** $i = 1,2$ **do**
12

$$\boldsymbol{w}_i = \boldsymbol{w}_i - \alpha_{\boldsymbol{w}} \nabla \frac{1}{B} \sum_{(s,a,r,s',d)\sim\mathcal{B}} \left[\left(Q_{\boldsymbol{w}_i}(s,a) - y(r,s',d))\right)^2\right] \tag{8.53}$$

13   更新目标函数的参数，采样软更新方法：

$$\begin{aligned} \boldsymbol{w}_1^- &= \rho\boldsymbol{w}_1^- + (1-\rho)\boldsymbol{w}_1 \\ \boldsymbol{w}_2^- &= \rho\boldsymbol{w}_2^- + (1-\rho)\boldsymbol{w}_2 \\ \boldsymbol{\theta}^- &= \rho\boldsymbol{\theta}^- + (1-\rho)\boldsymbol{\theta} \end{aligned} \tag{8.54}$$

14   **if** $j \bmod 2 == 0$ **then**
15   采用梯度上升更新策略函数参数：

$$\boldsymbol{\theta} = \boldsymbol{\theta} + \alpha_{\boldsymbol{\theta}} \nabla \sum_{(s,a,r,s',d)\sim\mathcal{B}} \left[Q_{\boldsymbol{w}-}(s, \pi_{\boldsymbol{\theta}-}(s)) - \alpha \log \pi_{\boldsymbol{\theta}}(\tilde{a}'_{\boldsymbol{\theta}}(s)|s')\right] \tag{8.55}$$

SAC 算法集成了大部分深度强化学习算法的优点和技巧。DQN 算法、TRPO 算法、

PPO 算法、DDPG 算法、TD3 算法、AC 算法、SAC 算法各有优缺点，都是无模型深度强化学习算法，绝大部分算法适用于常见的复杂环境，在一系列具有挑战性的复杂决策和控制任务中取得了非常好的效果。

诸多深度强化学习方法面临两大挑战：样本复杂度高和收敛难。复杂动作空间和状态空间使得智能体的学习过程异常困难，严重限制了一些深度强化学习方法在一些复杂现实世界问题上的应用。SAC 算法是一种基于最大熵强化学习框架的 Off-policy Actor-Critic 深度强化学习算法。SAC 框架中智能体的目标是最大化累积奖励回报，同时最大化动作概率分布的熵，尽可能保证智能体动作的随机性和多样性且高效完成任务。SAC 方法通过将 Off-policy 更新与 Actor-Critic 公式相结合，在一系列连续控制任务上展现了突出性能，优于先前的一些 On-policy 和 Off-policy 方法。此外，与其他 Off-policy 算法相比，SAC 方法在不同随机种子的模拟和训练中具有非常稳定的性能。

8.6　应用实践

A2C 核心算法代码以及智能交易系统中应用 A2C 算法的示例代码如下所示。

8.6.1　核心代码解析

开源代码库中存在很多优秀的深度强化学习算法实现，本实例主要使用 stable-baselines 代码库。

```
1  #(class) A2C(policy, env, gamma=0.99, n_steps=5, vf_coef=0.25, ent_coef=0.01, max_grad_norm
   =0.5, learning_rate=0.0007, alpha=0.99, epsilon=0.00001, lr_schedule='constant', verbose=0,
   tensorboard_log=None, _init_setup_model=True, policy_kwargs=None, full_tensorboard_
   log=False)

2
3  #policy: (ActorCriticPolicy or str) 深度神经网络策略模型 (MlpPolicy, CnnPolicy, CnnLstmPolicy,
   ...)
4  #env: (Gym environment or str) 环境模型
5  #gamma: (float) 折扣因子
6  #n_steps: (int) 每次更新时每个环境运行的步骤数
7  #vf_coef: (float) 损失函数中值函数损失系数
8  #ent_coef: (float) 损失函数中熵系数
9  #max_grad_norm: (float) 梯度裁剪的最大值
10 #learning_rate: (float) 学习率
11 #alpha: (float) RMSProp 衰减参数，默认：0.99
12 #epsilon: (float) RMSProp epsilon，默认：1e−5
13 #lr_schedule: (str) 学习率更新的调度器类型
14 #verbose: (int) 训练信息详细级别：0表示无，1表示训练信息，2表示Tensorflow 调试
15 #tensorboard_log: (str) Tensorboard 的日志位置
16 #_init_setup_model: (bool) 是否在创建实例时构建网络
```

```
17    #policy_kwargs: (dict) 传递给策略网络的附加参数
18    #full_tensorboard_log: (bool) 是否使用 Tensorboard 时启用额外的日志记录
19
20    #从stable_baselines 导入 A2C 算法
21    from stable_baselines import A2C
22    # 设定深度神经网络模型主要参数
23    class CustomPolicy(FeedForwardPolicy):
24        def ___init___(self, *args, **kwargs):
25            super(CustomPolicy, self).___init___(*args, **kwargs,
26                         net_arch = [dict(pi=[256, 128, 64], vf=[256, 128, 64])], feature_extraction =
                             "mlp")
27    #配置A2C算法参数
28    model = A2C(CustomPolicy,env_train,verbose=1,tensorboard_log='log')
29    #迭代训练模型timesteps次
30    model.learn(total_timesteps=timesteps)
```

8.6.2 模型训练

在基于 A2C 算法的智能交易模型训练过程中，我们设定了深度神经网络模型的主要参数，程序代码为 net_arch=[dict(pi=[256, 128, 64], vf=[256, 128, 64])]。vf=[256, 128, 64])] 表示值函数网络模型有三个隐藏层，隐藏层中神经元数量分别为 256、128 和 64。pi=[256, 128, 64] 表示策略函数网络模型有三个隐藏层，隐藏层中神经元数量分别为 256、128 和 64。参考 stable_baselines 实例代码，还可设定更加复杂的神经网络模型结构，提升模型性能。

8.6.3 模型测试

图 8.2 给出了在相同参数下独立训练的 5 个 A2C 智能体的投资策略在测试数据中的资产价值变化情况。图中横坐标为时间步数，纵坐标为单个投资周期内的资产价值。同样，为了保证模型测试的有效性，将训练集和测试集进行了严格划分。

图 8.2 中的实线表示买入持有策略在不同时刻的资产价值变化情况，虚线表示基于深度强化学习算法 A2C 的智能体投资策略在不同时刻的资产价值变化情况。结果表明，深度强化学习 A2C 智能体投资策略显著好于买入持有策略。本示例中的 A2C 智能体都采用默认参数，没有进行超参数优化，所以智能体投资策略的收益还有较大的改进空间。

金融市场环境与游戏环境相比，具有更高的复杂度。金融市场环境建模的开源代码库较少，主要原因是金融市场本来就是一个极其复杂的社会经济系统，如何刻画和表示复杂金融系统本身就是一个极其复杂的问题。如果要训练一个具有高度可泛化的智能交易机器人，就必须保证训练环境和真实环境具有较小差距，这对于金融市场环境较难实现。游戏环境模型和真实游戏环境基本一致，因此游戏智能体策略的泛化性能较好。

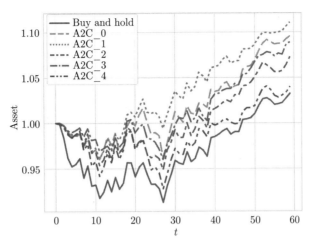

图 8.2 5 个 A2C 智能体资产价值变化情况

在智能交易策略构建过程中，金融市场环境模型是最重要的模型之一。在真实世界中，金融市场是唯一存在的，但与智能体学习交互的模拟金融市场环境没有统一的模型架构，研究者和从业人员可以根据自己对金融市场的理解来构建金融市场环境模型。在复杂金融市场模型中，金融市场状态变量的选取也会千差万别。基于深度强化学习的智能投资策略模型能够进行端到端的学习和训练，并且可以从模拟金融市场环境中学习投资策略函数，因此基于深度强化学习的投资智能体具有重要的研究价值和应用前景。

❧ 第 8 章习题 ❧

1. Actor-Critic 与 DQN 的区别是什么？
2. AC、A2C 和 A3C 的区别是什么？
3. SAC 算法有哪些优点？
4. SAC 算法与 TD3 算法的异同是什么？
5. 深度强化学习算法采用什么策略获取海量、高质量的经验轨迹样本数据？
6. 运用 AC、A2C 或 A3C 算法实现一个智能交易强化学习系统。

第9章

深度强化学习与规划

9.1 学习与规划

深度强化学习算法门类众多，各有所长，适用于不同复杂环境的决策任务。基于值函数的深度强化学习算法，如 DQN 算法，通过智能体与环境交互获得经验轨迹数据，更新状态-动作值函数，学习基于状态-动作值函数的优化策略。基于策略梯度的深度强化学习算法中，智能体通过与环境互动，获得经验数据，直接优化策略函数，更新策略函数参数。在这两类主要的深度强化学习算法中，智能体与环境交互所获得的经验轨迹数据，是深度强化学习算法获得最优化策略函数的关键，高质量的经验轨迹数据可以训练出复杂的深度神经网络模型。

在深度强化学习算法实际应用中，智能体与环境交互会耗费较多的资源。例如在机器人控制领域，机器人通过试错学习走路，在学习过程中必然会摔倒，造成设备损伤而需要修复，减慢了学习速度，增加了学习成本。在真实物理环境中，机器人的行动速度和移动范围受到了物理环境限制，也影响了机器人的学习效率。我们需要构建一个虚拟环境模型来模拟真实环境的状态特征和动力学演化特征，智能体依托环境动力学模拟器，不需要实施正式的动作，就能够预测环境的下一个状态和奖励情况，智能体基于规划选择行为策略，大大提高了智能体的学习速度。在深度强化学习成功应用中，强化学习智能体在达到较好性能之前，一般需要完成上百万次的实际交互行为。如果真实环境中的一次交互耗时 1 秒，智能体完成上百万次的交互至少需要 10 多天的训练时间，这是大部分项目无法接受的时间复杂度。

规划是指智能体并不与真实环境进行交互，而是基于智能体构建的环境模型来产生模拟数据，基于模拟数据完成对值函数和策略函数的更新和优化。在智能体规划过程中，需要建模环境模型，能够与智能体进行虚拟的行为交互，如在围棋博弈中，对弈者不需要真正的落子也能在大脑中模拟落子后对方的行动以及自己可采取的动作。一般来说，对弈者能在大脑中模拟对弈的步数越多，其围棋对弈水平就越高。为什么对弈双方能够做到呢？因为围棋对弈时人类大脑中有围棋规则，而围棋规则就是围棋对弈的环境模型，人类能够通过理解和应用围棋规则，完成假想的对弈行为。对弈者通过在大脑中模拟对弈结果，获得真实环境中的最优策略。

9.2 基于模型的深度强化学习

当策略空间、状态空间、动作空间特别巨大的时候，智能体和环境的交互行为显得非常低效。智能体运用环境模型进行规划，进行推理，可更加高效地获得经验轨迹样本信息，更加快速地学习策略函数。在环境模型不可知情况下，智能体基于经验轨迹样本学习环境模型，而学习到的环境模型误差会影响策略学习的优劣，累加的误差可能使得模型训练不收敛。

9.2.1 深度强化学习模型分类

深度强化学习模型一般可以分成两大类，一类是基于值（Value-based）函数的深度强化学习模型，如 DQN 等；另一类是基于策略（Policy-based）函数的深度强化学习模型，如 TRPO、PPO 等。基于 Actor-Critic 框架的深度强化学习模型将两者结合起来，融合了策略梯度优化算法和值函数优化算法的优点，使得模型训练更加高效，产生了 A2C、A3C、DDPG 和 TD3 等算法。

图 9.1 是基于值函数、基于策略函数和基于模型的深度强化学习方法的关系示意图。

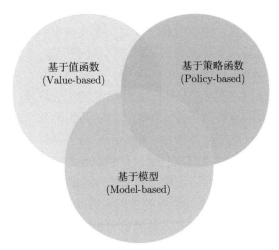

图 9.1 基于值函数、基于策略函数和基于模型的深度强化学习方法的关系示意图

智能体基于模型进行规划和学习时，模型可以是基于人类经验知识和规则建立的环境模型或者智能体学习到的环境模型。在围棋博弈中，环境模型就是围棋规则和对手，对弈

者（智能体）知道围棋规则，能够在大脑中进行模拟，模拟结果指导现实环境中的实际动作。在现实应用场景中，不同于围棋对弈由简单的规则决定，智能体所面对的环境都异常复杂，需要智能体与环境交互去学习环境模型和策略模型。

围棋领域深度强化学习的突破得益于围棋对弈的环境模型的规则简单性，围棋对弈的状态空间和动作空间都是离散的、可数的且有限的。围棋对弈的复杂性表现在人类大脑和计算机无法穷举和存储所有的棋盘状态，因此，对人类而言，围棋对弈是一项复杂的计算问题，曾经被称为人类智慧的最后堡垒。但是，在人类社会经济领域中，金融市场环境的投资决策变量是连续的、不可数的和无限的，甚至有些金融市场影响因素无法度量、不可获得、不可知，因此复杂金融市场环境的投资决策问题就显得异常复杂。

9.2.2　深度强化学习中的学习模块

深度强化学习的关键是学习模块。深度强化学习模型的基础是马尔可夫决策过程（MDP）。MDP 可以表示成一个五元组 $(\mathcal{S}, \mathcal{A}, P, R, \gamma)$，其中，$\mathcal{S}$ 表示状态集合，$\mathcal{A}$ 表示动作集合，$P : \mathcal{S} \times \mathcal{A} \times \mathcal{S} \to [0, 1]$ 表示状态转移函数，$P(s_t, a_t, s_{t+1})$ 是状态转移概率，$R : \mathcal{S} \times \mathcal{A} \times \mathcal{S} \to \mathcal{R}$ 是奖励函数。

在现实世界中，复杂决策问题的环境状态 $\mathcal{S}$ 非常复杂，直接影响了智能体的决策性能。因此，深度强化学习模型采用深度神经网络模型对环境状态进行表示学习，智能体与复杂环境交互并学习智能策略函数 $\pi(s)$。同样，智能体策略函数可以表示成深度神经网络模型，智能体最大化累积收益，采用强化学习规则学习策略函数；当环境模型 $P : \mathcal{S} \times \mathcal{A} \times \mathcal{S} \to [0, 1]$ 未知时，智能体不满足于实际行动与环境交互，也运用经验轨迹数据学习环境模型，并基于学习到的环境模型进行规划和模拟，运用模拟数据和现实经验数据共同完成智能体策略学习；当环境奖励函数 $R : \mathcal{S} \times \mathcal{A} \times \mathcal{S} \to \mathcal{R}$ 未知时，我们可以采用逆向强化学习方法，通过经验轨迹数据学习奖励函数，进而完成智能体的策略函数学习。

深度强化学习模型在围棋、视频游戏、机器人等领域中取得了非凡的效果，主要得益于智能体学习的环境模型与真实环境非常相似。机器人训练的模拟环境主要是物理世界模型，得益于牛顿等伟大科学家近百年努力，物理世界模型有着非常成熟的理论和模型。因此，人类能够很好地模拟出物理环境，有了近似度高的物理环境，人类能够很好地训练机器人与模拟环境交互，极大地提高了智能体采样轨迹数据的效率，提高了学习速度。研究人员运用域随机化技术随机化物理模拟环境模型，提高了智能体的泛化能力。

近年来，深度强化学习在生物制药领域也有着较好的应用，这也得益于生物制药领域有着较好的环境近似模型，逼真的环境模型得益于化学和生物学的领域知识以及海量的实验数据，使得数值模拟具针对性，提高了智能体训练的效率和性能。中国科学院院士鄂维南教授致力于推广 AI for Science，认为人工智能将与传统科研深度结合，产生新的科研范式，成为科学家继计算机之后新的生产工具。科学界的行业内人士已经应用人工智能在传统科学领域创造了惊人的价值，如 AlphaFold 2 成功预测 98.5% 的人类蛋白质结构、DeepMind 用 AI 解决数学难题、预训练模型体系 AliceMind 证明了近 400 项定理。

金融领域投资者的行为受金融市场环境因素影响，而建立逼真的金融市场环境模型异常困难，因此深度强化学习应用在金融投资领域存在非常大的挑战。社会科学领域同样面临着类似的问题。很多社会科学问题在应用深度强化学习的过程中遇到了非常多的困难，如奖励函数未知、环境模型未知等。但是深度强化学习研究者面对的困难和挑战也是深度强化学习的机遇，科研人员从复杂社会、经济、金融系统中提炼出复杂科学问题，发展科学方法，解决实际问题，这些都是非常值得投入的研究领域。

9.2.3　深度强化学习中的规划模块

基于模型的深度强化学习中，智能体与环境交互获得经验轨迹数据能够训练策略函数，同时也能从经验轨迹数据中学习环境模型，通过学习到的环境模型进行模拟和规划，获得模拟轨迹样本数据共同训练值函数或者策略函数，如图 9.2 所示。

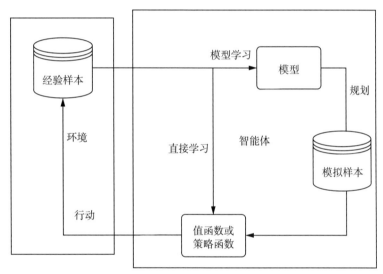

图 9.2　基于模型的深度强化学习中智能体规划示意图

图 9.2 中，左边矩形框为环境模型，右边矩形框为智能体。在基于模型的强化学习框架中，智能体不仅需要学习值函数或者策略函数，还需要学习环境模型。环境模型的学习样本也来源于智能体与环境真实互动的经验轨迹样本数据。智能体学习到环境模型后，不需要与真实环境互动，智能体在学习到的环境模型中进行规划，也可以得到大量模拟轨迹样本数据。智能体融合真实的经验样本数据和模拟样本数据来训练智能体的值函数或者策略函数，大大提高了智能体的学习效率。

在基于模型的深度强化学习中，智能体融合真实经验轨迹样本数据和模拟轨迹样本数据是区别于无模型强化学习的关键之处。在实际应用中，我们也不能忽视一个问题，那就是学习的模型是否能够很好地近似真实环境，学习的模拟环境模型能否生成高质量的模拟轨迹样本数据来辅助值函数或策略函数训练。

在强化学习 Actor-Critic 框架中，学习值函数是为了辅助策略函数学习，期望通过值函数的学习更加高效地训练智能体的策略函数。如果值函数的学习效果不佳，不能很好地近似状态或动作的真实价值，那么策略函数的学习或优化必将受到影响，导致收敛速度慢或者不收敛等问题。同样，在基于模型的深度强化学习框架中，如果智能体学习到的模型并不能很好地近似真实环境，那么基于不准确的模拟环境的规划也不能得到优质的轨迹数据，这不利于改进策略函数的学习，反而给经验轨迹数据中添加了错误样本或者噪声数据，会直接影响智能体的策略函数学习。

在实际使用过程中，如果环境模型已知，那么深度强化学习可以结合学习和规划，融合无模型的深度强化学习和基于模型的深度强化学习的优点，加速智能体策略函数的学习过程。对于模型未知的深度强化学习问题，基于模型的深度强化学习方法不一定优于无模型的强化学习方法，因为学习的环境模型误差将导致误差叠加效应而影响智能体策略函数学习。

9.3 Dyna 框架

基于模型的强化学习方法中最有名的是 Dyna 框架，由 Sutton 教授在 1991 年提出。

9.3.1 Dyna 框架介绍

强化学习的基本模型框架可以表示成马尔可夫决策过程五元组 $\mathcal{M} = (\mathcal{S}, \mathcal{A}, R, P, \gamma)$，其中，$\mathcal{S}$ 为模型状态空间，$\mathcal{A}$ 为智能体动作空间，R 为模型奖励函数，P 为模型状态转移函数，γ 为奖励折扣。在与环境进行交互过程中，智能体接收环境的状态 $s \in \mathcal{S}$，智能体在状态 $s \in \mathcal{S}$ 下基于策略函数做出动作 a，环境接收了智能体动作 a 后，返回给智能体一个即时奖励值 $r \in \mathcal{R}$ 以及环境的下一个状态 s'。一般来说，状态转移函数 P 和奖励函数 R 作为环境模型的一部分。在基于模型的强化学习方法中，我们可以参数化状态转移函数 P 和奖励函数 R：

$$
\begin{aligned}
s_{t+1} &= P_{\boldsymbol{w}}(s_t, a_t) \\
r_{t+1} &= R_{\boldsymbol{w}}(s_t, a_t)
\end{aligned}
\tag{9.1}
$$

此模型中的即时奖励只和当前状态和动作有关。在一些复杂环境模型中，即时奖励会与下一个状态相关，模型可以表示成

$$
\begin{aligned}
s_{t+1} &= P_{\boldsymbol{w}}(s_t, a_t) \\
r_{t+1} &= R_{\boldsymbol{w}}(s_t, a_t, s_{t+1})
\end{aligned}
\tag{9.2}
$$

该公式建模了环境模型的映射关系，可以用深度神经网络模型表示复杂函数。环境模型的学习过程就是函数逼近过程，只要确定函数参数即可。在环境模型学习过程中，智能体可以采用监督学习方法拟合模型参数。模型拟合的样本数据同样是智能体与环境交互所获得的轨迹数据，采样经验回放机制中的经验池存储经验轨迹样本数据，可表示成四元组形式：

$$
(s_i, a_i, r_i, s_i'), \quad i = 1, 2, 3, \cdots, N
\tag{9.3}
$$

其中，N 为经验池的经验轨迹样本数量。环境模型的表示可以采用多种模型，包括查表式模型、线性期望模型、线性高斯模型、高斯决策模型和深度神经网络模型等。在实际应用中，我们一般采用深度神经网络模型。

9.3.2　Dyna 框架的模型学习

在实际应用中，环境模型的状态空间和动作空间可能是复杂高维空间，一般的表格法难以穷举所有状态下所有动作的下一个转移状态，因此我们一般采用深度神经网络模型近似状态转移函数 $P_{\boldsymbol{w}}(s_t, a_t)$ 和奖励函数 $R_{\boldsymbol{w}}(s_t, a_t)$。深度神经网络模型的选择也较多，我们可根据状态空间和动作空间的特征进行选取，备选网络包括深度前馈神经网络、深度卷积神经网络、循环神经网络或者图神经网络等。状态转移函数 $P_{\boldsymbol{w}_1}(s_t, a_t)$ 和奖励函数 $R_{\boldsymbol{w}_2}(s_t, a_t)$ 用深度神经网络表示，且参数分别为 $\boldsymbol{w}_1$ 和 $\boldsymbol{w}_2$。我们采用梯度下降算法进行优化，可以得到状态转移函数 $P_{\boldsymbol{w}_1}(s_t, a_t)$ 的估计参数：

$$\hat{\boldsymbol{w}}_1 = \arg\min_{\boldsymbol{w}_1} \frac{1}{N} \sum_{t=0}^{N} \left(P_{\boldsymbol{w}_1}(s_t, a_t) - s_{t+1}\right)^2 \tag{9.4}$$

奖励函数 $R_{\boldsymbol{w}_2}(s_t, a_t)$ 的估计参数同样可以表示为

$$\hat{\boldsymbol{w}}_2 = \arg\min_{\boldsymbol{w}_2} \frac{1}{N} \sum_{t=0}^{N} \left(R_{\boldsymbol{w}_2}(s_t, a_t) - r_{t+1}\right)^2 \tag{9.5}$$

在深度强化学习中，环境模型的学习方法很多，上述公式只是简单的例子。在实际应用中，我们可以有很多更优选择，如将状态转移过程建模成随机模型，模型输出下一个状态的概率，通过采样来确定模型下一个状态：

$$s_{t+1} \sim P_{\boldsymbol{w}}(s_{t+1}|s_t, a_t)$$
$$r_{t+1} \sim R_{\boldsymbol{w}}(r_{t+1}|s_t, a_t) \tag{9.6}$$

在基于模型的深度强化学习中，环境模型的学习过程可以转化成两个概率分布函数的逼近问题，采用 KL 散度作为目标函数进行梯度下降优化。监督学习的思想是无监督学习和强化学习的基础，被应用于深度强化学习的不同方法中，作为模型学习的基本思想，在复杂机器学习算法（如深度强化学习算法）的理解和改进方面具有重要意义。

智能体完成模型学习后，运用学习到的环境模型 $\hat{R}$ 和 $\hat{P}$ 进行规划。智能体的规划过程是基于马尔可夫决策过程的采样过程。此时的马尔可夫决策过程五元组为 $M = (S, A, \hat{R}, \hat{P}, \gamma)$，其中，$\hat{R}$ 为智能体学习到的奖励函数，$\hat{P}$ 是智能体学习到的状态转移函数，S 是模型状态空间，A 是智能体动作空间。智能体在学习到的环境模型中进行采样，获得模拟数据，采用四元组形式进行保存：

$$(\hat{s}_i, \hat{a}_i, \hat{r}_i, \hat{s}'_i), \quad i = 1, 2, 3, \cdots, N \tag{9.7}$$

公式中 n 为模拟轨迹的样本数量。智能体基于规划得到的模拟轨迹样本数据和智能体与真实环境交互获得的经验轨迹数据共同训练智能体策略函数。

Dyna 是一个结合了模型和无模型的强化学习算法的框架，相较于无模型的深度强化学习而言，Dyna 增加了学习模型的步骤。智能体需要学习两部分内容，一部分是策略函数，另一部分是环境模型。策略函数学习的样本来自于两部分，一部分是智能体与环境真实交互的经验轨迹样本数据，另一部分是智能体通过学习到的环境模型进行规划得到的模拟轨迹样本数据。环境模型的学习只使用智能体与环境交互的经验轨迹样本数据。一般来说，智能体与环境交互的经验轨迹样本直接更新策略函数的过程被称为直接强化学习（Direct Reinforcement Learning）；智能体通过真实交互的经验轨迹样本学习模型，并进行模拟规划，生成模拟轨迹样本，然后改进智能体值函数或者策略函数，此过程为间接强化学习（Indirect Reinforcement Learning）。

9.4 Dyna-Q 算法

Dyna 是一个算法框架，融合了模型学习过程和策略函数学习过程。Dyna-Q 算法融合了 Q-learning 算法和 Dyna 学习过程，智能体通过环境模型进行规划，生成模拟轨迹数据共同更新和改进策略函数[185]。

9.4.1 Dyna-Q 算法介绍

图 9.3 给出了 Dyna-Q 算法的基本框架图，该框架区分了直接强化学习和间接强化学习流程图。直接强化学习是指智能体与环境交互的经验轨迹样本数据直接更新策略函数的学习过程，如图 9.3 中间部分。间接强化学习是指图 9.3 右边部分，智能体基于经验轨迹样本数据训练环境模型，并基于学习的环境模型进行模拟和规划，生成模拟轨迹样本，辅助改进智能体的值函数或者策略函数。

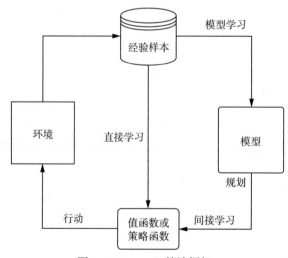

图 9.3　Dyna-Q 算法框架

Dyna-Q 算法融合了 Q-learning 算法，其智能体的主要任务是，智能体与环境交互获得经验轨迹样本数据训练状态-动作值函数。图 9.3中的直接学习过程表明，智能体基于与环境交互获得的经验轨迹样本数据改进动作值函数，Dyna-Q 算法采用 ϵ-贪心策略生成轨迹样本数据：

$$\pi(s,a) = \begin{cases} 1 - \epsilon + \dfrac{\epsilon}{|\mathcal{A}|}, & a = \arg\max_a Q(s,a) \\ \dfrac{\epsilon}{|\mathcal{A}|}, & a \neq \arg\max_a Q(s,a) \end{cases} \tag{9.8}$$

经验轨迹数据表示为 $\langle s, a, r, s' \rangle$，其中，$a$ 是基于 ϵ-贪心策略产生的动作，r 是环境返回的即时奖励，s' 是环境返回的下一个状态。Dyna-Q 算法采用经验轨迹数据 $\langle s, a, r, s' \rangle$ 更新状态-动作值函数：

$$Q(s,a) \leftarrow Q(s,a) + \alpha(r + \gamma \max_{a'} Q(s',a') - Q(s,a)) \tag{9.9}$$

Dyna-Q 算法也采用经验轨迹数据 $\langle s, a, r, s' \rangle$ 更新环境模型：

$$\begin{aligned} P_{\boldsymbol{w}_1}(s,a) &\xleftarrow{\text{update}} \langle s, a, s' \rangle \\ R_{\boldsymbol{w}_2}(s,a) &\xleftarrow{\text{update}} \langle s, a, r \rangle \end{aligned} \tag{9.10}$$

间接学习过程包含了模型学习和模型规划，智能体通过模型规划产生模拟样本：

$$\begin{aligned} \hat{s}' &\sim P_{\boldsymbol{w}}(s|s,a) \\ \hat{r} &\sim R_{\boldsymbol{w}}(r|s,a) \end{aligned} \tag{9.11}$$

在 Dyna-Q 算法的规划过程中，智能体从访问过的状态中选择一个状态 s，并从状态 s 采用过的动作中随机选择一个动作 a，利用模型规划产生下一个状态 $\hat{s}'$ 和即时奖励 $\hat{r}$，得到的模拟轨迹样本数据 $\langle s, a, \hat{r}, \hat{s}' \rangle$。智能体基于模拟轨迹样本数据更新状态-动作值函数：

$$Q(s,a) \leftarrow Q(s,a) + \alpha(\hat{r} + \gamma \max_{a'} Q(\hat{s}',a') - Q(s,a)) \tag{9.12}$$

在实际应用中，很少采用 Q-learning 算法中表格形式的状态-动作值函数，通常采用 DQN 中深度神经网络模型参数梯度更新方法，对状态-动作值函数的深度神经网络模型进行参数更新。直接学习和间接学习同时进行，状态-动作值函数更新用到了经验轨迹数据 $\langle s, a, r, s' \rangle$ 和模拟轨迹数据 $\langle s, a, \hat{r}, \hat{s}' \rangle$。环境模型参数更新只用经验轨迹数据 $\langle s, a, r, s' \rangle$。一般来说，环境模型需要使用一定量的经验轨迹数据 $\langle s, a, r, s' \rangle$ 进行训练后，才能产生有价值的模拟轨迹数据 $\langle s, a, \hat{r}, \hat{s}' \rangle$。

9.4.2　Dyna-Q 算法伪代码

基于模型的强化学习算法 Dyna-Q[185] 伪代码如 Algorithm 26 所示。

Algorithm 26: 基于模型的强化学习算法 Dyna-Q 伪代码

Input: 状态空间 $\mathcal{S}$，动作空间 $\mathcal{A}$，折扣系数 γ

初始化的状态-动作值函数 $Q(s,a) = 0$

初始化环境模型 $P_{\boldsymbol{w_1}}(s_t, a_t)$ 和 $R_{\boldsymbol{w_2}}(s_t, a_t)$

Output: 最优的状态-动作值函数 $Q(s,a)$ 和最优策略 π^*

1   **for** $k = 0, 1, 2, \cdots$ **do**

2   % 每次循环针对一条轨迹

3   初始化状态 s

4   **for** $t = 0, 1, 2, \cdots, T$ **do**

5   采用 ϵ-贪心策略：

$$\pi(s,a) = \begin{cases} 1 - \epsilon + \dfrac{\epsilon}{|\mathcal{A}|}, & a = \arg\max_a Q(s,a) \\[2mm] \dfrac{\epsilon}{|\mathcal{A}|}, & a \neq \arg\max_a Q(s,a) \end{cases} \tag{9.13}$$

       产生一步轨迹 $\langle s, a, r \rangle$，其中，a 是基于 ϵ-贪心策略产生的动作，r 是环境返回的即时奖励。

6   状态-值函数更新：

$$Q(s,a) \leftarrow Q(s,a) + \alpha(r + \gamma \max_{a'} Q(s',a') - Q(s,a)) \tag{9.14}$$

7   模型更新：

$$\begin{aligned} P_{\boldsymbol{w_1}}(s,a) &\xleftarrow{\text{update}} \langle s, a, s' \rangle \\ R_{\boldsymbol{w_2}}(s,a) &\xleftarrow{\text{update}} \langle s, a, r \rangle \end{aligned} \tag{9.15}$$

       智能体进入下一个状态 $s = s'$

8   **if** 模型 $P_{\boldsymbol{w_1}}(s,a)$ 和 $R_{\boldsymbol{w_2}}(s,a)$ 已学习到，可进行规划 **then**

9   **for** $i = 1 : n$ **do**

10   从访问过的状态中选择一个状态 s，

11   从状态 s 采用过的动作中随机选择一个动作 a，

12   利用模型规划产生下一个状态 $\hat{s}'$ 和即时奖励 $\hat{r}$：

$$\begin{aligned} \hat{s}' &\sim P_{\boldsymbol{w_1}}(s|s,a) \\ \hat{r} &\sim R_{\boldsymbol{w_2}}(r|s,a) \end{aligned} \tag{9.16}$$

13   值函数更新：

$$Q(s,a) \leftarrow Q(s,a) + \alpha(\hat{r} + \gamma \max_{a'} Q(\hat{s}',a') - Q(s,a)) \tag{9.17}$$

14   **if** s 为终止状态 **then**

15   开始下一条轨迹采样

16 % 计算最优策略

17 **for** $s \in S$ **do**

18     $\pi^*(s) = \arg\max_a Q(s,a)$

Dyna-Q 算法伪代码 Algorithm 26 基本采用了 Q-learning 的代码框架。Dyna-Q 算法除了初始化智能体状态-动作值函数，还需要初始化环境模型 $P_{\boldsymbol{w}_1}(s_t, a_t)$ 和 $R_{\boldsymbol{w}_2}(s_t, a_t)$。Dyna-Q 算法与 Q-learning 算法主要有两点区别：第一，智能体与真实环境交互后，除了更新状态-动作值函数，还得更新环境模型，进行模型学习；第二，模型学习到一定程度后，智能体可以进行规划，规划得到的轨迹数据也用来更新状态-动作值函数。Dyna-Q 算法中的状态-动作值函数有两类参数更新：一类是基于真实环境的经验轨迹样本数据进行更新（第 6 行），另一类是基于模型规划产生的模拟轨迹样本进行更新（第 13 行）。智能体运用模拟轨迹样本更新时需要设置一个超参数，即模型规划步数 n。一般来说，模型规划步数越大，智能体学习的效率也越高，当然，其前提条件是模型 $P_{\boldsymbol{w}_1}(s, a)$ 和 $R_{\boldsymbol{w}_2}(s, a)$ 能够较好地建模实际环境模型。

9.5 Dyna-Q 改进

在 Dyna-Q 算法伪代码 Algorithm 26 中，智能体基于模型进行规划时采用了随机选择的状态和动作，随机策略会在一定程度上使得模型训练效率较低。在 DQN 算法改进过程中，智能体从经验池中抽样轨迹样本时考虑优先级，基于优先级的经验回放机制有效提高了模型更新效率。因此，在 Dyna-Q 算法改进中，我们引入基于优先级的经验回放机制来提高模型的更新效率。Dyna-Q 算法中的状态-动作值函数更新方程为

$$Q(s,a) \leftarrow Q(s,a) + \alpha(r + \gamma \max_{a'} Q(s', a') - Q(s,a)) \tag{9.18}$$

TD 误差 δ 表示为

$$\delta = r + \gamma \max_{a'} Q(s', a') - Q(s,a) \tag{9.19}$$

状态-动作值函数更新公式重写为

$$Q(s,a) \leftarrow Q(s,a) + \alpha\delta \tag{9.20}$$

当 TD 误差 δ 很小时，状态-动作函数 $Q(s,a)$ 更新速度较小，算法收敛较慢。因此，当 $|\delta|$ 大于给定阈值 $\delta_{\text{threshold}}$ 时（即 $|\delta| > \delta_{\text{threshold}}$），将样本按照 TD 误差 $|\delta|$ 从大到小排序，存入一个队列 $\mathcal{D}$ 中，智能体进行抽样时，先抽取 TD 误差 $|\delta|$ 较大的样本进行参数学习和模型学习。Algorithm 27 给出了基于样本优先级的 Dyna-Q 算法伪代码。

伪代码 Algorithm 27 在伪代码 Algorithm 26 基础上进行了改进，也采用了 Q-learning 代码框架。Algorithm 27 初始化智能体值函数、环境模型 $P_{\boldsymbol{w}_1}(s_t, a_t)$ 和 $R_{\boldsymbol{w}_2}(s_t, a_t)$。智能体与真实环境交互后更新值函数并更新环境模型 $P_{\boldsymbol{w}_1}(s_t, a_t)$ 和 $R_{\boldsymbol{w}_2}(s_t, a_t)$，进行模型学习。环境模型 $P_{\boldsymbol{w}_1}(s_t, a_t)$ 和 $R_{\boldsymbol{w}_2}(s_t, a_t)$ 学习到一定程度后，智能体可以进行规划，规划得到的模拟轨迹用来更新值函数。伪代码 Algorithm 27 增加了优先队列 $\mathcal{D}$，基于优先队列选择更

新效果更好的轨迹样本更新策略函数和值函数。

Algorithm 27: 基于样本优先级的 Dyna-Q 算法伪代码

Input: 状态空间 $\mathcal{S}$，动作空间 $\mathcal{A}$，折扣系数 γ，初始化状态-动作值函数 $Q(s,a) = 0$，初始环境模型 $P_{w_1}(s_t, a_t)$ 和 $R_{w_2}(s_t, a_t)$。初始化优先级队列 $\mathcal{D}$ 为空队列

Output: 最优策略 π^*

1   **for** $k = 0, 1, 2, \cdots$ **do**

2   % 每次循环针对一条轨迹

3   初始化状态 s

4   **for** $t = 0, 1, 2, \cdots, T$ **do**

5   采用 ϵ-贪心策略产生一步轨迹 $\langle s, a, r, s' \rangle$，其中，$a$ 是基于 ϵ-贪心策略产生的动作，r 是环境返回的即时奖励，s' 为环境返回的下一个状态

6   计算 TD 误差：

$$\delta = r + \gamma \max_{a'} Q(s', a') - Q(s, a) \tag{9.21}$$

7   模型更新：

$$P_{w_1}(s, a) \xleftarrow{\text{update}} \langle s, a, s' \rangle$$
$$R_{w_2}(s, a) \xleftarrow{\text{update}} \langle s, a, r \rangle \tag{9.22}$$

       if $|\delta| > \delta_{\text{threshold}}$ **then**

8   将样本按照 $|\delta|$ 从大到小排序存入一个队列 $\mathcal{D}$ 中

9   智能体进入下一个状态 $s = s'$

10   **if** 队列 $\mathcal{D}$ 非空且模型 $P_w(s, a)$ 和 $R_w(s, a)$ 已训练得足够好可进行规划 **then**

11   **for** $i = 1 : n$ **do**

12   从访问过的状态中选择一个状态 s

13   从状态 s 采用过的动作中随机选择一个动作 a

14   模型规划产生下一个状态 $\hat{s}'$ 和即时奖励 $\hat{r}$

$$\hat{s}' \sim P_{w_1}(s | s, a)$$
$$\hat{r} \sim R_{w_2}(r | s, a) \tag{9.23}$$

15   状态-动作值函数更新：$Q(s, a) \leftarrow Q(s, a) + \alpha(\hat{r} + \gamma \max_{a'} Q(\hat{s}', a') - Q(s, a))$

16   从状态 s 出发，向前回溯，遍历导致状态 s 的状态-行为对 $(\bar{s}, \bar{a})$：

            • 对于 $(\bar{s}, \bar{a}, s)$，预测即时奖励 r

            • 计算 $\delta = \left(r + \gamma \max_{a'} Q(s, a') - Q(\bar{s}, \bar{a}) \right)$

            • 如果 $|\delta| > \delta_{\text{threshold}}$，将样本按照 δ 从大到小排序存入队列 $\mathcal{D}$

17   **if** s 为终止状态 **then**

18   开始下一条轨迹采样

---

19 % 计算最优策略

9.6 Dyna-2 框架

Dyna 框架从经验轨迹样本中学习环境模型，智能体基于模型进行规划，模拟生成轨迹样本数据。Dyna 框架融合经验轨迹样本和模拟轨迹样本对智能体策略函数进行更新，模型性能得到了一定的提升。2008 年，David Silver 和其导师 Sutton 教授提出了 Dyna-2 算法框架 [186]，Dyna-2 算法框架引入一个非常重要的概念：搜索。学习 Dyna-2 算法框架可以为理解 AlphaGo 算法打下基础。

搜索是计算机算法世界中一个非常基础的概念，搜索算法利用计算机的高性能计算，在复杂问题解空间的局部或全局可行解中搜索最优解。在机器学习中，深度神经网络参数优化问题就可以看作是一个搜索问题，搜索空间是深度神经网络参数构成的超高维空间，机器学习算法的目标就是找到最优参数使得损失函数取最小值。一般的搜索算法包括了深度优先搜索、广度优先搜索、回溯算法、蒙特卡洛树搜索、散列函数等。在实际问题背景下，一般通过领域知识和问题特征降低问题空间的维度和可行解的数量，设计高效的搜索算法避免重复计算以达到高效优化求解的目的。在超参数调优过程中，超参数的网格搜索是穷举法，即逐个遍历超参数组合进行搜索和验证。在实际应用中，贪心搜索算法和随机搜索算法也是常用方法。

图 9.4 展示了融合学习和搜索的 Dyna-2 框架图，Dyna-2 框架用搜索模块替换了 Dyna 框架中的规划模块。Dyna-2 模型同时学习了两个值函数或者策略函数，一个值函数基于智能体与环境交互的经验轨迹样本学习所得，另一个是智能体利用学习到的环境模型进行搜索所得。我们将介绍 Dyna-2 中搜索模块如何构建值函数或者策略函数。

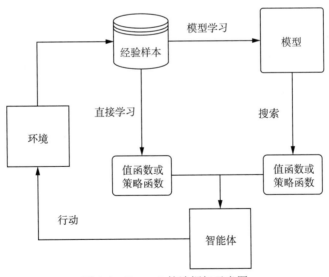

图 9.4 Dyna-2 算法框架示意图

在搜索过程中，智能体选定一个初始状态 s，从初始状态 s 开始进行多次采样，可以构成一棵树，节点为状态，边为智能体在模拟动作后的状态转移过程。搜索算法需要找出初始

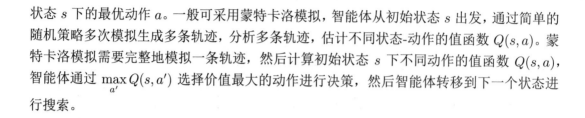

状态 s 下的最优动作 a。一般可采用蒙特卡洛模拟，智能体从初始状态 s 出发，通过简单的随机策略多次模拟生成多条轨迹，分析多条轨迹，估计不同状态-动作的值函数 $Q(s,a)$。蒙特卡洛模拟需要完整地模拟一条轨迹，然后计算初始状态 s 下不同动作的值函数 $Q(s,a)$，智能体通过 $\max\limits_{a'} Q(s,a')$ 选择价值最大的动作进行决策，然后智能体转移到下一个状态进行搜索。

9.7　应用实践

深度强化学习的原理和算法是入门智能决策系统的重点。为了加深初学者对原理和算法的理解，实践应用显得尤为重要。本书每一章对应的应用实践材料可以作为原理和算法的实践应用，融合不同章节的知识点和编程模块，构成复杂智能决策系统的各个模块。随着学习的不断深入，每一章节的实践内容难度都有所提高，可使初学者在坚实的理论知识和编程实践的基础上掌握深度强化学习算法。

9.7.1　编程实践模块介绍

在复杂系统和智能决策章节中，智能体与复杂系统环境进行交互，需要对复杂系统进行建模和特征表示，提取特征变量等信息。实践中的金融市场环境建模非常复杂，且极具挑战，推荐使用 Python 进行编程，通过一些开源软件包来获取金融市场数据并提取金融市场特征变量，将其作为深度强化学习智能投资系统的基础。

在人工智能和机器学习章节中，我们在实践部分熟悉了流行的人工智能技术的通用计算平台 TensorFlow 以及 TensorBoard，通过熟悉深度学习平台为机器学习、深度学习和深度强化学习提供基础技能。机器学习相关的 Python 软件包 scikit-learn 以及深度学习相关的软件包 Keras 等，都为理解机器学习、深度学习以及深度强化学习相关的模型提供了优秀示例。强化学习章节需要熟悉 Gym 环境等强化学习软件包。深度强化学习的诸多章节介绍了一些经典的、前沿的深度强化学习原理和算法，提供了很多深度强化学习算法代码库。我们通过直接调用或改进相关算法，解决基于深度强化学习的智能决策任务。

9.7.2　Gym

强化学习的两大主要部分是环境和智能体，因此构建智能体交互的环境模型是进行深度强化学习的基础。在实际应用中，我们基于不同的问题背景和环境结构，构建特定的复杂环境模型。Gym 是 OpenAI 开源的一个强化学习算法工具包，并且与数值计算库兼容，例如 TensorFlow 或 Theano。Gym Retro 是一个类似于 OpenAI Gym 的软件包，其模拟环境支持上千种游戏，研究人员可以通过设计强化学习算法，并在平台中进行算法性能比较。μniverse 和 SerpentAI 也是较常用的强化学习环境，提供了大量的游戏模拟环境。

我们基于特定问题构建强化学习环境时，可继承 Gym 函数库中的基础环境类，实现特定环境动力学过程，完成环境模型的构建，这是实际应用过程中的主要问题。如果科研人员只做算法研究，致力于开发高效新颖的强化学习算法，那么可以使用前面提到的通用开源环境。科研人员在相同的环境中进行算法测试和比较，能够发现算法的优劣，有效地改进算法。Gym 环境库应用示例如下：

```
1  #导入Gym函数库
2  import gym
3  #构建Gym中已注册的环境CartPole−v0
4  env = gym.make('CartPole−v0')
5  #重置环境模型
6  env.reset()
7  #智能体与环境交互
8  for _ in range(1000):
9      #渲染环境
10     env.render()
11     #将随机动作输入环境
12     env.step(env.action_space.sample())
13 #关闭环境模型
14 env.close()
```

示例代码包含了深度强化学习的主要流程：导入环境，初始化环境（即重置环境模型），智能体基于策略函数做出行为动作与环境交互，完成交互后关闭环境模型。

9.7.3　强化学习代码库

Google 旗下位于英国伦敦的 DeepMind 是人工智能研究领域的领头羊，由人工智能专家兼神经科学家戴密斯·哈萨比斯（Demis Hassabis）等人联合创立。自 2015 以来，DeepMind 先后在顶级期刊 Nature 和 Science 发表了诸多开创性论文，解决了人工智能领域的很多重要难题，提出了许多的优秀模型如 AlphaGo、AlphaGo Zero、AlphaZero、AlphaStar 以及 AlphaFold 系列等。DeepMind 在通用人工智能程序和深度强化学习方面引领世界，同时 DeepMind 开源的代码更是让研究者以及其他行业从业者受益匪浅。

同样，位于美国的 OpenAI 也是人工智能研究领域的领跑者。OpenAI 是由硅谷、西雅图等科技人员联合建立的人工智能非营利组织，旨在预防人工智能的灾难性影响，为推动人工智能发挥积极作用。近年来，OpenAI 在顶级期刊和顶级会议上发表了大量论文，提出了广为传播的机器学习算法和深度强化学习算法，同样解答了诸多重要问题，GPT3、OpenAI Five 等成果让世界为之惊叹。

另外，世界范围内的其他高校（如加利福尼亚大学伯克利分校、斯坦福大学等）、学术机构（如微软亚洲研究院、华为诺亚方舟实验室等）和科技公司都为人工智能技术贡献了大量的优秀代码和强化学习模型框架。

1. Baselines

Baselines 是 OpenAI 公司开源的深度强化学习代码库，是 OpenAI 在 github 上开源的强化学习标准程序。研究人员期望建立更先进的研究基础，也可以作为衡量新算法性能的基准。在 Baselines 代码库中，研究人员高效实现了诸多深度强化学习算法，如下所示：

- A2C：Advantage Actor Critic。
- ACER：Actor-Critic with Experience Replay。
- ACKTR：Actor Critic using Kronecker-Factored Trust Region。
- DDPG：Deep Deterministic Policy Gradient。
- DQN：Deep Q Network (DQN) and its extensions (Double-DQN, Dueling-DQN, Prioritized Experience Replay)。
- GAIL：Generative Adversarial Imitation Learning。
- HER：Hindsight Experience Replay。
- PPO2：Proximal Policy Optimization。
- SAC：Soft Actor Critic。
- TD3：Twin Delayed DDPG。
- TRPO：Trust Region Policy Optimization。

2. Stable Baselines

强化学习算法 Stable Baselines 代码库基于 OpenAI Baselines 进行了改进。改进后的 Stable Baselines 使研究者和行业从业者更容易对其改进并快速应用于实际项目。尽管开发人员尽量实现该代码库使用简单，开箱即用，但 Stable Baselines 门槛比较高，需要对深度强化学习原理和算法有一定了解，才能理解 Stable Baselines 中出现的函数模块和参数的含义。深度强化学习算法原理是基础，加深对理论的理解是应用优秀代码库的前提条件。我们将给出强化学习算法代码库 Stable Baselines 代码示例。

```
1   #导入环境库
2   import gym
3   #导入深度学习模型
4   from stable_baselines.common.policies import MlpPolicy
5   #导入环境模型函数
6   from stable_baselines.common.vec_env import DummyVecEnv
7   #导入深度强化学习算法
8   from stable_baselines import PPO2
9
10  #构建环境模型
11  env = gym.make('CartPole−v1')
12  #向量化的环境
13  env = DummyVecEnv([lambda: env])
14  #初始化深度强化学习算法PPO2
```

```
15  model = PPO2(MlpPolicy, env, verbose=1)
16  #模型训练
17  model.learn(total_timesteps=10000)
18  #保存训练好的模型
19  model.save('CartPole')
20  #删除模型
21  del model
22  #加载保存的模型
23  PPO2.load('CartPole')
24  #重置环境模型
25  obs = env.reset()
26  #测试模型
27  for i in range(1000):
28      #模型预测，返回动作
29      action, _states = model.predict(obs)
30      #环境接受智能体动作，返回环境下一个状态、即时回报等
31      obs, rewards, dones, info = env.step(action)
32      #渲染环境
33      env.render()
```

如果智能体学习的环境已经在 Gym 中注册，那么一行代码就能够训练深度强化学习模型，代码如下所示：

```
1  from stable_baselines import PPO2
2  model = PPO2('MlpPolicy', 'CartPole-v1').learn(10000)
```

3. Reinforcement Learning Coach

Reinforcement Learning Coach 是 Intel 实验室的一个开源深度强化学习框架，以模块化方式建模智能体和环境之间的交互。Coach 可以通过组合各种模块对智能体进行建模，允许在不同领域测试智能体，如机器人控制、自动驾驶、游戏控制等。

4. Keras-rl

Keras-rl 代码库基于 Python 实现了一些经典的深度强化学习算法，并与深度学习库 Keras 无缝集成。Keras-rl 与 OpenAI Gym 配合使用，同时也兼顾了可扩展性，方便开发人员将已有代码块融入自己的项目，进行快速的开发和模型迭代更新。

❧ 第 9 章习题 ❧

1. 简述学习和规划的区别。

2. 模型无关和基于模型的强化学习方法主要区别是什么？

3. 举例一个搜索算法及其应用。

4. 简述 Dyna 框架。

5. 简述 Dyna-Q 算法。

6. 简述 Dyna-2 框架。

7. 对比不同深度强化学习开源代码库。

第 10 章
深度强化学习展望

内容提要

❏ 深度强化学习简史　　❏ 智能决策
❏ 深度强化学习分类　　❏ 模仿学习
❏ 深度强化学习挑战　　❏ 行为克隆
❏ 深度强化学习前沿　　❏ 对抗学习
❏ 逆向强化学习　　　　❏ 智能决策
❏ 多智能体强化学习　　❏ 序贯决策
❏ 深度学习

10.1　深度强化学习背景

深度强化学习融合了诸多学科的思想精华，是非常复杂而实用的研究领域和研究方向。深度强化学习源于几十年前的系统论、控制论、信息论、人工智能等领域的思想和技术，是人工智能的重要组成部分。

10.1.1　源于学科交叉

深度强化学习是智能决策领域的研究方向，专门研究复杂系统中的序贯决策问题。在机器智能超越人类的计算智能、感知智能的基础上，深度强化学习在决策智能、认知智能以及通用智能等方面迈进了一大步。

深度强化学习融合了表示学习、深度学习和智能决策模块，在复杂环境决策中表现出了较好的应用前景。深度强化学习模型能够直接学习和重现智能体的决策过程，更加真实地模拟复杂系统的结构和动力学演化特征。融合博弈论和计算实验模型进行模拟仿真[143]，深度强化学习模型可为政府和组织决策提供更加贴合实际的策略支持，达到政策模拟和政策评估的目的。

10.1.2　用于序贯决策

在复杂系统中，智能体决策行为受到诸多因素的影响。在社会系统、经济系统和金融系统中，人类个体的复杂性和个体之间关系的复杂性使得个体层面、团体层面和系统层面的决策行为都极其复杂，特别是序贯决策问题的复杂程度更高。深度强化学习算法是解决复杂系统环境中序贯决策问题的重要方法。在智能决策过程中，如何表示主体属性和环境因素是主要问题。

在复杂系统背景下，深度强化学习框架具有普适性。从微观到宏观、从个体到系统、从关联关系到因果关系、从理论到方法，深度强化学习模型都能够建模现实复杂环境中的智能决策问题。基于深度强化学习的智能决策模型能够多尺度、多层次、多角度地探索和挖掘复杂系统环境的规律，并学习智能决策函数，为社会、经济、金融系统的安全和稳定提供具有实用性的方法和工具。在实践中，深度强化学习方法在金融经济系统性风险度量、识别、传染、防控和预警研究中具有较大的应用潜力。

10.1.3　强于深度学习

在深度强化学习飞速发展过程中，深度学习模型功不可没，包括深度神经网络、深度卷积神经网络、深度循环神经网络、深度图神经网络等。不同的深度神经网络模型适用于不同的决策变量和环境状态特征变量。

在机器学习和深度学习领域中，表示学习是各个子领域的基础。对智能体特征和环境特征进行表示学习，学习的特征变量作为智能决策的决策变量，有效的环境特征表示向量在解决复杂问题时能够起到事半功倍的效果。但是在现实应用场景中，决策环境复杂多变，很多影响因素会因隐私和采集难度而不可获得或者不可量化。

10.2　深度强化学习简史

深度强化学习是一个较新的研究领域，但强化学习并非一个新的智能学习方法。早在20 世纪 50 年代，强化学习方法和思想就已经出现。随着深度神经网络模型的兴起，强化学习研究领域的学者用深度神经网络近似值函数或者策略函数，促进了强化学习算法的广泛应用和发展，使得深度强化学习迎来了蓬勃发展时期。

10.2.1　游戏控制崭露头角

2013 年，DeepMind 团队发表的研究论文 Playing Atari with deep reinforcement learning 引起了极大反响，智能体从像素级数据中学会了智能游戏控制策略，开启了一轮深度强化学习的热潮。深度强化学习架起了图片像素级数据和视频游戏智能控制行为之间的桥梁，震撼了科研界和工业界的研究人员。

2015 年，DeepMind 研究人员在国际顶级学术期刊 Nature 发表研究论文 Human-level control through deep reinforcement learning，各领域研究人员对深度强化学习表现了极大兴趣，但同时也有不同领域学者表达了质疑。

10.2.2　AlphaGo 风靡全球

2016 年，DeepMind 研究人员推出了 AlphaGo，并在 Nature 杂志上发表了论文 "Mastering the game of Go with deep neural networks and tree search"，此论文成了深度强化学习研究领域的经典文献。AlphaGo 是第一个击败人类职业围棋选手（2015 年 10 月，樊麾二段）、第一个战胜围棋世界冠军（2016 年 3 月，李世石九段）的人工智能程序。AlphaGo 由 DeepMind 公司大卫·席尔瓦（David Silver）、戴密斯·哈萨比斯（Demis Hassabis）和黄士杰领衔的团队开发，其主要工作原理是蒙特卡洛树搜索、深度强化学习以及监督学习等。席尔瓦等人在论文中介绍了通过深度神经网络模型近似值函数和策略函数，并基于蒙特卡洛树搜索进行神经网络训练和策略学习，使得 AlphaGo 成为了大师级的围棋人工智能程序。

2017 年，Deepmind 在国际学术期刊 Nature 上发表的一篇研究论文 "Mastering the game of Go without human knowledge"，推出了新版程序 AlphaGo Zero。AlphaGo Zero 在无人类先验知识（人类对弈的围棋棋谱数据）的情况下迅速自学围棋，并以 100:0 的战绩击败了 AlphaGo。

AlphaGo Zero 抛弃了 AlphaGo 训练过程中的海量围棋棋谱经验数据，不需要监督学习来学习人类围棋棋谱，直接通过自我博弈（Self-play）、深度强化学习和蒙特卡洛树搜索等技术完成了围棋策略函数的训练。围棋博弈属于完全信息博弈，而且是双人博弈，两个智能体之间交互进行决策。围棋博弈中的状态空间和动作空间都是有限的，只是空间大小超出了人类信息处理的极限。

10.2.3　通用智能备受期待

2018 年，Deepmind 推出了 Alpha Zero 和 AlphaFold。2020 年，DeepMind 的第二代 AlphaFold 在国际蛋白质结构预测竞赛（CASP）获得了冠军，二代 AlphaFold 能够基于氨基酸序列精确地预测蛋白质的 3D 结构，其准确性可以与使用冷冻电子显微镜（CryoEM）、核磁共振或 X 射线晶体学等实验技术相媲美。

在深度强化学习领域，顶级高校有加州大学伯克利分校、斯坦福大学等，顶级公司有微软、IBM、谷歌等。近年来，与 DeepMind 同样活跃在深度强化学习领域的 OpenAI 也做出了举世瞩目的深度强化学习应用，如 GPT-3 等。在深度强化学习研究过程中，可以重点关注 DeepMind 和 OpenAI 的研究工作，其官网为入门人工智能学习者提供了高质量的论文资料和开源代码库。

人工智能的目标是通用人工智能（Artificial Gene能是指具有一般人类的智慧，并且能够执行人类需智能，通用人工智能又被称为强人工智能或者完智能将具有全方位的人类认知能力和决策能力学习融合深度学习和强化学习，被大量科研

10.3 深度强化学习分类

深度强化学习的分类方法有很多。强化学习可以分为基于值函数的强化学习（Value-based RL）和基于策略函数的强化学习（Policy-based RL），也可以分为基于模型的强化学习（Model-based RL）和模型无关的强化学习（Model-free RL），还可以分为同策略（On-policy）学习和异策略（Off-policy）学习等。这些深度强化学习算法在演化和改进的过程中互相借鉴和学习，因此都融合了彼此诸多深刻的思想和精妙的技巧，很难有非常严格的分类方法来区分不同的深度强化学习算法。

10.3.1 基于值函数和基于策略函数的深度强化学习

强化学习算法可以分成基于值函数和基于策略函数的强化学习算法。深度强化学习应用深度神经网络模型近似值函数和策略函数，增加了深度强化学习算法的泛化能力，但是也增加了模型的训练难度。在经典的强化学习中，基于值函数的算法有 Q-learning、SARSA 和 TD(λ) 等，流行的基于值函数的深度强化学习算法有 DQN 及其改进算法等。基于策略函数的强化学习算法有 REINFORCE、DPG、DDPG、PPO 等。基于 AC 框架的强化学习算法融合了值函数学习和策略函数学习。

一般情况下，深度强化学习算法的学习路径是从简单到复杂，从基于值函数强化学习算法 DQN 开始学习。机器学习和强化学习过程也为人类学习带来启发，或者说强化学习框架与人类的学习具有相似的过程。

在深度强化学习算法中，基于值函数和基于策略函数的强化学习算法并不能严格区分开来，因为同时考虑值函数和策略函数的 AC 算法框架影响了诸多深度强化学习算法的设计和改进。深度强化学习算法在演化和改进的过程中互相借鉴和学习，有些算法融合了诸多设计思想和技巧，因此存在一些算法同时属于不同的分类之中，一些基于策略函数优化的算法也属于 AC 算法框架，如 DDPG、TD3 等。

在深度强化学习算法设计过程中，我们需要结合很多设计思想和编程技巧。基于值函数、基于策略函数或者融合了两者的深度强化学习算法，都有各自算法的优点和缺陷，研究人员结合不同算法的优点，融合到现有算法中提高算法性能。程序设计过程是一个不断迭代、改进和优化的过程，如同强化学习智能体在探索和应用中优化策略函数。

基于值函数的经典算法 DQN 对连续性动作空间的支持不足，因此我们可采用基于策略学习的深度强化学习算法。但是，在直接学习策略函数时，算法难收敛或者学习曲线波动较大，因此通过值函数来构建基线函数或者优势函数辅助策略函数优化，这在一定程度上提高了策略函数的学习效率。值函数和策略函数之间互相促进，互相成就，共同完成强化学习目标。

基于模型和无模型的深度强化学习

学习算法中具有重要的作用。如何在现实场景中构建符合现实问题的关键。强化学习中的环境模型主要包括环境状态转移函数和奖励函数。马尔可夫决策过程五元组 $(\mathcal{S}, \mathcal{A}, P, R, \gamma)$ 中 P 表示状态转移概率，一些环境中的状态转移概率和动作无关，一般称作状态转移模型。基于模型的深度强化学习应用状态转移概率模型学习智能体策略函数。

1. 基于模型和无模型的深度强化学习框架对比

如果智能体所在环境包含状态转移模型 P，且具有显式的动力学方程，那么通过动态规划等经典算法能够很好地求解问题。在大多数情况下，环境模型没有状态转移函数 P，或者至少不存在显式的动力学方程，那么我们可通过智能体与环境的交互过程来学习状态转移模型 P，然后智能体基于学习到的状态转移模型 $\hat{P}$ 进行规划、搜索和学习。无模型和基于模型的深度强化学习框架的对比情况如图 10.1 所示。

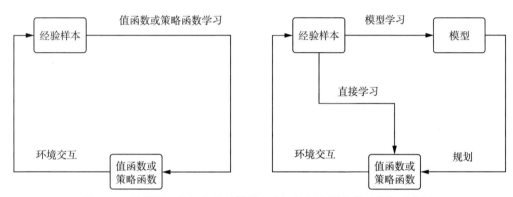

图 10.1　无模型（左）和基于模型（右）的深度强化学习框架示意图

2. 无模型深度强化学习框架

无模型强化学习框架如图 10.1 的左图所示。智能体的决策模块由值函数或者策略函数构成，智能体通过当前策略函数与环境进行交互，获得大量的经验轨迹样本数据，智能体使用经验轨迹样本数据优化值函数或策略函数。

3. 基于模型的深度强化学习框架

在很多情况下，智能体与环境的交互需要消耗很多计算资源和存储资源。在机器人训练过程中，机器人与环境的交互，耗时耗电，学习和训练效率较低。如果我们能够学习到环境模型，智能体与模拟的环境模型交互，就能极大提高交互效率和学习速度。

基于模型的深度强化学习框架如图 10.1 的右图所示。环境模型的主要功能是，在给定的状态 s 和智能体动作 a 下返回下一个环境状态 s' 和即时奖励 r。模型学习的目标是学习动力学模型 $P(s'|s, a)$。基于模型的强化学习方法有很多，比如 Dyna Q、Dyna Q+ 和 Dyna-2 等。南京大学俞扬教授的虚拟淘宝等研究工作是模型学习的优秀范例，更好的模型，能够提供更好的学习效率。

10.3.3 异策略和同策略学习

在强化学习智能体与环境交互过程中，我们可以将策略分成目标策略（Target policy）和行为策略（Behavior policy）。目标策略是强化学习智能体需要学习和优化的策略，行为策略是智能体与环境交互过程中获取经验轨迹样本数据的策略。在强化学习过程中，若智能体的目标策略与行为策略不同，则该类强化学习算法是异策略方法。异策略方法的好处在于可以充分探索环境，充分利用采样的经验轨迹数据，提高算法学习效率和效果。

1. 异策略学习

经验回放技术是异策略强化学习方法的一个关键技术，如 DQN 算法、DDPG 算法等都使用了经验回放机制，特别是改进的 TD3 算法以及集大成者的 SAC 算法也都引入了经验回放机制。强化学习模型训练中重复利用经验轨迹数据提高了样本数据的使用效率。同时，智能体随机抽样或者基于优先级抽样经验轨迹数据减少了样本之间的关联性。

强化学习模型在实际应用过程中可以联合重要性采样技术，使得智能体策略函数训练过程更加稳定和高效。异策略强化学习方法区别于离线（Off-line）强化学习方法。离线强化学习方法是指，智能体在更新智能体策略函数模型参数时，不需要与环境进行交互，只需要学习已保存的经验轨迹数据。

2. 同策略学习

同策略强化学习方法是指智能体与环境交互所用的策略与当前优化的目标策略一致。同策略强化学习方法包括基于值函数的经典强化学习算法 SARSA，以及基于策略函数的策略梯度优化算法 DPG 等。

基于目标策略和行为策略的异同，强化学习算法可分为异策略学习算法和同策略学习算法。

10.4　深度强化学习面临的挑战

深度强化学习算法在围棋、视频游戏、蛋白质折叠等实际场景中取得了耀眼的成绩，也遇到了不少挑战。现实世界极其复杂，有效建模复杂系统极具挑战，因此相较于其他深度学习模型而言，深度强化学习模型普及较慢且大规模的落地应用也极具挑战。学术界和工业界的深度强化学习研究和应用都面临诸多挑战，如样本效率低、灾难性遗忘、模拟与现实鸿沟、无有效表示学习、可拓展性差、奖励延迟、奖励稀疏、无法平衡探索与利用等。

10.4.1　样本效率

强化学习智能体通过试错的方式学习策略函数。智能体的学习过程就是与环境的交互过程，交互获得经验轨迹样本数据可以更新和优化策略函数参数。在同策略学习算法中，轨迹样本数据完成策略更新后将被丢弃，智能体运用更新后的策略重新与环境交互，重新获得轨迹样本数据再迭代更新策略函数参数，样本使用效率较低，影响了智能体学习效率。为了提高轨迹样本的使用效率，很多强化学习算法采用了异策略学习机制，智能体构建经验池，保存历史轨迹数据，并采用重要性采样等技术进行异策略学习，提高了样本的使用效率和策略函数的学习效率。

在融合经验回放机制的强化学习算法中，经验池存储的历史轨迹数据为四元组 (s, a, r, s')，经验轨迹数据信息包含了智能体的状态转移和即时奖励信息。环境模型在状态 s 和行为动作 a 的情况下返回环境下一个状态 s'，智能体也获得即时奖励 r。经验池中的历史轨迹数据四元组可以看作是表格型的函数，而基于模型的强化学习算法一般通过一个深度神经网络模型 $P(s'|s,a)$ 来近似经验池中表格形式的状态转移模型。经验回放机制将状态转移模型进行了最直接的存储，同样获得了一个关于环境的动力学模型，只是以表格的形式存在于经验池中。基于模型的强化学习需要学习环境模型，智能体基于当前学习到的环境模型进行规划，智能体通过环境模型规划获得模拟轨迹数据，加快策略函数的学习过程，达到提高样本效率的目的。

在强化学习应用过程中，智能体与环境交互获得的经验样本之间具有高度的关联性。区别于其他类型的学习算法，如监督学习要求样本满足独立同分布等统计规律，强化学习算法的轨迹样本数据不满足独立同分布的特征规律，因此在强化学习过程中算法稳定性是一大挑战。为了克服此困难，我们需要在算法设计上进行改进和优化，比如引入经验回放机制，将采样到的轨迹样本放入一个经验池，智能体从经验池随机抽样轨迹数据，在一定程度上减少了样本之间的关联性，增加了算法稳定性，如 DQN 算法等。

10.4.2 灾难性遗忘

灾难性遗忘问题是指在学习了新知识后，几乎彻底遗忘掉之前已经学习的内容，会使智能体缺乏像生物一样不断适应环境以及持续学习的能力。人类也存在一定程度的灾难性遗忘现象，很多时候当人类学习了一项新的技能后，对原有的技能会有少许遗忘。比如人类学习了 Python 语言后，对先前学习的 MATLAB 语言会有些许的遗忘，容易混淆 Python 语言和 MATLAB 语言的语法，最常见的就是容易忘掉 MATLAB 语言的一些语法规则，更容易使用 Python 的语法规则。

深度强化学习融合了深度学习和强化学习，取得了蓬勃的发展和非凡的成就，同时也继承了深度学习众多深受诟病的问题，如深度学习中灾难性遗忘问题。深度学习的技术核心在于深度神经网络模型结构，学习的关键在于拟合深度神经网络模型的海量参数。在深度学习模型训练过程中，深度神经网络的结构很难调整，只能通过参数更新来调整神经网络功能，比如当很多参数趋近于 0，说明对应的神经元连接权重趋近于 0，则可以认为删除了深度神经网络中对应的神经元间的连边，修改了神经网络结构。

深度学习的蓬勃发展得益于深度神经网络模型训练技术的突飞猛进，使得深层次的神经网络也能得到较好的训练。深层的神经网络结构是有限的，能够表征的复杂环境也是有限的。虽然，理论上已经证明了深度神经网络能够近似任何复杂函数，实际应用中的深度神经网络模型却存在着一定的局限性。深度强化学习模型在一个任务上完成了训练后，神经网络为了学习一个新的任务，就必须更新旧的神经网络参数，从而改变了旧任务上模型性能。复杂系统中复杂动力学方程具有非常特殊的性质，如非线性、混沌和突变等。著名的蝴蝶效应表明，复杂系统方程参数的小小变动，有可能使得方程的输出结果发生巨大变化。深度强化学习模型在学习新任务的过程中势必对原来的神经网络参数进行更新。深度神经网络模型的参数空间是一个高维非线性空间，参数的细微改动都极有可能使模型输出结果发生较大扰动，先前已经学习的策略函数的输出结果将发生巨大变化，模型表现出灾难性遗忘现象。

为了解决灾难性遗忘问题，研究者们提出了更多前沿的强化学习算法，如分层强化学习和元强化学习等。我们可以参考多任务机器学习、元学习以及迁移学习等前沿的机器学习或深度学习方法，解决深度强化学习中的灾难性遗忘问题。我们需要在深度学习前沿方法的基础上，融合深度强化学习方法，提高模型迁移性和泛化性，使得智能体在复杂环境下进行高效学习和智能决策。

10.4.3　虚实映射鸿沟

深度强化学习算法在工程落地过程中遇到了一些限制和挑战。究其原因是深度强化学习智能体过度依赖训练环境，而训练环境与现实运用场景之间的差异直接影响了实际应用中智能体的模型性能。比如，股票交易智能体在训练过程中模拟的金融市场和现实的金融市场不可能完全一致，模拟的金融市场中训练好的投资智能体在现实世界中交易时很难达到令人满意的效果。

1. 模型与现实的差距

模拟与现实之间的虚实映射鸿沟直接影响了智能体策略函数的泛化性能，因此也不难理解为什么深度强化学习最成功的应用是围棋和视频游戏。围棋作为完全信息博弈，智能体在训练中看到的信息和实际对弈看到的信息基本一样，因此智能体在训练过程中学习到的智能策略在现实对弈中能得到不折不扣的完美体现。在视频游戏领域，强化学习智能体的环境模型就是视频游戏模拟器，因此智能体学习到的游戏策略在实际对战中表现出较好的智能水平。

2. 环境模型建模难

在强化学习模型建立之前，需要对复杂决策问题进行深入分析。我们需要首先深刻分析和理解现实问题，并进行抽象和建模，包括环境状态变量的设定和动作空间的构建等，同时考虑环境模型与现实世界之间的差异。在实际工程应用中，如果开发者面对的现实复杂问题在抽象后能够较好地建模现实世界，那么可以尝试使用深度强化学习算法来训练智能体。

但在现实中却往往事与愿违。开发者选择深度强化学习模型是因为问题的复杂程度已经远远超出了一般算法所能解决的范畴，由于问题空间无穷大、动作空间无穷大、所获得的信息不完全、复杂系统不可观测或者信息不可获取等，期望构建与现实环境差异很小的环境模型是一个极其困难的任务。

南京大学俞杨教授提出了学习更好的模型来训练更好的智能体的概念，其团队基于构建的虚拟淘宝框架和深度强化学习方法在电商推荐系统方面取得了亮眼的成绩。研究人员期望应用强化学习算法在现实环境中表现更好，跨越模拟到现实的鸿沟（Sim-to-real gap），提出了很多研究工作成果来实现模拟现实迁移（Sim2Real Transfer），以优化深度强化学习智能体的策略迁移效果。在深度强化学习研究领域，跨越模拟到现实的鸿沟是一个十分重要的研究方向。

3. 自然科学领域中的环境模型

在自然科学领域中，环境模型得到了深入的探索和研究，物理模型、化学模型、生物模型已经能够与真实世界非常相似。深度强化学习方法解决物理、化学、生物制药等领域问题时，在模拟环境中训练的智能策略在现实世界具有较好的迁移效果，因此，深度强化学习在物理、化学、生物制药、棋类游戏、多人策略游戏、机器人等领域取得了非常成功的运用。

人工智能将与科研深度结合，成为科学研究工作者继计算机之后的又一新的生产工具和科研工具。"AI for Science"是一个极具发展潜力的研究方向和研究趋势。中国科学院院士鄂维南教授认为，应该用数据的方法研究科学，用科学的方法研究数据。在科学领域，科学家们使用大数据方法发展了很多交叉学科，如生物信息学、天体信息学、数字地球、信息物理学等。在数据分析领域，科学家们使用科学方法进行计量分析，发展了统计学、机器学习、数据挖掘、数据库等。

在金融市场中，复杂市场环境模型需要尽可能真实地反映现实市场中的金融信息和市场规则，使得智能体应用到现实世界时不需要做过多的调整即可输入现实金融市场信息进行投资决策。很多现实世界问题是不可建模的，至少环境模型不能真实地还原现实，必须经过简化和抽象建模。一般而言，模拟到现实的鸿沟越小，深度强化学习落地应用效果越好，如物理、化学、生物制药等领域中的问题。

复杂网络模型是建模现实世界复杂系统的重要工具。复杂网络能够较好地刻画复杂环境系统个体之间的关系和属性，因此融合深度强化学习和复杂网络具有重要的研究价值和发展潜力。

10.4.4　有效表征学习

深度强化学习的超强表现归功于深度学习的超强表征能力。深度前馈神经网络、卷积神经网络、循环神经网络和图神经网络都是常用的深度学习模型。众多深度学习模型使得机器学习算法和强化学习算法具备了强大的表示学习能力。AlphaGo 系列算法用到了卷积神经网络和残差神经网络（ResNet）模型，使得围棋智能体能够表示和提取超高维空间中的围棋棋局信息。

计算机出现之后，计算机就在计算智能方面超过了人类的计算水平。随着深度学习的兴起，在感知智能方面，机器也已在很多领域超越了人类，如图片识别等。而认知和决策智能方面，在 AlphaGo 横空出世之前人工智能算法在围棋领域一直没能完全超过人类。深度强化学习方法融合了深度学习模型超强的表示学习能力和强化学习的决策能力，使得人工智能程序 AlphaGo、AlphaGo Zero、Alpha Zero 在围棋等智能决策领域第一次超过了

人类，攻克了人类最后的智慧堡垒。

人工智能的终极目标是构建具有通用人工智能的智能体。通用人工智能的智能体在计算智能、感知智能、认知智能和决策智能方面与人类智能具有可比性，甚至超越人类。如今，深度强化学习智能体在棋类和策略游戏领域，在一定条件下不低于人类水平，但现阶段的人工智能研究离通用人工智能还是存在较大差距。人类作为自然界上亿年演化后的高等智能动物，具有大量无可比拟的生物特征结构和生存技能。总的来说，我们在追求通用人工智能的道路上还有很长路要走。

深度学习提升了强化学习的智能策略行为和状态表示性能，面对复杂环境决策问题时深度强化学习模型的表现还存在一些局限和不足。马尔可夫决策过程五元组 $(\mathcal{S}, \mathcal{A}, P, R, \gamma)$ 中 P 表示环境状态转移模型，如果环境状态转移模型未知，我们可以采用模型无关的（Model-free）强化学习算法训练智能体，也可以采用基于模型的强化学习算法。智能体学习策略函数的同时也学习环境模型，而模型学习过程中我们需要对环境动力学过程进行表示学习。在实际应用场景中，环境极其复杂，深度神经网络也很难精准地学到环境状态转移模型。同样，马尔可夫决策过程五元组 $(\mathcal{S}, \mathcal{A}, P, R, \gamma)$ 中状态 S 的特征提取直接关系到强化学习智能体的决策质量。深度强化学习算法将状态 S 作为变量输入深度神经网络模型，通过深度学习的自动特征提取功能进行表示学习，实现端到端的智能决策和状态空间表示学习。

深度学习强调端到端的自动特征提取和表示学习，这意味着对深度学习模型输入的信息不需要进行变量选取和特征变换。在强化学习问题背景下，如何选取环境的观测变量或状态变量，如何选择表示学习的深度神经网络结构，都会直接影响深度强化学习的智能策略性能、模型训练难度以及模型收敛效果等。优质的环境变量信息会有更好的表示学习效果，表示学习算法也能最大可能地学习到与目标函数关联的环境特征表示。深度强化学习算法架构采用了深度神经网络，但也不能轻视特征变量的选取和神经网络结构的选取。对深度强化学习模型倾注更多的人类专家智慧后，智能体模型将更具人类智能。

10.4.5　可拓展性与规模化

在马尔可夫决策过程五元组 $(\mathcal{S}, \mathcal{A}, P, R, \gamma)$ 中，深度强化学习算法需要对其元素进行表示学习，深度神经网络模型是最常用的表示学习模型。智能体对状态 S 进行表示学习，我们基于状态 S 的类型特征选择不同的深度神经网络结构，如多层前馈神经网络、卷积神经网络、循环神经网络或者图神经网络等。在环境模型未知的情况下，我们也可以用深度神经网络模型表示环境状态转移函数 P 和即时奖励函数 R。在深度强化学习算法中，智能体的策略函数也采用深度神经网络模型表示。

深度神经网络模型具有的海量参数占据了计算机中较多存储资源，且深度神经网络模型消耗了很多的 CPU 或 GPU 计算资源，因此深度强化学习模型在拓展和规模化方面存在一定挑战。很多深度强化学习模型在模型部署过程中需要结合终端 CPU 等计算资源和存储资源进行调整和适配，超大深度神经网络不适合低配的终端运行条件。但是，强化学习模型若没有深度神经网络的加持，模型的表示学习能力就会下降，也会影响模型对智能策略函数的学习。

深度学习模型的训练难度已经超出了一般个人电脑的承受范围。如 AlphaGo 和 GPT-3 等超大规模模型，上千 CPU 和 GPU 的分布式训练是一般实验室无法承受的。随着模型越做越大，神经网络越叠越深，上千亿级参数的存储和计算需求已经远远超出一般实验室计算资源所能承受的范围，使得很多模型的设计和训练只有 Google、微软、Facebook、阿里巴巴等大公司才能够付诸实践。超大模型对硬件设施的需求在一定程度上也限制了深度强化学习领域的发展。2020 年，OpenAI 发布了 GPT-3（Generative Pre-trained Transformer），这是有史以来最复杂的语言模型，其神经网络架构中有 1750 亿个参数，比 GPT-2 复杂了100 多倍。2021 年 6 月，北京智源人工智能研究院发布了全球最大的智能模型"悟道 2.0"，模型的参数规模达到 1.75 万亿，是中国首个、全球最大的万亿级模型。

10.4.6 延迟奖励

机器学习可分成监督学习、无监督学习和强化学习，其中监督学习是所有机器学习算法的基础。监督学习思想为理解无监督学习和强化学习提供理论和实践基础。监督学习和强化学习的最大区别在于，强化学习没有直接监督信息。强化学习适用于序贯决策问题，智能体需要进行连续决策，实施连续的动作，最后计算累积奖励收益。强化学习与监督学习差异较大，监督学习在分类问题中的一次分类结果不影响下一次分类的正确性，分类算法在训练过程中的每次分类后立刻知道分类正确与否。强化学习算法只提供行为的即时奖励，并不知道行为最终结果的优劣。在很多实际应用场景中，动作的好坏很难判断，如在围棋程序中，一步棋的好坏很难判断，不到棋局结束很难衡量每一步棋的价值。当然，就算棋局结束也很难给棋局中每一步棋进行打分，这也是强化学习一直以来存在的信誉分配问题（Credit Assign Problem）。

在金融市场中，投资者的下单行为不能及时得到收益，因为投资收益由未来的市场走势和未来行为决定，投资收益具有延迟效应。在设计智能投资机器人时，需要对即时奖励进行精心设计，使得智能体能够更快、更好地学会投资策略函数，输出最优投资行为。在马尔可夫决策过程五元组 $(\mathcal{S}, \mathcal{A}, P, R, \gamma)$ 中，即时奖励模型 R 在智能体训练过程中发挥了指导作用，衡量了智能体当前行为的短期优劣程度，而智能体优化的目标是长期累积收益，好的奖励模型 R 能够更快、更有效地训练智能体。

10.4.7 稀疏奖励

在马尔可夫决策过程五元组 $(\mathcal{S}, \mathcal{A}, P, R, \gamma)$ 中，即时奖励函数 R 直接影响了强化学习智能体的学习效率和策略智能水平。在实际运用场景中，智能体能够获得的即时奖励却极其稀少，比如，在智能围棋程序中，智能体在棋局结束时才能获得胜负的奖励，中间步骤很难确定一个合适的即时奖励信号。奖励的稀疏性给深度强化学习算法设计带来了不小的挑战，因此在强化学习算法设计过程中，研究人员需要对即时奖励模型 R 进行设计和改造，一般叫作奖励塑形（Reward shaping）[187]。

在实际应用过程中，当复杂决策问题没有明确即时奖励函数时，奖励函数的设计显得至关重要。在智能交易系统中，深度强化学习智能体的奖励函数可以增加投资者风险偏好，并建模成附加奖励，可以训练具有风险厌恶或者其他偏好的智能投资机器人。从另一个层面来说，深度强化学习得益于深度学习模型的自动特征提取功能，在特征工程方面可以节省系统开发资源。但是，奖励函数设计方面却需要大量的人类智慧并融入人工设计。

10.4.8　探索和利用

探索和利用（Exploration and Exploitation）问题一直是强化学习算法需要解决的重要问题。

1. 探索和利用的概念

强化学习过程是智能体与环境的交互过程，智能体在交互过程中采样经验轨迹数据，并更新策略函数，然后基于最新策略函数与环境交互，重新获得经验轨迹样本数据，依次循环迭代。在本质上，交互过程是一个动态采样的过程。为了能够准确地估计策略函数和值函数的参数，采样轨迹样本要尽可能覆盖状态空间和动作空间，减小采样偏差，训练的策略函数才能具有较好的决策性能和泛化性能。在强化学习过程中，减少样本选择偏差需要智能体与环境进行充分交互，此过程称为智能体的探索过程。智能体基于当前最优策略函数与环境进行交互，此过程称为智能体的利用过程。

深度强化学习面对的问题往往极其复杂，环境模型极其复杂，状态空间和动作空间复杂度较高，不可能在有限的时间内进行完全均匀的采样，采样获得的轨迹样本数据总会出现偏差。如果智能体把计算资源和存储资源都用在了探索方面，那么智能体在有限资源和时间里面可能达不到较优的学习效果。智能体需要最大化目标函数累积奖励，因此智能体利用现有的最优策略进行交互，减少一些低效的探索。如果智能体对所有资源都进行探索，一直处于试错过程之中，那么累积奖励就不是当前最优策略下的最大值，因此，智能体需要平衡探索和利用。

2. 平衡智能体的探索和利用

不同的强化学习算法对探索和利用问题采用了不同的解决策略，但不可能彻底地解决探索和利用问题。

在 Q-learning 算法中，智能体通过 ϵ-贪心策略进行探索，具体表示如下：

$$P(a|s) = \begin{cases} 1 - \epsilon + \dfrac{\epsilon}{|\mathcal{A}|}, & a = \arg\max_a Q(s, a; \boldsymbol{\theta}) \\ \dfrac{\epsilon}{|\mathcal{A}|}, & a \neq \arg\max_a Q(s, a; \boldsymbol{\theta}) \end{cases} \tag{10.1}$$

公式中智能体的已知最优动作是 $a^* = \arg\max_a Q(s, a; \boldsymbol{\theta})$，智能体并不以百分之百的概率选择最优动作，而是以 $1 - \epsilon + \dfrac{\epsilon}{M}$ 的概率随机选择动作，增加了动作行为的随机性，从而增加了智能体的探索能力。ϵ-贪心策略与经典优化算法领域中的模拟退火算法具有类似的思想。在模拟退火算法中，并非每次都选择目标函数最大化的参数更新，而会以一定概率选择使目标函数减小的方向更新参数，暂时的后退是为了更加长远的进步。在模拟退火算法中，暂时的后退过程可能会越过一个邻近的局部极值点，迈向一个更优的极值点。

为了增加智能体的探索性能，DQN 改进算法采用了噪声网络。噪声网络是在值函数网络参数 $\boldsymbol{\theta}$ 中加入随机噪声：

$$\boldsymbol{\theta} = \boldsymbol{\theta} + \epsilon_{\boldsymbol{\theta}} \tag{10.2}$$

值函数网络参数 $\boldsymbol{\theta}$ 加入噪声扰动后，增加了智能体行动的多样性。现实场景中的智能体面对相同的环境，理应做出相同的策略动作。值函数网络参数 $\boldsymbol{\theta}$ 在一次交互周期中保持不变，保证策略函数在一个交互周期中是相同的，即给定相同的状态时智能体能够输出相同的动作。

为了增加智能体策略函数的探索性能，DDPG 算法增加了智能体动作的随机性：

$$a = \pi_{\boldsymbol{\theta}}(s) + \epsilon \tag{10.3}$$

一般来说，动作空间中合法的动作区域可以表示为 $a_{\text{Low}} \leqslant a \leqslant a_{\text{High}}$。TD3 算法在给智能体动作值添加随机性过程中，限定添加随机性后的动作值在一个合法的区间内，因此对随机化后的动作行为进行了裁剪：

$$a = \text{clip}\left(\pi_{\boldsymbol{\theta}}(s) + \epsilon, a_{\text{Low}}, a_{\text{High}}\right) \tag{10.4}$$

强化学习算法为了鼓励智能体更充分地探索环境，增加智能体策略的随机性是一个通用做法。

为了鼓励智能体能够更充分探索环境，保证智能体策略不会过早收敛到单一化行为，SAC 算法在最大化累积收益的同时最大化动作概率分布的熵 $H(\pi(\cdot|s_t))$，使得行为概率分布更加分散：

$$\pi^* = \arg\max_{\pi} \mathrm{E}_{\tau \sim \pi}\left[\sum_{t=0}^{\infty} \gamma^t \left(R(s_t, a_t, s_{t+1}) + \alpha H(\pi(\cdot|s_t))\right)\right] \tag{10.5}$$

其中，α 为算法超参数，调节动作概率分布熵在目标函数中所占比重，要求 $\alpha > 0$，优化策略具有更大的熵，鼓励智能体行为多样性。

10.4.9 复杂动态环境

复杂系统环境具有随机性、连续性、动态演化等特征，复杂系统决策问题的求解过程复杂度较高。经典机器学习算法对非平稳的数据表现不佳，深度强化学习方法融合深度学习和强化学习，对非平稳数据的分析和智能决策表现出一定有效性。在全球天然气贸易网络中，经济体之间的贸易关系错综复杂，影响贸易的因素很多，如禀赋因素、宗教因素、政治因素等，而且贸易关系随着时间变化也会动态演化，使得贸易决策环境异常复杂。图 10.2 给出了 2018 年全球天然气贸易网络示意图。

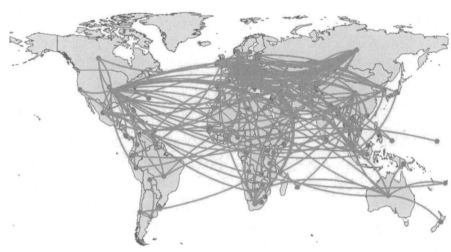

图 10.2   2018 年全球天然气贸易网络示意图

在复杂金融系统中，市场状态变化莫测，为了更好地识别出市场隐含信息，需要智能体充分探索金融市场的历史数据。一般来说，金融市场数据是有限的，而且随着时间推移新的参与者和新的金融工具会使市场结构和状态都发生根本性变化。可获取的市场历史数据不可能包含完整的市场状态信息，因而大多数机器学习算法在金融市场实际操作时表现不佳。很多算法针对此问题进行了改进，如通过对市场状态进行学习，设置条件参数，采用有条件的生成对抗网络（Conditional GAN）的类似思想。

随着越来越多的条件被参数化，学习算法越来越复杂，对数据的要求也需提高。高效的深度强化学习智能算法的关键是大量高质量的轨迹数据、高效稳定的模型框架以及充足的计算资源，这三个条件缺一不可。研究者需要深入分析现有深度强化学习模型的基础理论，为部署和改进现有深度强化学习算法打下坚实的基础。

10.5   深度强化学习前沿

近年来，深度强化学习蓬勃发展，研究人员提出了很多前沿算法来解决深度强化学习遇到的诸多问题和挑战，不少前沿算法也得到了实际验证和广泛应用，如分层强化学习、分布式强化学习、多智能体强化学习、逆向强化学习、图强化学习等。

10.5.1   多智能体深度强化学习

多智能体强化学习是一个值得期待的研究领域。在复杂系统建模中，多主体系统模拟和多主体计算实验一直是非常热门的研究领域，基于主体的模型（Agent-Based Model，ABM）在不同领域有着广泛的运用。在经典的 ABM 中，智能体都是按照设定的规则在模拟环境中交互和演化，算法研究智能体个体或者宏观层面所表现出的行为规律。智能体具有了学习能力后，模拟将更加贴合实际运用场景，也更加复杂，需要更多的计算资源和更合理的学习框架，多智能体强化学习是研究此类问题的通用模型框架，通常可以建模成多智能体部分可观马尔可夫决策过程（Multi-Agent Partially Observable Markov Decision Process，MAPOMDP）：

> **定义 10.1　多智能体部分可观马尔可夫决策过程**
>
> 多智能体部分可观马尔可夫决策过程可以表示为：
>
> $(\mathcal{S}, \mathcal{A}_1, \cdots, \mathcal{A}_N, P, R_1, \cdots, R_N, \Omega, O_1, \cdots, O_N, \gamma)$，其中 N 为智能体数量。
>
> - $\mathcal{S}$ 为 N 个智能体的状态集合，每个智能体 i 都有各自的状态变量 S_i。
> - $\mathcal{A} = \mathcal{A}_1 \times \cdots \times \mathcal{A}_N$ 为 N 个智能体动作空间。
> - $P : \mathcal{S} \times \mathcal{A} \times \mathcal{S} \to [0,1]$ 为环境的状态转移模型，给定的动作条件下智能体从一个状态跳转至另一个状态。
> - $\forall i, R_i : \mathcal{S} \times \mathcal{A}_i \times \mathcal{S} \to \mathcal{R}$ 是智能体 i 的即时奖励函数，其中 $\mathcal{R}$ 是一个连续函数且奖励值限定在范围 $[0, R_{\max}]$ 中，且 $R_{\max} \in \mathbb{R}^+$。
> - Ω 是观测变量集合。
> - $\forall i, O_i : \mathcal{S} \times \Omega \to [0,1]$ 是一组条件观测概率。
> - $\gamma \in [0,1)$ 为折扣系数。

多智能体部分可观马尔可夫决策过程是一个非常宏大的模型框架，基本上包含了绝大部分现实世界的动态决策过程，但是在实际落地过程中如何对框架进行更好的应用也存在着不小挑战。如状态集合的设定，观测函数的设定，状态转移函数的设定等，都具有很大难度。多智能体的策略函数训练过程也存在不小的问题和挑战，需要设定智能体之间的通信规则、对环境的影响规则以及智能体之间的交互规则等，已经存在一些优秀的算法框架可供学习，如 MADDPG（Multi-Agent Deep Deterministic Policy Gradient）等。

10.5.2　深度逆向强化学习

1. 逆向强化学习简介

逆向强化学习是一种模仿学习。在序贯决策问题中，智能体的模仿学习是基于专家策略的示范行为数据学习一个最优化策略。专家示范行为数据并不包含即时奖励数据。逆向强化学习主要解决环境没有明确奖励信号的问题，而强化学习中智能体学习的信息来源于即时奖励信息，因此当智能体与环境进行交互时不能够得到即时奖励信号，一般的深度强化学习算法都无法训练智能体策略函数。

2. 逆向强化学习框架

逆向强化学习算法在没有奖励函数的情况下，智能体学习奖励函数，然后优化智能体行为策略函数，逆向强化学习算法框架图如图 10.3 所示。逆向强化学习算法与基于模型的深度强化学习具有类似的思路。基于模型的深度强化学习中，智能体在无模型的情况下通过智能体与环境的互动，获得经验轨迹数据后不仅仅学习行为策略函数，而且学习环境模型函数，智能体基于学习到的模型函数进行规划，产生模拟轨迹数据优化策略函数。

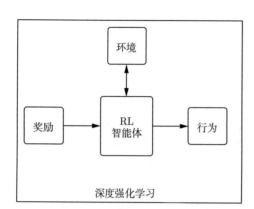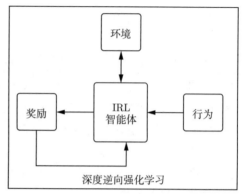

图 10.3　深度强化学习和深度逆向强化学习比较示意图

图 10.3显示，逆向强化学习与强化学习的区别比较明显。一般的深度强化学习算法从奖励函数中学习智能体行为策略函数；而逆向强化学习是从专家行为策略中（示范数据中）学习奖励函数，然后再从奖励函数中学习智能体行为策略。在复杂决策问题中，奖励函数很难量化或者环境状态不能观察，只能通过一些专家行为数据来构建一个优化的行为策略，因此我们需要重构奖励函数。智能体在学习到的奖励函数的指导下再进行强化学习，获得最优化的行为策略函数。逆向强化学习中也包含了强化学习过程，共同完成策略学习任务。与基于模型的深度强化学习类似，逆向强化学习也有一个特别重要的问题，即学习的奖励函数的优劣直接影响了最终策略函数的优劣。

逆向强化学习包含了最大边际化问题方法和概率模型方法。最大边际化问题方法的算法包括学徒学习（Apprenticeship Learning）、MMP（Maximum Margin Planning）方法、结构化分类（SCIRL）和神经逆向强化学习（NIRL）。概率模型方法包括最大熵逆向强化学习（Maximum Entropy Inverse Reinforcement Learning）、相对熵逆向强化学习（Relative Entropy Inverse Reinforcement Learning）、最大熵深度逆向强化学习（Maximum Entropy Deep Inverse Reinforcement Learning）、基于策略最优的逆向强化学习以及基于对抗的模仿学习等方法。

10.5.3　模仿学习

模仿学习（Imitation Learning）包含大量算法。电影《模仿游戏》（The Imitation Game）改编自传记《艾伦·图灵传》，影片讲述了"计算机科学之父"和"人工智能之父"艾伦·图灵的传奇人生。从某种意义上讲，人工智能就是在模仿人类智能，但人工智能不是人类智能。人工智能中的机器学习分为监督学习、无监督学习和强化学习，"学习"是三者共同的概念。模仿本身就有学习的意思，模仿必须有一个目标，同样，学习也必须有一个目标，机器学习中随处可见的目标函数就是智能体学习过程中的优化目标。模仿学习又被称为学徒学习（Apprenticeship Learning）或基于演示的学习（Learning By Demonstration）。

在深度强化学习中，没有明确的学习标记信号，智能体依靠与环境交互获得即时奖励，通过最大化累积即时奖励来学习一个最优化策略。绝大多数复杂系统环境中没有明确的即时奖励信号，因此大多数强化学习算法无能为力。深度强化学习广泛应用的一些领域都有着明显的特色，即有着明确的即时奖励反馈信息和较好的环境模型，比如棋类和视频游戏领域。深度强化学习在 Atari 视频游戏中取得了非常震撼的结果，智能体直接从视频中获取画面像素矩阵，并输出智能行为控制游戏角色，达到了人类顶级玩家的游戏水平，开启了深度强化学习蓬勃发展的序幕。在 Atari 视频游戏中，每一个动作都能得到游戏环境的反馈，即游戏得分，智能体基于游戏的反馈能高效地训练智能体策略函数或值函数。

在一些没有明显的即时奖励反馈的现实环境中，深度强化学习智能体表现出比较低效的学习过程和不尽如人意的学习效果。对于此类复杂环境决策问题，人类会对环境进行建模，通过人类的知识储备和环境特征，设计出即时反馈，即进行奖励塑形。除了常用的奖励塑形，还有很多其他的算法，如行为克隆（Behavior Cloning）、逆向强化学习（Inverse Reinforcement Learning）以及生成对抗模仿学习（Generative Adversarial Imitation Learning）等。

10.5.4　行为克隆

1. 行为克隆简介

深度强化学习和逆向强化学习的目标是智能体学习最优策略函数，使得智能体在复杂环境中获得最大化的累积奖励回报，累积奖励回报是对即时奖励值求和。如果存在一个专家数据集合，数据中包含了专家在不同环境状态下的决策行为数据，那么基于监督学习思想，我们可以直接将专家数据中的状态-动作对作为监督学习的数据集 $\mathcal{D}$：

$$\mathcal{D} = \{(s_i, a_i)|i = 1, 2, 3, \cdots, N\} \tag{10.6}$$

其中，N 为样本数量。

专家的示范数据中没有强化学习模型中常用的 (s_i, a_i, r_i) 经验轨迹数据。在获取专家数据的过程中，智能体以观察者身份来记录数据 (s_i, a_i)，在状态 s 下专家实施了动作 a，记录下来并存入数据集 $\mathcal{D}$。经验数据状态-动作对 (s_i, a_i) 包含的信息可以作为智能体策略函数 π 的输入数据和输出信息。智能体策略函数为状态 s 到动作 a 的映射，满足：

$$a = \pi_{\boldsymbol{\theta}}(s) \tag{10.7}$$

在监督学习框架下，我们可以构建最优化目标函数：

$$\hat{\boldsymbol{\theta}} = \arg\min_{\boldsymbol{\theta}} \frac{1}{N} \sum_{i=1}^{N} (a_i - \pi_{\boldsymbol{\theta}}(s_i))^2 \tag{10.8}$$

机器学习中的监督学习方法是各种学习算法的基础，有助于理解行为克隆方法。

2. 行为克隆方法与逆向强化学习的区别

图 10.4 给出了行为克隆方法与逆向强化学习方法的区别。行为克隆算法就是监督学习方法，不需要智能体与环境互动。行为克隆算法不需要奖励函数的构建和环境模型的构建，

也不需要通过强化学习方法来学习行为策略，而是直接从专家行为数据中学习最优化策略函数，即状态 s 到动作 a 的映射关系。因为算法默认专家的策略是一个较优策略，智能体模仿专家的策略能够获得一个较好的策略。从监督学习的角度而言，行为克隆方法只是比较粗浅地模仿，而没有考虑专家动作行为背后的动机和价值。

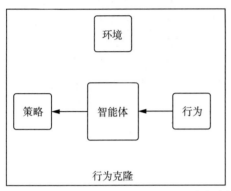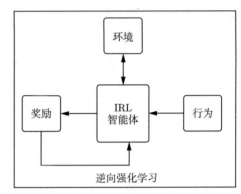

图 10.4　行为克隆与逆向强化学习比较示意图

行为克隆方法是监督学习算法的应用，也受到监督学习算法的局限影响，存在着很多弊端，如监督学习中的协变量漂移问题等。在强化学习问题背景下，序贯决策问题中，很多训练数据不满足监督学习模型中关于数据独立同分布的要求，样本数据的偏差使得模型在测试集上性能差，模型泛化能力弱，特别是面对多模式数据时，模型显得异常脆弱。在序贯决策问题中，行为克隆模型误差会随着轨迹而逐渐增加，导致行为克隆出现复合误差问题（Compounding Errors）。

3. DAgger 算法介绍

为了改善复合误差问题带来的模型性能不足，Ross 等人提出了数据集聚合算法（Dataset Aggregating, DAgger），算法流程如伪代码 Algorithm 28 所示。在 DAgger 算法伪代码 Algorithm 28 中，示范数据集 $\mathcal{D}$ 在迭代中聚合新的数据集 $\mathcal{D}_i$，数据集 $\mathcal{D}_i$ 中包含了整个过程中遇到的状态及其对应的专家动作数据 $\mathcal{D}_i = \{(s, \pi^*(s))\}$。DAgger 程序需要先初始化状态空间 $\mathcal{S}$ 和动作空间 $\mathcal{A}$，专家策略用 π^* 表示。专家数据集初始化为空集，初始化的策略函数 $\hat{\pi}_0$ 为任意合法的策略函数。首先数据集采样由专家策略 π^* 进行，即 $\beta_0 = 1$，随着迭代进行 β_i 可按照指数衰减。在 DAgger 迭代中，智能体用当前策略 $\hat{\pi}_i$ 访问状态 s_k，用专家策略 π^* 收集动作 $\pi^*(s_k)$，采样数据集 $\mathcal{D}_i$，表示为 $\mathcal{D}_i = \{(s_k, \pi^*(s_k)) | k = 1, 2, 3, \cdots, T\}$。

DAgger 算法核心思想是智能体与专家策略进行交互，获得更多标记数据。标记的数据为智能体在给定状态 s 时专家策略选择的优化动作 a，也就是 $\mathcal{D}_i = \{(s, \pi^*(s))\}$。$\mathcal{D} \leftarrow \mathcal{D}_i \cup \mathcal{D}$ 是数据增广过程，融合现有数据 $\mathcal{D}$ 和新增数据 $\mathcal{D}_i$。智能体通过监督学习方法在融合的数据集上训练策略模型 $\hat{\pi}_{i+1}$。

在 DAgger 算法中，智能体不需要与环境进行交互，但是智能体需要与专家策略进行交互，此过程也可以看作是智能体探索更多高质量状态空间和动作空间。因此，逆向强化学习、强化学习和行为克隆中的智能体为了获得更加高效的策略，需要对状态空间进行更好的探索，才能使策略在不同的状态下获得更大的累积奖励回报。

Algorithm 28: 数据集聚合（DAgger）算法伪代码

Input: 状态空间 $\mathcal{S}$，动作空间 $\mathcal{A}$

专家策略 π^*

专家数据集 $\mathcal{D} = \emptyset$

初始化策略函数 $\hat{\pi}_0$

Output: 最优策略 $\hat{\pi}_{N+1}$

1   **for** $i = 0, 1, 2, \cdots, N$ **do**

2      $\pi_i = \beta_i \pi^* + (1 - \beta_i)\hat{\pi}_i$

3   用当前策略 $\hat{\pi}_i$ 和专家策略收集数据集，采样数据集 $\mathcal{D}_i$，状态-动作数据集为：

       $\mathcal{D}_i = \{(s_k, \pi^*(s_k)) | k = 1, 2, 3, \cdots, T\}$

4   聚合数据集：$\mathcal{D} \leftarrow \mathcal{D}_i \cup \mathcal{D}$

5   在 $\mathcal{D}$ 上训练策略 $\hat{\pi}_{i+1}$

10.5.5 图强化学习

图强化学习是研究图相关或网络相关决策问题的重要方法和工具，其两大主要技术为深度强化学习算法和图神经网络模型。图神经网络模型是专门针对图数据或网络数据的深度学习方法，能够有效地挖掘和学习网络节点、网络连边和全局网络的特征表示。深度强化学习方法是图神经网络模型参数优化的重要方法。图强化学习方法融合了图神经网络模型和深度强化学习模型。

图和网络作为图强化学习的研究对象，是图强化学习的基础，图相关问题因"组合爆炸"存在很多 NP 难问题，因此如何找到有效的解决方案具有重要的理论价值和实用价值。图嵌入和图深度学习已取得了重要的研究进展，同时也作为一种重要的图表示学习方法在很多领域有着广泛应用。图神经网络模型的表示学习能力融合深度强化学习的决策能力，使得图强化学习在图数据问题上具有非常大的研究价值和应用潜力。

10.6 深度强化学习实践

10.6.1 深度强化学习建模框架

深度强化学习算法家族成员众多、特色鲜明且各有所长。经过近几年的蓬勃发展，也得到了各个领域科研工作者、行业实践者的广泛应用和改进。从基于值函数到基于策略函数的强化学习算法，从无模型到基于模型的强化学习算法，从异策略算法到同策略算法，每一类强化学习算法都有着自身优点和合适的应用场景，也同时存在着某些不足。在实际运用过程中，如何选择合适的深度强化学习算法是每一个实践者最关心的问题。实践者需要对深度强化学习算法有基本了解，如基础原理和算法实现。初学者能够理解不同算法的优缺点，是进行深度强化学习算法应用的基础。

掌握深度强化学习算法可以简单分成三个层次。第一层次是熟练使用模型工具。本书的应用实践部分列举了很多深度强化学习的优质代码，通过学习和调用优秀代码库，能够很快地完成一般的深度强化学习任务。我们通过对参数和模型特性的理解，将模型应用到不同的任务环境，训练得到解决实际问题的智能体策略函数。第二层次是能够自己改进深度强化学习模型。本书应用实践部分绝大部分示例都是开源代码，学习者能够在原始的代码上进行修改，改进模型或者提出新的算法，并能够运用到新环境，完成模型的训练，得到更加优质的策略函数。第三层次是能够对算法实现的框架有所理解，且能够从基础开始实现算法代码。

在学习和理解深度强化学习算法的过程中，我们要结合实际情况进行学习和深入探索，需要对算法原理和开源程序工具包熟练掌握。实践者使用深度强化学习进行问题求解时，真正需要花时间和精力的并非算法代码本身，而是在理解了深度强化学习算法原理之后，对实际问题进行建模，结合深度强化学习框架（马尔可夫决策过程）进行问题抽象，构建满足深度强化学习算法基本元素的问题模型，具体模型结构如图 10.5 所示。

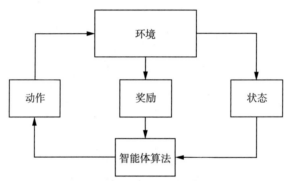

图 10.5　深度强化学习模型框架

图 10.5 中的智能体算法可以选择众多优质深度强化学习算法。在实际应用过程中，如果不自己实现深度强化学习算法，实践者为了完成实际任务，需要做的就是设计实际任务的环境模型。智能体与环境模型进行交互，有固定的交互接口，因此环境模型设计过程中也有固定的模块，需要结合现实问题进行算法实现，熟悉面向对象编程可以更好地理解模块化程序设计思路。

10.6.2　深度强化学习模型的核心模块

深度强化学习仍然遵循了基本模型架构，即马尔可夫决策过程。对于特定的现实问题，我们需要抽象出马尔可夫决策过程的主要元素，构建环境模型，智能体与环境模型交互，获得经验轨迹数据，训练出最优的智能策略。我们将简单介绍马尔可夫决策过程中关键元素的建模和实现。

1. 环境状态空间

量化环境状态是深度强化学习模型最先要考虑的问题。在智能体决策过程中，智能体接收到环境状态，并基于策略函数做出最优决策行为动作。深度强化学习过程中的值函数、策略函数、状态转移函数和奖励函数都包含了环境状态变量。环境状态的度量直接关系到策略优劣，也同时关联着策略函数的训练和学习过程。表示学习和深度学习中存在大量的针对不同数据类型的深度学习算法，如深度神经网络、卷积神经网络、循环神经网络、图神经网络等，分别适用于离散型、序列型、矩阵型、网络型数据等。视频游戏中的游戏画面是智能体感知的环境状态，围棋游戏中棋盘落子情况是智能体感知的环境状态，金融市场中智能交易机器人可以将众多金融市场变量作为环境状态变量。

2. 智能体动作空间

深度强化学习的目的是学习一个智能策略，智能体基于策略对环境状态作出智能反应，输出智能动作。在应用深度强化学习的过程中，设计好智能体的动作是基本任务，然后深入分析现实环境问题，并抽象化问题，分析问题解的形式，设计智能体动作空间。实践者根据环境和智能体特征，选定动作类型，如离散型、连续型或者混合型。视频游戏中的动作就是人类玩家的键盘按键，可以转化成离散型变量，股票交易智能体的动作可以是持仓比例，可用连续型变量表示。在深度强化学习应用中，动作空间设计相对而言较为简单，智能体动作与实际问题关联性较大。现实场景中的问题非常明确，一般策略输出动作即为问题的解或解的组成部分。

3. 即时奖励模型

深度强化学习算法区别于监督学习和无监督学习，主要是没有明确的标记信息，只能基于即时奖励来更新智能体策略，优化长期累积奖励收益。奖励函数基于环境状态和智能体动作返回一个数值奖励信号。在大多数深度学习算法中，智能体能够得到明确的即时奖励，因而也能非常高效地学习策略函数，如 Atari 游戏中每个动作的得分都会显示在屏幕上反馈给智能体。但是，现实世界也有一些复杂决策问题的奖励函数并不明确，或者说奖励非常稀疏，如围棋博弈，此类问题的复杂度和学习难度更大。围棋每一手落子的优劣很难确定，只有在棋局结束时才知道胜负（奖励信号），因此智能体的策略学习面临非常大的挑战。奖励函数 R 是环境模型的一部分，环境模型未知时我们可以对其进行参数化：

$$r = R_{\boldsymbol{w}}(s, a) \tag{10.9}$$

即环境模型基于奖励函数在给定的状态 s 和动作 a 下反馈一个奖励信号 r。智能体的目标函数可定义为累积奖励，深度强化学习算法通过优化策略函数来最大化智能体的累积奖励。

4. 状态转移模型

深度强化学习算法处理序贯决策问题，智能体执行完一个动作后继续进行决策，累积决策过程中获得的即时奖励，最大化累积奖励。在智能体连续决策过程中，环境相应发生变化，环境模型接收到智能体的动作行为后更新环境状态并返回给智能体，智能体在新的

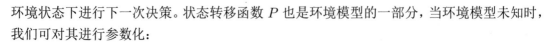

环境状态下进行下一次决策。状态转移函数 P 也是环境模型的一部分，当环境模型未知时，我们可对其进行参数化：

$$s_{t+1} = P_{\boldsymbol{w}}(s_t, a_t) \tag{10.10}$$

即环境模型基于给定的状态 s_t 和动作 a_t 返回下一个环境状态 s_{t+1}。

5. 环境模型

状态空间、动作空间、状态转移模型和奖励函数模型设定以后，我们融合四个模块构建环境模型。深度强化学习的基本模型框架可以表示成马尔可夫决策过程五元组 (S, A, R, P, γ)，其中，S 为模型状态空间，A 为智能体动作空间，R 为模型奖励函数，P 为模型状态转移函数，γ 为奖励折扣系数。在与环境进行交互过程中，智能体基于策略函数在状态 $s \in S$ 下做出动作 a，环境接收智能体行动 a 后返回智能体即时奖励值 r 以及下一个环境状态 s'。

6. 策略函数模型

深度强化学习智能体的训练目标是学习一个策略函数，因此我们需要表示智能策略函数，策略函数表示有很多种选择，如深度学习中的深度神经网络、卷积神经网络、循环神经网络、图神经网络等。智能体的策略函数定义为 π，满足

$$a = \pi_{\boldsymbol{\theta}}(s) \tag{10.11}$$

其中，$\boldsymbol{\theta}$ 为策略函数参数，即深度神经网络模型参数。

在深度强化学习系统构建过程中，状态空间、动作空间、状态转移模型、奖励函数和环境模型并非完全独立建模，如策略模型构建过程直接和状态空间和动作空间相融合，共同决定了策略函数模型的输入和输出形式，以及不同功能的神经网络模型也可以共享参数。

7. 深度强化学习算法

状态空间、动作空间、状态转移模型、奖励函数、环境模型和策略函数模型都是深度强化学习系统重要组成部分。在完成深度强化学习智能系统的主体架构后，我们就需要选择关键模块——深度强化学习算法。在深度强化学习算法确定之前，我们已完成了问题建模等操作，将现实问题转化成马尔可夫决策过程。对于绝大多数复杂决策问题而言，状态空间、动作空间、状态转移模型、奖励函数、环境模型和策略函数模型等皆有通用的建模方法，可以作为复杂智能系统建模的操作流程，不同问题之间可以互相借鉴和学习。深度强化学习的环境模型和策略网络模型可以作为参数传入深度强化学习算法。

我们首先确定环境模型，如果环境模型适合基于模型的深度强化学习算法，可以考虑 Dyna 架构的算法。如果没有模型，则可以考虑无模型深度强化学习算法。我们通过学习经典的强化学习问题的建模和训练，能够为今后解决实际问题和构建新模型提供范例和思路。在现实复杂决策问题中，我们可以从七个方面（状态空间、动作空间、状态转移模型、奖励函数、环境模型、策略函数模型和深度强化学习算法）入手构建一个较好的深度强化学习模型。

第 10 章习题

1. 举例深度强化学习在智能投顾场景的应用。
2. 举例说明基于值函数和基于策略函数的深度强化学习方法的区别和联系。
3. 强化学习有哪些分类方式？试举出 4 种。
4. 简要叙述深度强化学习面临的虚实映射鸿沟。
5. 深度强化学习模型包括哪些核心模块？